安装工程关键岗位管理人员上岗指南丛书

建筑电气预算员上岗指南

——不可不知的500个关键细节

本书编写组　编

中国建材工业出版社

图书在版编目(CIP)数据

建筑电气预算员上岗指南:不可不知的500个关键细节/《建筑电气预算员上岗指南:不可不知的500个关键细节》编写组编.—北京:中国建材工业出版社,2014.5

(安装工程关键岗位管理人员上岗指南丛书)

ISBN 978—7-5160-0753-2

Ⅰ.①建… Ⅱ.①建… Ⅲ.①房屋建筑设备—电气设备—建筑安装—预算编制—指南 Ⅳ.①TU723.3-62

中国版本图书馆CIP数据核字(2014)第034058号

建筑电气预算员上岗指南——不可不知的500个关键细节

本书编写组 编

出版发行:中国建材工业出版社

地　　址:北京市西城区车公庄大街6号

邮　　编:100044

经　　销:全国各地新华书店

印　　刷:北京紫瑞利印刷有限公司

开　　本:710mm×1000mm 1/16

印　　张:16.5

字　　数:402千字

版　　次:2014年5月第1版

印　　次:2014年5月第1次

定　　价:45.00元

本社网址:www.jccbs.com.cn　　**微信公众号:**zgjcgycbs

本书如出现印装质量问题,由我社营销部负责调换。电话:(010)88386906

对本书内容有任何疑问及建议,请与本书责编联系。邮箱:dayi51@sina.com

内容提要

本书根据《建设工程工程量清单计价规范》（GB50500—2013)、《通用安装工程工程量计算规范》（GB50856—2013）及电气设备安装工程预算定额进行编写，详细介绍了建筑电气预算员上岗操作应知应会的基础理论和专业知识。书中对建筑电气工程预算编制与管理的工作要点进行归纳总结，以关键细节的形式进行阐述，以方便查阅使用。本书主要内容包括概论、工程造价费用构成及计算、建筑电气工程施工图识读、工程定额体系、建筑电气工程概预算编制、建筑电气工程工程量清单计价、建筑电气工程工程量计算等。

本书编写语言通俗易懂，编写层次清晰合理，编写方式新颖易学，可供广大建筑电气工程预算编制与管理人员工作时使用，也可供高等院校相关专业师生学习时参考。

建筑电气预算员上岗指南

——不可不知的500个关键细节

编 写 组

主 编： 马 静

副主编： 贾 宁 郤建荣

编 委： 范 迪 訾珊珊 朱 红 王 亮
王 芳 张广钱 郑 姗 孙世兵
徐晓珍 葛彩霞 马 金 刘海珍
秦礼光 秦大为 汪永涛

前言
PREFACE

近些年来，我国基本建设取得了辉煌的成就，安装工程作为基本建设的重要组成部分，其设计与施工水平也得到了空前的发展与提高。安装工程的质量直接影响工程项目的使用功能与长期正常运行，随着国外先进安装施工技术的大量引进，安装工程设计施工领域正逐步向技术标准定型化、加工过程工厂化、施工工艺机械化的目标迈进，这就要求广大安装施工企业抓住机遇，勇于革新，深挖潜力，开创出不断自我完善的新思路，在安装工程施工中采取先进的施工技术措施和强有力的管理手段，从而确保安装工程项目能有序、高效、保质地完成。

当前，我国正处于城镇化快速发展时期，工程建设规模越来越大，大量的新技术、新材料、新工艺在安装工程中得以广泛应用，信息技术也日益渗透到安装工程建设的各个环节，结构复杂、难度高、体量大的工程也得到了越来越多的应用，由此也要求从业人员的素质、技能能跟上时代的进步、技术的发展，符合社会的需求。广大安装工程施工人员作为安装工程项目的直接参与者和创造者，提高自身的知识水平，更好地理解和应用安装工程施工质量验收规范，对提高安装工程项目施工质量水平具有重要的现实意义。

为加强对安装工程施工安装一线管理人员和技术骨干的培训，提高他们的质量意识、实际操作水平、自身素质，我们组织了安装工程领域的相关专家、学者，结合安装工程施工现场管理人员的工作实际以及现行国家标准，编写了《安装工程关键岗位管理人员上岗指南丛书》。本套丛书共有以下分册：

1. 安装质检员上岗指南——不可不知的500个关键细节
2. 安装监理员上岗指南——不可不知的500个关键细节
3. 水暖施工员上岗指南——不可不知的500个关键细节
4. 水暖预算员上岗指南——不可不知的500个关键细节
5. 通风空调施工员上岗指南——不可不知的500个关键细节
6. 通风空调预算员上岗指南——不可不知的500个关键细节
7. 建筑电气施工员上岗指南——不可不知的500个关键细节
8. 建筑电气预算员上岗指南——不可不知的500个关键细节

与同类书籍相比，本套丛书具有下列特点：

（1）本套丛书紧密联系安装工程施工现场关键岗位管理人员工作实际，对各岗位人员应具备的基本素质、工作职责及工作技能做了详细阐述，具有一定的可操作性。

（2）本套丛书以指点安装工程施工现场管理人员上岗工作为编写目的，编写语言通俗易懂，编写层次清晰合理，编写方式新颖易学，以关键细节的形式重点指导管理人员处理工作中的问题，提醒管理人员注意工作中容易忽视的安全问题。

（3）本套丛书针对性强，针对各关键岗位的工作特点，紧扣“上岗指南”的编写理念，有主有次，有详有略，有基础知识、有细节拓展，图文并茂地编述了各关键岗位不可不知的关键细节，方便读者查阅、学习各种岗位知识。

（4）本套丛书注意结合国家最新标准规范与工程施工的新技术、新方法、新工艺，有效地保证了丛书的先进性和规范性，便于读者了解行业最新动态，适应行业的发展。

丛书编写过程中，得到了有关部门和专家的大力支持与帮助，在此深表谢意。限于编者的水平，丛书中错误与疏漏之处在所难免，敬请广大读者批评指正。

编　者

目录

CONTENTS

第一章　概　论

第一节　基本建设

基本建设是发展社会生产、增强国民经济实力的物质技术基础，是改善和提高人民群众物质生活水平和文化水平的重要手段，是实现社会扩大再生产的必要条件。基本建设是指国民经济中的各个部门为了扩大再生产而进行的增加固定资产的建设工作，即把一定的建筑材料、机械设备等通过购置、建造、安装等一系列活动，转换为固定资产。如建造工厂、矿山、港口、铁路、电站、水库、医院、学校、商店、住宅和购置机器设备、车辆、船舶等活动以及与之紧密相连的征用土地、房屋拆迁、勘测设计、培训生产人员等工作。

固定资产是在社会再生产过程中，可供生产或生活较长时间使用，在使用过程中基本保持原有实物形态的劳动资料和其他物质资质，如建筑物、构筑物、电气设备等。

一、基本建设程序

基本建设程序是一项建设工程从设想提出到决策，经过设计、施工直至投产或交付使用的整个过程中，必须遵循的先后顺序(先勘察，后设计，再施工)。基本建设的全过程可分为以下几个阶段。

1. 项目建议书阶段

项目建议书是向国家提出建设某一项目的建议性文件，是对拟建项目的初步设想。主要内容包括建设项目提出的必要性和依据，产品方案、拟建规模和建设地点的初步设想，资源情况、建设条件和协作关系，投资估算和资金筹措设想，建设进度设想，经济效果和社会效益的初步估计等。项目建议书是国家选择建设项目和有计划地进行可行性研究的依据。

2. 可行性研究阶段

可行性研究是在项目建议书的基础之上，通过调查、研究、分析与项目有关的社会、技术、经济等方面的条件和情况，对各种方案进行分析、比较、优化，对项目建成后的经济效益和社会效益进行预测、评价的一种投资决策分析研究方法和科学分析活动，以保证实现建设项目的最佳经济和社会效益。

3. 设计工作阶段

设计是对拟建工程的实施在技术和经济上所进行的全面而详尽的安排，是基础建设计划的具体化，是组织施工的依据。一般项目进行两阶段设计，即初步设计和施工图设计。

4. 选择建设地点

建设地点应根据区域规划和设计任务书的要求选择。建设地点的选择是落实确定建设项目具体坐落位置的重要工作，是建设项目设计的前提。

5. 编制设计文件

设计阶段是工程项目建设的重要环节，是制定建设计划、组织工程施工和控制建设投资的依据。按照我国现行规定，一般建设项目要进行初步设计和施工图设计两阶段设计；对技术复杂而又缺乏经验的项目，可增加技术设计（扩大初步设计）阶段，即进行三阶段设计。经过批准的初步设计，可作为主要材料（设备）的订货和施工的准备工作，但不能作为施工的依据。施工图设计是经过批准的、在初步设计和技术设计的基础上进行正确、完整、尽可能详尽的施工图纸。

初步设计阶段应编制设计概算，技术设计阶段应编制修正设计概算，它们是控制建设项目总投资和施工图预算的依据；施工图设计阶段应编制施工图预算，它是确定工程造价、实行经济核算及考核工程成本的依据，也是建设银行划拨工程价款的依据。

6. 列入年度计划

建设项目的初步计划和总概算经过综合平衡审核批准后，列入基本建设年度计划。经过批准的年度计划，是进行基本建设拨款或贷款、订购材料和设备的主要依据。

7. 施工准备

当建设项目列入年度计划后，就可以进行施工准备工作。施工准备的内容很多，包括办理征地拆迁，主要材料、设备的订货，建设场地的“三通一平”等。

8. 组织施工

组织施工是根据列入年度计划确定的建设任务，按照施工图纸的要求进行的。在建设项目开工之前，建设单位应按有关规定办理开工手续，取得当地建设行政主管部门颁发的建设施工许可证，通过施工招标选择施工单位，方可进行施工。

9. 生产准备

工程投产前，建设单位应当做好各项生产准备工作。本阶段是由建设阶段转入生产经营阶段的重要衔接阶段。生产准备阶段工作主要内容有：招收和培训生产人员；组织生产人员参加设备安装、调试和工程验收；落实生产所需原材料、燃料、水、电等的来源；组织工具、器具的订货等。

10. 竣工验收、交付使用

当建设项目按设计文件的规定内容全部施工完成并满足质量要求以后，便可组织验收。它是建设全过程的最后一道程序，是投资成果转入生产或使用的标志，是建设单位、设计单位和施工单位向国家汇报建设项目的生产能力或效益、质量、成本、收益等全面情况及交付新增资产的过程。竣工验收对促进建设项目及时投产，发挥投资效益及总结建设经验，都有重要作用。通过竣工验收，可以检查建设项目实际形成的生产能力或效益，也可避免项目建成后继续消耗建设费用。

二、基本建设项目类别

按照建设项目的建设性质不同，基本建设项目可分为新建、扩建、改建、恢复和迁建项目。技术改造项目一般不作这种分类。一个建设项目只有一种性质，在项目按总体设计全部建成之前，其建设性质是始终不变的。

(1)新建项目。即原来没有,现在新开始建设的项目。有的建设项目并非从无到有,但其原有基础薄弱,经过扩大建设规模,新增加的固定资产价值超过原有固定资产价值的三倍以上,也可称为新建项目。

(2)扩建项目。即在原有的基础上为扩大原有产品生产能力或增加新的产品生产能力而新建的主要车间或工程项目。

(3)改建项目。指原有企业以提高劳动生产率,改进产品质量,或改变产品方向为目的,对原有设备或工程进行改造的项目。有的为了提高综合生产能力,增加一些附属或辅助车间和非生产性工程,也属于改建项目。在现行管理上,将固定资产投资分为基本建设项目和技术改造项目,从建设性质看,后者属于基本建设中的改建项目。

(4)恢复项目。指企业、事业单位因自然灾害、战争等原因,使原有固定资产全部或部分报废以后又按原有规模恢复建设的项目。

(5)迁建项目。指原有的企业、事业单位,由于改变生产布局或环境保护和安全生产以及其他特别需要,迁往外地建设的项目。

关键细节1 基本建设项目划分

为方便建设项目管理和确定建筑产品价格,建设项目可以划分为若干个单项工程、单位工程、分部工程和分项工程。

(1)单项工程。单项工程是指具有独立的设计文件,竣工后可以独立发挥生产能力并能产生经济效益或效能的工程。从施工的角度看,单项工程就是一个独立的交工系统。它在建设项目总体施工部署和管理目标的指导下,形成自身的项目管理方案和目标,如期建成交付生产和使用。

单项工程的施工条件往往具有相对的独立性,因此,一般单独组织施工和竣工验收。单项工程体现了建设项目的主要建设内容,是新增生产能力或工程效益的基础。

(2)单位工程。单位工程是工程项目的组成部分。它是指竣工后不能独立发挥生产能力或使用效益,但具有独立设计的施工图纸和组织施工的工程。一个单项工程按专业性质及作用不同又可分为若干个单位工程,如土建工程(包括建筑物、构筑物)、电气安装工程(包括动力、照明等)、工业管道工程(包括蒸汽、压缩空气、煤气等)、暖卫工程(包括采暖、上下水等)、通风工程和电梯工程等。

一个单位工程往往不能单独形成生产能力或发挥工程效益,只有在几个有机联系、互为配套的单位工程全部建成竣工后才能具备生产和使用功能。

(3)分部工程。分部工程是单位工程的组成部分。它是按照单位工程的各个部位或按工种进行划分的,如土(石)方工程、桩与地基基础工程、砌筑工程、混凝土及钢筋混凝土工程等。

(4)分项工程。分项工程是分部工程的组成部分。它是指能够单独地经过一定施工工序就能完成,并且可以采用适当计量单位计算的建筑或设备安装工程。如土方工程可划分为基槽挖土、混凝土垫层、砌筑基础、回填土等。分项工程既有其作业活动的独立性,又有相互联系、相互制约的整体性。

第二节 建设工程概预算

一、建设工程概预算的概念

建设工程概预算是指通过编制各类价格文件对拟建工程造价进行的预先测算和确定的过程。建设工程概预算所确定的投资额,实质上是相应工程的计划价格。这种计划价格在实际工作中通常称为概算造价和预算造价,它是国家对基本建设实行宏观控制、科学管理和有效监督的重要手段之一,对于提高企业的经营管理水平和经济效益,节约国家建设资金具有重要的意义。

基本建设工程概预算,是根据不同设计阶段的具体内容和有关定额、指标分阶段进行编制的。

二、建设工程概预算的分类

建设工程概预算根据其编制阶段、编制依据和编制目的不同,可分为工程建设项目投资估算、设计概算、业主预算、招投标价格、施工图预算、施工预算、竣工结算、竣工决算等。

1. 投资估算

投资估算是指在项目建议书和可行性研究阶段,由建设单位或其委托的咨询机构根据项目建议书、估算指标和类似工程的有关资料,对拟建工程所需投资预先测算和确定的过程。它应考虑多种可能的需要、风险、价格上涨等因素,适当留有余地。

2. 设计概算

设计概算是指在初步设计阶段,设计单位为确定拟建基本建设项目所需的投资额或费用而编制的工程造价文件。它是设计文件的重要组成部分。

3. 业主预算

业主预算是在已经批准的初步设计概算基础上,对已经确定实行投资包干或招标承包制的大中型建设项目,根据工程管理与投资的支配权限,按照管理单位及划分的分标项目,进行投资的切块分配,以便于对工程投资进行管理与控制,并作为项目投资主管部门与建设单位签订工程总承包(或投资包干)合同的主要依据。它是为了满足业主控制和管理的需要,按照总量控制、合理调整的原则编制的内部预算,业主预算也被称为执行概算。

4. 招投标价格

招投标价格是指在工程招投标阶段,根据工程预算价格和市场竞争情况等,由建设单位或委托相应的造价咨询机构预先测算和确定招标控制价,投标单位编制投标报价,再通过评标、定标确定的合同价。

5. 施工图预算

施工图预算是指在施工图设计阶段,根据施工图纸、施工组织设计、国家颁布的预算定额和工程量计算规则、地区材料预算价格、施工管理费用标准、企业利润率、税金等,计算每项工程所需人力、物力和投资额的文件。它应在已批准的设计概算控制下进行编制。

6. 施工预算

施工预算是指在施工阶段,施工单位为了加强企业内部经济核算、节约人工和材料、合理使用机械,在施工图预算的控制下,通过工料分析,计算拟建工程工、料和机具等需要量,并直接用于生产的技术经济文件。它是根据施工图的工程量、施工组织设计或施工方案和施工定额等资料进行编制的。

7. 竣工结算

竣工结算是施工单位与建设单位对承建工程项目的最终结算。在施工过程中也进行结算,这种结算属于中间结算,是指承包商在工程实施过程中,依据承包合同中关于付款条件的规定和已经完成的工程量,并按照规定的程序向建设单位(业主)收取工程价款的一项经济活动。竣工结算是工程通过竣工验收后进行的结算,它所确定工程费用是该工程的实际价格,是支付工程价款的依据。

8. 竣工决算

工程竣工决算是指在工程竣工验收交付使用阶段,由建设单位编制的建设项目从筹建到竣工验收、交付使用全过程中实际支付的全部建设费用。竣工决算是整个建设工程的最终价格,是工程竣工验收、交付使用的重要依据,也是进行建设项目财务部门汇总固定资产,银行对其实行监督的必要手段。

关键细节 2　竣工结算与竣工决算的区别

竣工结算与竣工决算是完全不同的两个概念,其主要区别在于:一是范围不同,竣工结算的范围只是承建工程项目,是基本建设的局部,而竣工决算的范围是基本建设的整体;二是成本不同,竣工结算只是承包合同范围内的预算成本,而竣工决算是完整的预算成本,它还要计入工程建设的独立费用、建设期融资利息等工程成本和费用。由此可见,竣工结算是竣工决算的基础,只有先办竣工结算才有条件编制竣工决算。

第二章　工程造价费用构成及计算

第一节　工程造价的构成

一、我国现行工程造价的构成

建设项目投资是指在工程项目建设阶段所需要的全部费用的总和。生产性建设项目总投资包括建设投资、建设期利息和流动资金三部分;非生产性建设项目总投资包括建设投资和建设期利息两部分。其中,建设投资和建设期利息之和对应于固定资产投资,固定资产投资与建设项目的工程造价在量上相等。由于工程造价具有大额性、动态性、兼容性等特点,要有效管理工程造价,必须按照一定的标准对工程造价的费用构成进行分解。一般可以按建设资金支出的性质、途径等方式来分解。

我国现行工程造价的构成主要划分为设备及工、器具购置费用,建筑安装工程费用,工程建设其他费用,预备费,建设期贷款利息,固定资产投资方向调节税等几项。建设项目总投资具体构成内容,如图 2-1 所示。

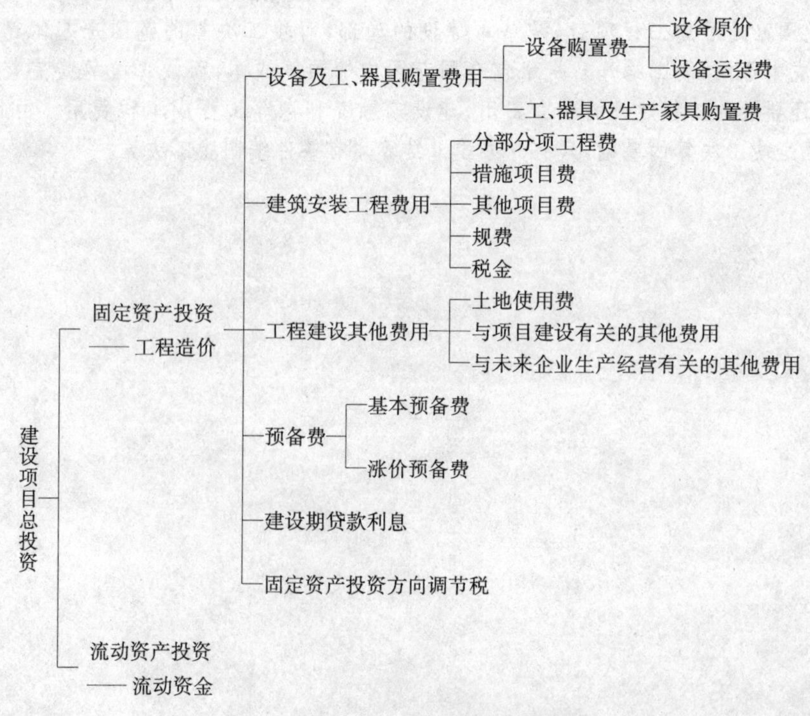

图 2-1　我国建设项目总投资的构成

二、世界银行工程造价的构成

世界银行、国际咨询工程师联合会对项目的总建设成本(相当于我国的工程造价)作了统一规定,工程项目总建设成本包括直接建设成本、间接建设成本、应急费和建设成本上升费等。

1. 项目直接建设成本的组成

项目直接建设成本主要包括土地征购费、场地设施费用、场地费用、工艺设备费、设备安装费、管道系统费用、电气设备费、电气安装费、仪器仪表费、机械的绝缘和油漆费、工艺建筑费、服务性建筑费用、工厂普通公共设施费、车辆费、其他当地费用。

2. 项目间接建设成本的组成

项目间接建设成本主要包括项目管理费、开工试车费、业主的行政性费用、生产前费用、运费和报验费、地方费。

开工试车费是指工程投料试车必要的劳务和材料费用。

3. 应急费

应急费由未明确项目准备金和不可预见准备金构成。

(1)未明确项目准备金。此项准备金用在估算时不可能明确的潜在项目,包括那些在做成本估算时因为缺乏完整、准确和详细的资料而不能完全预见和不能注明的项目,并且这些项目是必须完成的,或它们的费用是必定要发生的。在每一个组成部分中均单独以一定的百分比确定,并作为估算的一个项目单独列出。此项准备金不是为了支付工作范围以外可能增加的项目,不是用以应付天灾、非正常经济情况及罢工等情况,也不是用来补偿估算的任何误差,而是用来支付那些可以肯定要发生的费用。因此,它是估算不可缺少的一个组成部分。

(2)不可预见准备金。此项准备金(在未明确项目的准备金之外)用在估算达到一定的完整性并符合技术标准的基础上,由于物质、社会和经济的变化,导致估算增加的情况。此种情况可能发生,也可能不发生。因此,不可预见准备金只是一种储备,可能不动用。

4. 建设成本上升费

通常,估算中使用的构成工资率、材料和设备价格基础的截止日期就是“估算日期”。必须对该日期或已知成本基础进行调整,以补偿直至工程结束时的未知价格增长。

第二节　设备及工、器具购置费用构成与计算

设备及工、器具购置费用是由设备购置费用和工、器具及生产家具购置费用组成。在工业建设工程中,设备、工器具费用与资本的有机构成相互联系,设备、工器具费用占投资费用的比例大小,意味着生产技术的进步和资本有机构成的程度。

一、设备购置费

设备购置费是指为建设工程购置或自制的达到固定资产标准的设备、工具、器具的费用。所谓固定资产标准,是指使用年限在一年以上,单位价值在国家或各主管部门规定的

限额以上。设备购置费由设备原价和设备运杂费组成。

关键细节1 设备购置费的计算

设备购置费计算公式如下：

设备购置费＝设备原价＋设备运杂费

上式中，设备原价是指国产设备或进口设备原价；设备运杂费是指除设备原价之外的关于设备采购、运输、途中包装及仓库保管等方面支出费用的总和。

(一)国产设备原价

1. 国产标准设备原价

国产标准设备是指按照主管部门颁布的标准图纸和技术要求，由设备生产厂批量生产的，符合国家质量检验标准的设备。国产标准设备原价一般指的是设备制造厂的交货价，即出厂价。如设备由设备成套公司供应，则以订货合同价为设备原价。

2. 国产非标准设备原价

国产非标准设备是指国家尚无定型标准时，各设备生产厂不可能在工艺过程中采用批量生产，只能按一次订货，并根据具体的设备图纸制造的设备。国产非标准设备原价有多种不同的计算方法，如成本计算估价法、系列设备插入估价法、分部组合估价法、定额估价法等。

关键细节2 国产非标准设备原价的计算

(1)材料费。其计算公式如下：

材料费＝材料净重×(1＋加工损耗系数)×每吨材料综合价

(2)加工费。包括生产工人工资和工资附加费、燃料动力费、设备折旧费、车间经费等。其计算公式如下：

加工费＝设备总重量(吨)×设备每吨加工费

(3)辅助材料费(简称辅材费)。包括焊条、焊丝、氧气、氩气、氮气、油漆、电石等费用。其计算公式如下：

辅助材料费＝设备总重量×辅助材料费指标

(4)专用工具费。按上述(1)～(3)项之和乘以一定百分比计算。

(5)废品损失费。按上述(1)～(4)项之和乘以一定百分比计算。

(6)外购配套件费。按设备设计图纸所列的外购配套件的名称、型号、规格、数量、质量，根据相应的价格加运杂费计算。

(7)包装费。按上述(1)～(6)项之和乘以一定百分比计算。

(8)利润。可按上述(1)～(5)项加第(7)项之和乘以一定利润率计算。

(9)税金。主要指增值税，其计算公式如下：

增值税＝当期销项税额－进项税额

当期销项税额＝销售额×适用增值税率(%)

销售额为上述(1)～(8)项之和。

(10)非标准设备设计费：按国家规定的设计费收费标准计算。

综上所述，单台非标准设备原价可用下式表达：

单台非标准设备原价＝{(材料费＋加工费＋辅助材料费)×(1＋专用工具费率)×(1＋废品损失费率)＋外购配套件费]×(1＋包装费率)－外购配套件费}×(1＋利润率)＋销项税额＋非标准设备设计费＋外购配套件费

(二)进口设备原价

进口设备原价是指进口设备的抵岸价，通常是由进口设备到岸价(CIF)和进口从属费构成。进口设备的到岸价，即抵达买方边境港口或边境车站的价格。在国际贸易中，交易双方所使用的交货类别不同，则交易价格的构成内容也有所差异。进口从属费用包括银行财务费、外贸手续费、进口关税、消费税、进口环节增值税等，进口车辆的还需缴纳车辆购置税。

1. 进口设备原价的构成

在国际贸易中，较为广泛使用的交易价格术语有FOB、CFR和CIF。

(1)FOB(free on board)，意为装运港船上交货，亦称为离岸价格。FOB是指当货物在指定的装运港越过船舷，卖方即完成交货义务；风险转移以在指定的装运港货物越过船舷时为分界点。费用划分与风险转移的分界点相一致。

(2)CFR(cost and freight)，意为成本加运费，或称之为运费在内价。CFR是指在装运港货物越过船舷卖方即完成交货，卖方必须支付将货物运至指定的目的港所需的运费和费用，但交货后货物灭失或损坏的风险，以及由于各种事件造成的任何额外费用，则由卖方转移到买方。与FOB价格相比，CFR的费用划分与风险转移的分界点是不一致的。

(3)CIF(cost insurance and freight)，意为成本加保险费、运费，习惯称为到岸价格。在CIF术语中，卖方除负有与CFR相同的义务外，还应办理货物在运输途中最低险别的海运保险，并应支付保险费。如买方需要更高的保险险别，则需要与卖方明确地达成协议，或者自行做出额外的保险安排。除保险这项义务外，买方的义务与CFR相同。

2. 进口设备抵岸价

进口设备抵岸价是指抵达买方边境港口或边境车站，且交完关税以后的价格。

关键细节3　进口设备抵岸价的计算

进口设备抵岸价计算公式如下：

进口设备抵岸价(CIF)＝离岸价格(FOB)＋国际运费＋运输保险费

＝运费在内价(CFR)＋运输保险费

(1)货价。一般指装运港船上交货价(FOB)。设备货价分为原币货价和人民币货价，原币货价一律折算为美元表示，人民币货价按原币货价乘以外汇市场美元兑换人民币汇率中间价确定。进口设备货价按有关生产厂商询价、报价、订货合同价计算。

(2)国际运费。即从装运港(站)到达我国目的港(站)的运费。我国进口设备大部分采用海洋运输，小部分采用铁路运输，个别采用航空运输。进口设备国际运费计算公式如下：

国际运费(海、陆、空)=原币货价(FOB)×运费率(%)

国际运费(海、陆、空)=单位运价×运量

其中,运费率或单位运价参照有关部门或进出口公司的规定执行。

(3)运输保险费。对外贸易货物运输保险是由保险人(保险公司)与被保险人(出口人或进口人)订立保险契约,在被保险人交付议定的保险费后,保险人根据保险契约的规定对货物在运输过程中发生的承保责任范围内的损失给予经济上的补偿。这是一种财产险。其计算公式如下:

$$运输保险费=\frac{原币货价(FOB)+国外运费}{1-保险费率(\%)}\times保险费率(\%)$$

其中,保险费率按保险公司规定的进口货物保险费率计算。

关键细节4 进口从属费的计算

进口从属费计算公式如下:

进口从属费=银行财务费+外贸手续费+关税+消费税+进口环节增值税+车辆购置税

(1)银行财务费。一般是指在国际贸易结算中,中国银行为进出口商提供金融结算服务所收取的费用,可按下式简化计算:

银行财务费=离岸价格(FOB)×人民币外汇汇率×银行财务费率

(2)外贸手续费。指按对外经济贸易部规定的外贸手续费率计取的费用,外贸手续费率一般取1.5%。其计算公式如下:

外贸手续费=到岸价格(CIF)×人民币外汇汇率×外贸手续费率

(3)关税。由海关对进出国境或关境的货物和物品征收的一种税。其计算公式如下:

关税=到岸价格(CIF)×人民币外汇汇率×进口关税税率

到岸价格作为关税的计征基数时,通常又可称为关税完税价格。进口关税税率分为优惠和普通两种。优惠税率适用于与我国签订关税互惠条款的贸易条约或协定的国家进口设备;普通税率适用于与我国未签订关税互惠条款的贸易条约或协定的国家进口设备。进口关税税率按我国海关总署发布的进口关税税率计算。

(4)消费税。仅对部分进口设备(如轿车、摩托车等)征收,一般计算公式如下:

$$应纳消费税税额=\frac{到岸价格(CIF)\times人民币外汇汇率+关税}{1-消费税税率(\%)}\times消费税税率(\%)$$

其中,消费税税率根据规定的税率计算。

(5)进口环节增值税。对从事进口贸易的单位和个人,在进口商品报关进口后征收的税种。我国增值税暂行条例规定,进口应税产品均按组成计税价格和增值税税率直接计算应纳税额。即:

进口环节增值税额=组成计税价格×增值税税率(%)

组成计税价格=关税完税价格+关税+消费税

增值税税率根据规定的税率计算。

(6)车辆购置税。进口车辆需缴进口车辆购置税。其计算公式如下:

进口车辆购置税=(关税完税价格+关税+消费税)×车辆购置税率(%)

(三)设备运杂费

设备运杂费通常由下列各项构成：

(1)运费和装卸费。国产设备由设备制造厂交货地点起至工地仓库(或施工组织设计指定的需要安装设备的堆放地点)止所发生的运费和装卸费;进口设备则由我国到岸港口或边境车站起至工地仓库(或施工组织设计指定的需安装设备的堆放地点)止所发生的运费和装卸费。

(2)包装费。在设备原价中没有包含的,为运输而进行包装支出的各种费用。

(3)设备供销部门的手续费。按有关部门规定的统一费率计算。

(4)采购与仓库保管费。指采购、验收、保管和收发设备所发生的各种费用,包括设备采购人员、保管人员和管理人员的工资、工资附加费、办公费、差旅交通费,设备供应部门办公和仓库所占固定资产使用费、工具用具使用费、劳动保护费、检验试验费等。这些费用可按主管部门规定的采购与保管费费率计算。

关键细节 5　设备运杂费的计算

设备运杂费计算公式如下：

设备运杂费＝设备原价×设备运杂费率(%)

其中,设备运杂费率按各部门及省、市有关规定计取。

二、工、器具及生产家具购置费

工、器具及生产家具购置费,是指新建或扩建项目初步设计规定的,保证初期正常生产必须购置的没有达到固定资产标准的设备、仪器、工卡模具、器具、生产家具和备品备件等购置费用。一般以设备购置费为计算基数,按照部门或行业规定的工、器具及生产家具费率计算。

关键细节 6　工、器具购置费的计算

工、器具购置费计算公式如下：

工、器具及生产家具购置费＝设备购置费×定额费率

第三节　建筑安装工程费用构成与计算

根据住房和城乡建设部、财政部“关于印发《建设安装工程费用项目组成》的通知”(建标[2013]44 号)中规定:建筑安装工程费用项目按费用构成要素组成划分为人工费、材料费、施工机具使用费、企业管理费、利润、规费和税金(图 2-1),按工程造价形成顺序划分为分部分项工程费、措施项目费、其他项目费、规费和税金(图 2-2)。

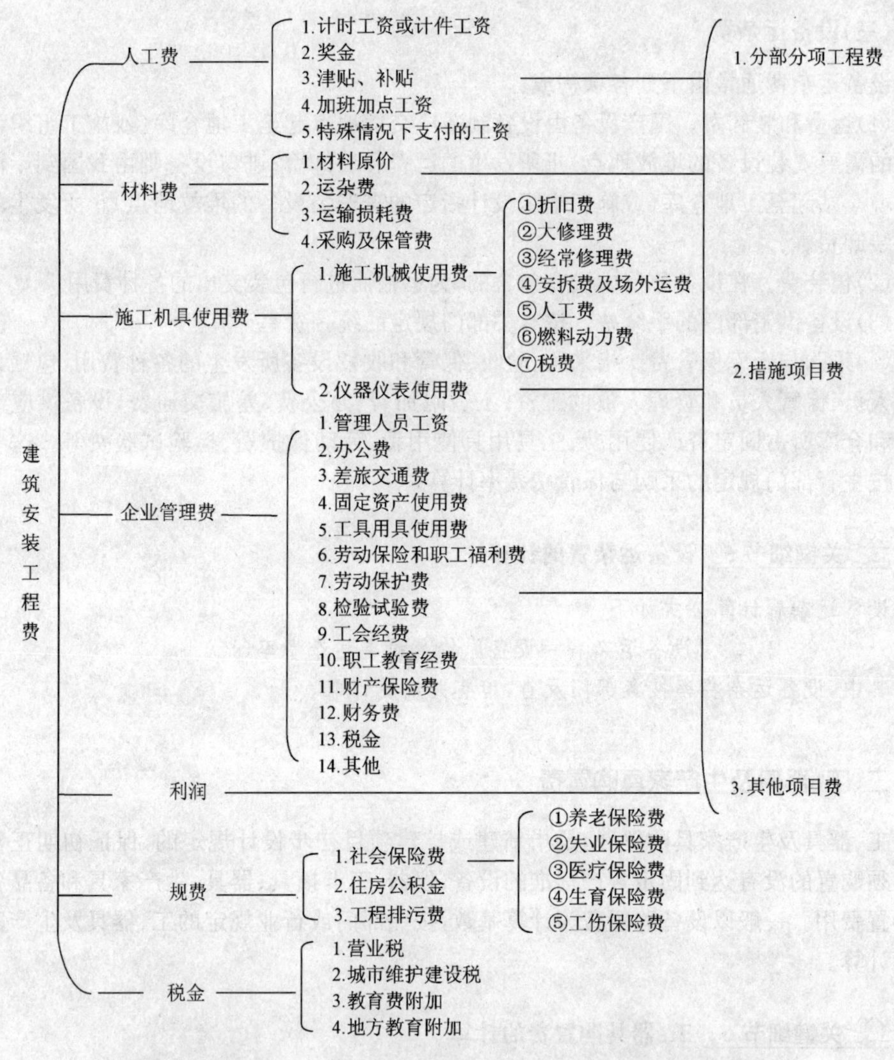

图2-1　建筑安装工程费用项目组成(按费用构成要素划分)

一、按费用构成要素划分

建筑安装工程费按照费用构成要素划分,由人工费、材料(包含工程设备,下同)费、施工机具使用费、企业管理费、利润、规费和税金组成。其中,人工费、材料费、施工机具使用费、企业管理费和利润包含在分部分项工程费、措施项目费、其他项目费中。

1. 人工费

人工费是指按工资总额构成规定,支付给从事建筑安装工程施工的生产工人和附属生产单位工人的各项费用。内容包括:

(1)计时工资或计件工资,是指按计时工资标准和工作时间或对已做工作按计件单价支付给个人的劳动报酬。

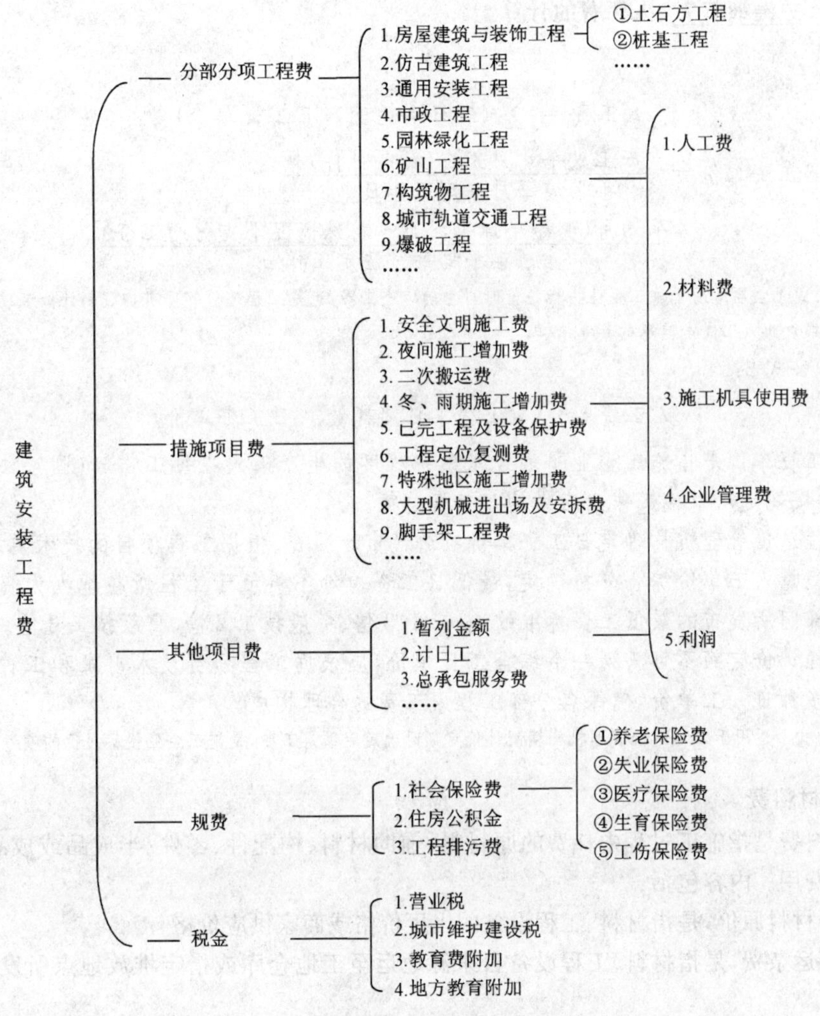

图 2-2　建筑安装工程费用项目组成(按造价形成划分)

(2)奖金,是指对超额劳动和增收节支支付给个人的劳动报酬。如节约奖、劳动竞赛奖等。

(3)津贴补贴,是指为了补偿职工特殊或额外的劳动消耗和因其他特殊原因支付给个人的津贴,以及为了保证职工工资水平不受物价影响支付给个人的物价补贴。如流动施工津贴、特殊地区施工津贴、高温(寒)作业临时津贴、高空作业津贴等。

(4)加班加点工资,是指按规定支付的在法定节假日工作的加班工资和在法定日工作时间外延时工作的加点工资。

(5)特殊情况下支付的工资,是指根据国家法律、法规和政策规定,因病、工伤、产假、计划生育假、婚丧假、事假、探亲假、定期休假、停工学习、执行国家或社会义务等原因按计时工资标准或计时工资标准的一定比例支付的工资。

关键细节7 人工费的计算

(1)公式1：

$$人工费 = \sum(工日消耗量 \times 日工资单价)$$

$$日工资单价=\frac{生产工人平均月工资(计时计件)}{年平均每月法定工作日}+\frac{平均月(奖金+津贴补贴+特殊情况下支付的工资)}{年平均每月法定工作日}$$

注：公式1主要适用于施工企业投标报价时自主确定人工费，也是工程造价管理机构编制计价定额确定定额人工单价或发布人工成本信息的参考依据。

(2)公式2：

$$人工费 = \sum(工程工日消耗量 \times 日工资单价)$$

日工资单价是指施工企业平均技术熟练程度的生产工人在每工作日(国家法定工作时间内)按规定从事施工作业应得的日工资总额。

工程造价管理机构确定日工资单价应通过市场调查、根据工程项目的技术要求，参考实物工程量人工单价综合分析确定，最低日工资单价不得低于工程所在地人力资源和社会保障部门所发布的最低工资标准的：普工1.3倍、一般技工2倍、高级技工3倍。

工程计价定额不可只列一个综合工日单价，应根据工程项目技术要求和工种差别适当划分多种日人工单价，确保各分部工程人工费的合理构成。

注：公式2适用于工程造价管理机构编制计价定额时确定定额人工费，是施工企业投标报价的参考依据。

2. 材料费

材料费是指施工过程中耗费的原材料、辅助材料、构配件、零件、半成品或成品、工程设备的费用。内容包括：

(1)材料原价，是指材料、工程设备的出厂价格或商家供应价格。

(2)运杂费，是指材料、工程设备自来源地运至工地仓库或指定堆放地点所发生的全部费用。

(3)运输损耗费，是指材料在运输装卸过程中不可避免的损耗。

(4)采购及保管费，是指为组织采购、供应和保管材料、工程设备的过程中所需要的各项费用。包括采购费、仓储费、工地保管费、仓储损耗。其中，工程设备是指构成或计划构成永久工程一部分的机电设备、金属结构设备、仪器装置及其他类似的设备和装置。

关键细节8 材料费的计算

(1)材料费计算公式如下：

$$材料费 = \sum(材料消耗量 \times 材料单价)$$

材料单价={(材料原价+运杂费)×[1+运输损耗率(%)]}×[1+采购保管费率(%)]

(2)工程设备费计算公式如下：

$$工程设备费 = \sum(工程设备量 \times 工程设备单价)$$

工程设备单价=(设备原价+运杂费)×[1+采购保管费率(%)]

3. 施工机具使用费

施工机具使用费是指施工作业所发生的施工机械、仪器仪表使用费或其租赁费。

(1)施工机械使用费，以施工机械台班耗用量乘以施工机械台班单价表示，施工机械台班单价应由下列七项费用组成：

1)折旧费，是指施工机械在规定的使用年限内，陆续收回其原值的费用。

2)大修理费，是指施工机械按规定的大修理间隔台班进行必要的大修理，以恢复其正常功能所需的费用。

3)经常修理费，是指施工机械除大修理外的各级保养和临时故障排除所需的费用。包括为保障机械正常运转所需替换设备与随机配备工具附具的摊销和维护费用，机械运转中日常保养所需润滑与擦拭的材料费用及机械停滞期间的维护和保养费用等。

4)安拆费及场外运费，安拆费是指施工机械(大型机械除外)在现场进行安装与拆卸所需的人工、材料、机械和试运转费用以及机械辅助设施的折旧、搭设、拆除等费用；场外运费是指施工机械整体或分体自停放地点运至施工现场或由一施工地点运至另一施工地点的运输、装卸、辅助材料及架线等费用。

5)人工费，是指机上司机(司炉)和其他操作人员的人工费。

6)燃料动力费，是指施工机械在运转作业中所消耗的各种燃料及水、电等。

7)税费，是指施工机械按照国家规定应缴纳的车船使用税、保险费及年检费等。

(2)仪器仪表使用费，是指工程施工所需使用的仪器仪表的摊销及维修费用。

关键细节9　施工机具、仪器仪表使用费的计算

(1)施工机械使用费：

$$施工机械使用费 = \sum(施工机械台班消耗量 \times 机械台班单价)$$

$$机械台班单价 = 台班折旧费 + 台班大修费 + 台班经常修理费 + 台班安拆费及场外运费 + 台班人工费 + 台班燃料动力费 + 台班车船税费$$

注：工程造价管理机构在确定计价定额中的施工机械使用费时，应根据《建筑施工机械台班费用计算规则》结合市场调查编制施工机械台班单价。施工企业可以参考工程造价管理机构发布的台班单价，自主确定施工机械使用费的报价，如租赁施工机械，公式为：施工机械使用费$=\sum$(施工机械台班消耗量×机械台班租赁单价)

(2)仪器仪表使用费：

$$仪器仪表使用费 = 工程使用的仪器仪表摊销费 + 维修费$$

4. 企业管理费

企业管理费是指建筑安装企业组织施工生产和经营管理所需的费用。内容包括：

(1)管理人员工资，是指按规定支付给管理人员的计时工资、奖金、津贴补贴、加班加点工资及特殊情况下支付的工资等。

(2)办公费，是指企业管理办公用的文具、纸张、账表、印刷、邮电、书报、办公软件、现场监控、会议、水电、烧水和集体取暖降温(包括现场临时宿舍取暖降温)等费用。

(3)差旅交通费，是指职工因公出差、调动工作的差旅费、住勤补助费，市内交通费和误餐补助费，职工探亲路费，劳动力招募费，职工退休、退职一次性路费，工伤人员就医路费，工地转移费以及管理部门使用的交通工具的油料、燃料等费用。

(4)固定资产使用费，是指管理和试验部门及附属生产单位使用的属于固定资产的房屋、设备、仪器等的折旧、大修、维修或租赁费。

(5)工具用具使用费，是指企业施工生产和管理使用的不属于固定资产的工具、器具、家具、交通工具和检验、试验、测绘、消防用具等的购置、维修和摊销费。

(6)劳动保险和职工福利费，是指由企业支付的职工退职金、按规定支付给离休干部的经费，集体福利费、夏季防暑降温、冬季取暖补贴、上下班交通补贴等。

(7)劳动保护费，是企业按规定发放的劳动保护用品的支出。如工作服、手套、防暑降温饮料以及在有碍身体健康的环境中施工的保健费用等。

(8)检验试验费，是指施工企业按照有关标准规定，对建筑以及材料、构件和建筑安装物进行一般鉴定、检查所发生的费用，包括自设试验室进行试验所耗用的材料等费用。不包括新结构、新材料的试验费，对构件做破坏性试验及其他特殊要求检验试验的费用和建设单位委托检测机构进行检测的费用，对此类检测发生的费用，由建设单位在工程建设其他费用中列支。但对施工企业提供的具有合格证明的材料进行检测不合格的，该检测费用由施工企业支付。

(9)工会经费，是指企业按《工会法》规定的全部职工工资总额比例计提的工会经费。

(10)职工教育经费，是指按职工工资总额的规定比例计提，企业为职工进行专业技术和职业技能培训，专业技术人员继续教育、职工职业技能鉴定、职业资格认定以及根据需要对职工进行各类文化教育所发生的费用。

(11)财产保险费，是指施工管理用财产、车辆等的保险费用。

(12)财务费，是指企业为施工生产筹集资金或提供预付款担保、履约担保、职工工资支付担保等所发生的各种费用。

(13)税金，是指企业按规定缴纳的房产税、车船使用税、土地使用税、印花税等。

(14)其他，包括技术转让费、技术开发费、投标费、业务招待费、绿化费、广告费、公证费、法律顾问费、审计费、咨询费、保险费等。

关键细节10　企业管理费的计算

(1)以分部分项工程费为计算基础：

$$企业管理费费率(\%)=\frac{生产工人年平均管理费}{年有效施工天数\times人工单价}\times人工费占分部分项工程费比例(\%)$$

(2)以人工费和机械费合计为计算基础：

$$企业管理费费率(\%)=\frac{生产工人年平均管理费}{年有效施工天数\times(人工单价+每一工日机械使用费)}\times100\%$$

(3) 以人工费为计算基础：

$$企业管理费费率(\%)=\frac{生产工人年平均管理费}{年有效施工天数\times人工单价}\times100\%$$

注：上述公式适用于施工企业投标报价时自主确定管理费，是工程造价管理机构编制计价定额确定企业管理费的参考依据。

工程造价管理机构在确定计价定额中企业管理费时，应以定额人工费或(定额人工费+定额机械费)作为计算基数，其费率根据历年工程造价积累的资料，辅以调查数据确定，列入分部分项工程和措施项目中。

5. 利润

利润是指施工企业完成所承包工程获得的盈利。

关键细节 11　利润的计算

(1)施工企业根据企业自身需求并结合建筑市场实际自主确定,列入报价中。

(2)工程造价管理机构在确定计价定额中利润时,应以定额人工费或(定额人工费+定额机械费)作为计算基数,其费率根据历年工程造价积累的资料,并结合建筑市场实际确定,以单位(单项)工程测算,利润在税前建筑安装工程费的比重可按不低于5%且不高于7%的费率计算。利润应列入分部分项工程和措施项目中。

6. 规费

规费是指按国家法律、法规规定,由省级政府和省级有关权力部门规定必须缴纳或计取的费用。内容包括:

(1)社会保险费。

1)养老保险费,是指企业按照规定标准为职工缴纳的基本养老保险费。

2)失业保险费,是指企业按照规定标准为职工缴纳的失业保险费。

3)医疗保险费,是指企业按照规定标准为职工缴纳的基本医疗保险费。

4)生育保险费,是指企业按照规定标准为职工缴纳的生育保险费。

5)工伤保险费,是指企业按照规定标准为职工缴纳的工伤保险费。

(2)住房公积金,是指企业按规定标准为职工缴纳的住房公积金。

(3)工程排污费,是指按规定缴纳的施工现场工程排污费。

其他应列而未列入的规费,按实际发生计取。

关键细节 12　规费的计算

(1)社会保险费和住房公积金:

社会保险费和住房公积金应以定额人工费为计算基础,根据工程所在地(省、自治区、直辖市或行业建设主管部门)规定费率计算。

社会保险费和住房公积金 $= \sum$(工程定额人工费×社会保险费和住房公积金费率)

式中,社会保险费和住房公积金费率可以每万元发承包价的生产工人人工费和管理人员工资含量与工程所在地规定的缴纳标准综合分析取定。

(2)工程排污费:工程排污费等其他应列而未列入的规费应按工程所在地环境保护等部门规定的标准缴纳,按实计取列入。

7. 税金

税金是指国家税法规定的应计入建筑安装工程造价内的营业税、城市维护建设税、教育费附加以及地方教育附加。

关键细节 13　税金的计算

(1)税金计算公式如下:

$$税金=税前造价×综合税率(\%)$$

(2)综合税率按下列规定确定:

1)纳税地点在市区的企业:

$$综合税率(\%)=\frac{1}{1-3\%-3\%\times7\%-3\%\times3\%-3\%\times2\%}-1$$

2)纳税地点在县城、镇的企业:

$$综合税率(\%)=\frac{1}{1-3\%-3\%\times5\%-3\%\times3\%-3\%\times2\%}-1$$

3)纳税地点不在市区、县城、镇的企业:

$$综合税率(\%)=\frac{1}{1-3\%-3\%\times1\%-3\%\times3\%-3\%\times2\%}-1$$

4)实行营业税改增值税的,按纳税地点现行税率计算。

二、按工程造价形成划分

建筑安装工程费按照工程造价形成划分,由分部分项工程费、措施项目费、其他项目费、规费、税金组成。分部分项工程费、措施项目费、其他项目费包含人工费、材料费、施工机具使用费、企业管理费和利润。

1. 分部分项工程费

分部分项工程费是指各专业工程的分部分项工程应予列支的各项费用。

(1)专业工程,是指按现行国家计量规范划分的房屋建筑与装饰工程、仿古建筑工程、通用安装工程、市政工程、园林绿化工程、矿山工程、构筑物工程、城市轨道交通工程、爆破工程等各类工程。

(2)分部分项工程,是指按现行国家计量规范对各专业工程划分的项目。如房屋建筑与装饰工程划分的土石方工程、地基处理与桩基工程、砌筑工程、钢筋及钢筋混凝土工程等。

各类专业工程的分部分项工程划分参见现行国家或行业计量规范。

关键细节 14 分部分项工程费的计算

分部分项工程计算公式如下:

$$分部分项工程费=\sum(分部分项工程量\times综合单价)$$

式中,综合单价包括人工费、材料费、施工机具使用费、企业管理费和利润以及一定范围的风险费用(下同)。

2. 措施项目费

措施项目费是指为完成建设工程施工,发生于该工程施工前和施工过程中的技术、生活、安全、环境保护等方面的费用。内容包括:

(1)安全文明施工费。

1)环境保护费,是指施工现场为达到环保部门要求所需要的各项费用。

2)文明施工费,是指施工现场文明施工所需要的各项费用。

3)安全施工费,是指施工现场安全施工所需要的各项费用。

4)临时设施费,是指施工企业为进行建设工程施工所必须搭设的生活和生产用的临时建筑物、构筑物和其他临时设施费用。包括临时设施的搭设、维修、拆除、清理费或摊销费等。

(2)夜间施工增加费，是指因夜间施工所发生的夜班补助费、夜间施工降效、夜间施工照明设备摊销及照明用电等费用。

(3)二次搬运费，是指因施工场地条件限制而发生的材料、构配件、半成品等一次运输不能到达堆放地点，必须进行二次或多次搬运所发生的费用。

(4)冬雨季施工增加费，是指在冬季或雨季施工需增加的临时设施、防滑、排除雨雪，人工及施工机械效率降低等费用。

(5)已完工程及设备保护费，是指竣工验收前，对已完工程及设备采取的必要保护措施所发生的费用。

(6)工程定位复测费，是指工程施工过程中进行全部施工测量放线和复测工作的费用。

(7)特殊地区施工增加费，是指工程在沙漠或其边缘地区、高海拔、高寒、原始森林等特殊地区施工增加的费用。

(8)大型机械设备进出场及安拆费，是指机械整体或分体自停放场地运至施工现场或由一个施工地点运至另一个施工地点，所发生的机械进出场运输及转移费用及机械在施工现场进行安装、拆卸所需的人工费、材料费、机械费、试运转费和安装所需的辅助设施的费用。

(9)脚手架工程费，是指施工需要的各种脚手架搭、拆、运输费用以及脚手架购置费的摊销(或租赁)费用。

措施项目及其包含的内容详见各类专业工程的现行国家或行业计量规范。

关键细节 15　措施项目费的计算

(1)国家计量规范规定应予计量的措施项目，其计算公式如下：

$$措施项目费 = \sum(措施项目工程量 \times 综合单价)$$

(2)国家计量规范规定不宜计量的措施项目，其计算方法如下：

1)安全文明施工费。

$$安全文明施工费 = 计算基数 \times 安全文明施工费费率(\%)$$

计算基数应为定额基价(定额分部分项工程费＋定额中可以计量的措施项目费)、定额人工费或(定额人工费＋定额机械费)，其费率由工程造价管理机构根据各专业工程的特点综合确定。

2)夜间施工增加费。

$$夜间施工增加费 = 计算基数 \times 夜间施工增加费费率(\%)$$

3)二次搬运费。

$$二次搬运费 = 计算基数 \times 二次搬运费费率(\%)$$

4)冬雨季施工增加费。

$$冬雨季施工增加费 = 计算基数 \times 冬雨季施工增加费费率(\%)$$

5)已完工程及设备保护费。

$$已完工程及设备保护费 = 计算基数 \times 已完工程及设备保护费费率(\%)$$

上述 2)～5)项措施项目的计费基数应为定额人工费或(定额人工费＋定额机械费)，

其费率由工程造价管理机构根据各专业工程特点和调查资料综合分析后确定。

3. 其他项目费

(1)暂列金额,是指建设单位在工程量清单中暂定并包括在工程合同价款中的一笔款项。用于施工合同签订时,尚未确定或者不可预见的所需材料、工程设备、服务的采购,施工中可能发生的工程变更、合同约定调整因素出现时的工程价款调整以及发生的索赔、现场签证确认等的费用。

(2)计日工,是指在施工过程中,施工企业完成建设单位提出的施工图纸以外的零星项目或工作所需的费用。

(3)总承包服务费,是指总承包人为配合、协调建设单位进行的专业工程发包,对建设单位自行采购的材料、工程设备等进行保管以及施工现场管理、竣工资料汇总整理等服务所需的费用。

关键细节16 其他项目费的计算

(1)暂列金额由建设单位根据工程特点,按有关计价规定估算,施工过程中由建设单位掌握使用、扣除合同价款调整后如有余额,归建设单位。

(2)计日工由建设单位和施工企业按施工过程中的签证计价。

(3)总承包服务费由建设单位在招标控制价中根据总包服务范围和有关计价规定编制,施工企业投标时自主报价,施工过程中按签约合同价执行。

4. 规费

同前述"一、6. 规费"的相关内容。

5. 税金

同前述"一、7. 税金"的相关内容。

三、相关问题的说明

(1)各专业工程计价定额的使用周期原则上为5年。

(2)工程造价管理机构在定额使用周期内,应及时发布人工、材料、机械台班价格信息,实行工程造价动态管理,如遇国家法律、法规、规章或相关政策变化以及建筑市场物价波动较大时,应适时调整定额人工费、定额机械费以及定额基价或规费费率,使建筑安装工程费能反映建筑市场实情。

(3)建设单位在编制招标控制价时,应按照各专业工程的计量规范和计价定额以及工程造价信息编制。

(4)施工企业在使用计价定额时,除不可竞争费用外,其余仅作参考,由施工企业投标时自主报价。

第四节 建设工程其他费用构成与计算

建设工程其他费用是指应在建设项目的建设投资中开支的,为保证工程建设顺利完成和交付使用后能够正常发挥效用而发生的固定资产其他费用、无形资产费用和其他资产费用。

一、固定资产其他费用

固定资产费用是指项目投产时将直接形成固定资产的建设投资，包括前面详细介绍的工程费用以及在工程建设其他费用中按规定将形成固定资产的费用，后者被称为固定资产其他费用。

1. 建设管理费

建设管理费是指建设单位从项目立项、筹建开始至施工全过程、联合试运转、竣工验收、交付使用及项目后评估等建设全过程所发生的管理费用。其费用包括建设单位管理费、工程监理费及工程质量监督费。

(1)建设单位管理费。建设单位管理费是指建设单位发生的管理性质开支，包括：工作人员工资、工资性补贴、施工现场津贴、职工福利费、住房基金、基本养老保险费、基本医疗保险费、失业保险费、工伤保险费、办公费、差旅交通费、劳动保护费、工具用具使用费、固定资产使用费、必要的办公及生活用品购置费、必要的通信设备及交通工具购置费、零星固定资产购置费、招募生产工人费、技术图书资料费、业务招待费、设计审查费、工程招标费、合同契约公证费、法律顾问费、咨询费、完工清理费、竣工验收费、印花税和其他管理性质开支。

关键细节 17 建设单位管理费的计算

建设单位管理费按照工程费用之和(包括设备与工、器具购置费和建筑安装工程费用)乘以建设单位管理费费率计算。即：

建设单位管理费＝工程费用×建设单位管理费费率

建设单位管理费费率按照建设项目的不同性质、不同规模确定。有些建设项目按照建设工期和规定的金额计算建设单位管理费。如工程项目建设采用监理，建设单位部分管理工作量转移至监理单位。监理费应根据委托的监理工作范围和监理深度在监理合同中商定或按当地或所属行业部门有关规定计算；如建设单位采用工程总承包方式，其总包管理费由建设单位与总包单位根据总包工作范围在合同中商定，从建设管理费中支出。

(2)工程监理费。工程监理费是指建设单位委托工程监理单位实施工程监理的费用。此项费用应按国家发改委与原建设部联合发布的《建设工程监理与相关服务收费管理规定》计算。依法必须实行监理的建设工程施工阶段的监理收费实行政府指导价；其他建设工程施工阶段的监理收费和其他阶段的监理与相关服务收费实行市场调节价

(3)工程质量监督费。工程质量监督费是政府职能部门的一种管理费用，顾名思义，就是对工程质量进行监督管理的费用。

2. 土地使用费

任何一个建设项目都固定于一定地点与地面相连接，必须占用一定量的土地，也就必然要发生为获得建设用地而支付的费用，这就是土地使用费。它是指通过划拨方式取得土地使用权而支付的土地征用及迁移补偿费，或者通过土地使用权出让方式取得土地使

用权而支付的土地使用权出让金。

(1)土地征用及迁移补偿费。土地征用及迁移补偿费，是指建设项目通过划拨方式取得无限期的土地使用权，依照《中华人民共和国土地管理法》等规定所支付的费用。其总和一般不得超过被征土地年产值的30倍，土地年产值则按该地被征用前3年的平均产量和国家规定的价格计算。

1)土地补偿费。征用耕地(包括菜地)的补偿标准，按政府规定，为该耕地被征用前3年平均年产值的6～10倍，具体补偿标准由省、自治区、直辖市人民政府在此范围内制定。征用园地、鱼塘、藕塘、苇塘、宅基地、林地、牧场，草原等的补偿标准，由省、自治区、直辖市参照征用耕地的土地补偿费制定。征收无收益的土地，不予补偿。土地补偿费归农村集体经济组织所有。

2)青苗补偿费和被征用土地上的房屋、水井、树木等附着物补偿费。这些补偿费的标准由省、自治区、直辖市人民政府制定。征用城市郊区的菜地时，还应按照有关规定向国家缴纳新菜地开发建设基金。地上附着物及青苗补偿费归地上附着物及青苗的所有者所有。

3)安置补助费。征用耕地、菜地的，其安置补助费按照需要安置的农业人口数计算。每一个需要安置的农业人口的安置补助费标准，为该耕地被征用前三年平均年产值的4～6倍。但是，每公顷被征用耕地的安置补助费，最高不得超过被征用前三年平均年产值的15倍。征用土地的安置补助费必须专款专用，不得挪作他用。需要安置的人员由农村集体经济组织安置的，安置补助费支付给农村集体经济组织，由农村集体经济组织管理和使用；由其他单位安置的，安置补助费支付给安置单位；不需要统一安置的，安置补助费发放给被安置人员个人或者征得被安置人员同意后用于支付被安置人员的保险费用。市、县和乡(镇)人民政府应当加强对安置补助费使用情况的监督。

4)缴纳的耕地占用税或城镇土地使用税、土地登记费及征地管理费等。县市土地管理机关从征地费中提取土地管理费的比率，按征地工作量大小，视不同情况，在1%～4%幅度内提取。

5)征地动迁费。包括征用土地上的房屋及附属构筑物、城市公共设施等拆除、迁建补偿费、搬迁运输费，企业单位因搬迁造成的减产、停工损失补贴费，拆迁管理费等。

6)水利水电工程水库淹没处理补偿费。包括农村移民安置迁建费，城市迁建补偿费，库区工矿企业、交通、电力、通信、广播、管网、水利等的恢复、迁建补偿费，库底清理费，防护工程费，环境影响补偿费用等。

(2)土地使用权出让金。土地使用权出让金，指建设项目通过土地使用权出让方式，取得有限期的土地使用权，依照《中华人民共和国城镇国有土地使用权出让和转让暂行条例》规定支付的土地使用权让金。

3. 可行性研究费

可行性研究费是指在建设项目前期工作中，编制和评价项目建议书(或预可行性研究报告)、可行性研究报告所需的费用。

4. 研究试验费

研究试验费是指为建设项目提供和验证设计参数、数据、资料等所进行的必要的试验费用以及设计规定在施工中必须进行试验、验证所需费用。

研究试验费包括自行或委托其他部门研究试验所需人工费、材料费、试验设备及仪器使用费等。这项费用按照设计单位根据本工程项目的需要提出的研究试验内容和要求计算。

5. 勘察设计费

勘察设计费是指为本建设项目提供项目建议书、可行性研究报告及设计文件等所需费用，内容包括：

(1)编制项目建议书、可行性研究报告及投资估算、工程咨询、评价以及为编制上述文件所进行勘察、设计、研究试验等所需费用。

(2)委托勘察、设计单位进行初步设计、施工图设计及概预算编制等所需费用。

(3)在规定范围内由建设单位自行完成的勘察、设计工作所需费用。

6. 环境影响评价费

环境影响评价费是指按照有关规定，为全面、详细评价本建设项目对环境可能产生的污染或造成的重大影响所需的费用。

7. 场地准备及临时设施费

场地准备及临时设施费的内容包括以下两点：

(1)建设项目场地准备费是指建设项目为达到工程开工条件进行的场地平整和对建设场地余留的有碍于施工建设的设施进行拆除清理的费用。

(2)建设单位临时设施费是指为满足施工建设需要而供到场地界区的、未列入工程费用的临时水、电、路、气、通信等其他工程费用和建设单位的现场临时建(构)筑物的搭设、维修、拆除、摊销或建设期间租赁费用，以及施工期间专用公路或桥梁的加固、养护、维修等费用。

关键细节18　场地准备及临时设施费的计算

(1)场地准备及临时设施应尽量与永久性工程统一考虑。建设场地的大型土石方工程应进入工程费用中的总图运输费用中。

(2)新建项目的场地准备和临时设施费应根据实际工程量估算，或按工程费用的比例计算。改扩建项目一般只计拆除清理费。其计算公式如下：

场地准备和临时设施费＝工程费用×费率＋拆除清理费

(3)发生拆除清理费时可按新建同类工程造价或主材费、设备费的比例计算。凡可回收材料的拆除工程采用以料抵工方式冲抵拆除清理费。

(4)此项费用不包括已列入建筑安装工程费用中的施工单位临时设施费用。

8. 工程保险费

工程保险费是指建设项目在建设期间根据需要实施工程保险所需的费用。

工程保险费包括以各种建筑工程及其在施工过程中的物料、机器设备为保险标的的建筑工程一切险，以安装工程中的各种机器、机械设备为保险标的的安装工程一切险，以及机器损坏险等。

9. 引进技术和进口设备其他费用

引进技术及进口设备其他费用，包括出国人员费用、国外工程技术人员来华费用、技术引进费、分期或延期付款利息、担保费以及进口设备检验鉴定费。

10. 特殊设备安全监督检验费

特殊设备安全监督检验费是指在施工现场组装的锅炉及压力容器、压力管道、消防设备、燃气设备、电梯等特殊设备和设施，由安全监察部门按照有关安全监察条例和实施细则以及设计技术要求进行安全检验，应由建设项目支付的、向安全监察部门缴纳的费用。此项费用按照建设项目所在省（自治区、直辖市）安全监察部门的规定标准计算。无具体规定的，在编制投资估算和概算时可按受检设备现场安装费的比例估算。

二、无形资产费用

无形资产费用是指直接形成无形资产的建设投资，主要是指专利及专有技术使用费。专利及专有技术使用费的主要内容包括：

(1)国外设计及技术资料费，引进有效专利、专有技术使用费和技术保密费。

(2)国内有效专利、专有技术使用费。

(3)商标权、商誉和特许经营权费等。

关键细节19 专利及专有技术使用费的计算应注意的问题

(1)按专利使用许可协议和专有技术使用合同的规定计列。

(2)专有技术的界定应以省、部级鉴定批准为依据。

(3)项目投资中只计需在建设期支付的专利及专有技术使用费。协议或合同规定在生产期支付的使用费应在生产成本中核算。

(4)一次性支付的商标权、商誉及特许经营权费按协议或合同规定计列。协议或合同规定在生产期支付的商标权或特许经营权费应在生产成本中核算。

(5)为项目配套的专用设施投资，包括专用铁路线、专用公路、专用通信设施、送变电站、地下管道、专用码头等，如由项目建设单位负责投资但产权不归属本单位的，应作无形资产处理。

三、其他资产费用

其他资产费用是指建设投资中除形成固定和无形资产以外的部分，主要包括生产准备及开办费等。

生产准备及开办费是指建设项目为保证正常生产（或营业、使用）而发生的人员培训费、提前进厂费以及投产使用必备的生产办公、生活家具用具及工器具等购置费用。内容包括：

(1)人员培训费及提前进厂费。包括自行组织培训或委托其他单位培训的人员工资、工资性补贴、职工福利费、差旅交通费、劳动保护费、学习资料费等。

(2)为保证初期正常生产（或营业、使用）所必需的生产办公、生活家具用具购置费。

(3)为保证初期正常生产（或营业、使用）必需的第一套不够固定资产标准的生产工具、器具、用具购置费，不包括备品备件费。

关键细节20 生产准备费的计算

生产准备费计算公式如下：

生产准备费＝设计定员×生产准备费指标(元/人)

(1)新建项目按设计定员为基数计算,改扩建项目按新增设计定员为基数计算。

(2)采用综合的生产准备费指标进行计算,也可以按费用内容的分类指标计算。

第五节　预备费、建设期贷款利息计算

一、预备费

预备费一般包括基本预备费和涨价预备费。

1. 基本预备费

基本预备费是指在初步设计及概算内难以预料的工程费用。其具体内容如下:

(1)在批准的初步设计范围内,技术设计、施工图设计及施工过程中所增加的工程费用;设计变更、局部地基处理等增加的费用。

(2)一般自然灾害造成的损失和预防自然灾害所采取的措施费用。

(3)竣工验收时为鉴定工程质量对隐蔽工程进行必要的挖掘和修复的费用。

关键细节 21　基本预备费的计算

基本预备费是按工程费用和工程建设其他费用二者之和为计取基础,乘以基本预备费费率进行计算。

基本预备费＝(工程费用＋工程建设其他费用)×基本预备费费率

基本预备费费率的取值应执行国家及有关部门的规定。

2. 涨价预备费

涨价预备费是指建设项目在建设期间内由于价格等变化引起工程造价变化的预测预留费用。其费用内容包括:人工、设备、材料、施工、机械的价差费,建筑安装工程费及工程建设其他费用调整,利率、汇率调整等增加的费用。

二、建设期贷款利息

建设期贷款利息是指建设项目使用银行或其他金融机构的贷款,在建设期应归还的借款的利息。建设项目筹建期间借款的利息,按规定可以计入购建资产的价值或开办费。

当总贷款是分年均衡发放时,建设期利息的计算可按当年借款在年中支用考虑,即当年贷款按半年计息,上半年贷款按全年计息。其计算公式如下:

$$q_j=\left(P_{j-1}+\frac{1}{2}A_j\right)\cdot i$$

式中　q_j——建设期第 j 年应计利息;

P_{j-1}——建设期第($j-1$)年末贷款累计金额与利息累计金额之和;

A_j——建设期第 j 年贷款金额;

i——年利息。

第三章　建筑电气工程施工图识读

第一节　概　　述

现代房屋建筑中，都要安装许多电气设施和设备，如照明灯具、电源插座、电视、电话、消防控制装置、各种工业与民用的动力装置、控制设备与避雷装置等。每一项电气工程或设施，都要经过专门的设计在图纸上表达出来。这些有关图纸就是建筑电气施工图（也称电气安装图）。它与建筑施工图、建筑结构施工图、给水排水施工图、暖通空调施工图组合在一起，就构成一套完整的施工图。

建筑电气施工图是土建工程施工图的主要组成内容。它将电气工程设计内容简明、全面、正确地标示出来，是施工技术人员及工人安装电气设施的依据。为了正确进行电气照明线路的敷设及用电设备的安装，首先必须看懂电气施工图。

一、建筑电气施工图绘制

（1）同一个工程项目所用的图纸幅面规格应一致。

（2）同一个工程项目所用的图形符号、文字符号、参照代号、术语、线型、字体、制图方式等应一致。

（3）图样中本专业的汉字标注字高不宜小于 3.5mm；主导专业工艺、功能用房的汉字标注字高不宜小于 3.0mm；字母或数字标注字高不应小于 2.5mm。

（4）图样宜以图的形式表示，当设计依据、施工要求等在图样中无法以图表示时，应按下列规定进行文字说明：

1）对于工程项目的共性问题，宜在设计说明里集中说明；

2）对于图样中的局部问题，宜在本图样内说明。

（5）主要设备表宜注明序号、名称、型号、规格、单位、数量，可按表 3-1 绘制。

表 3-1　　　　主要设备表

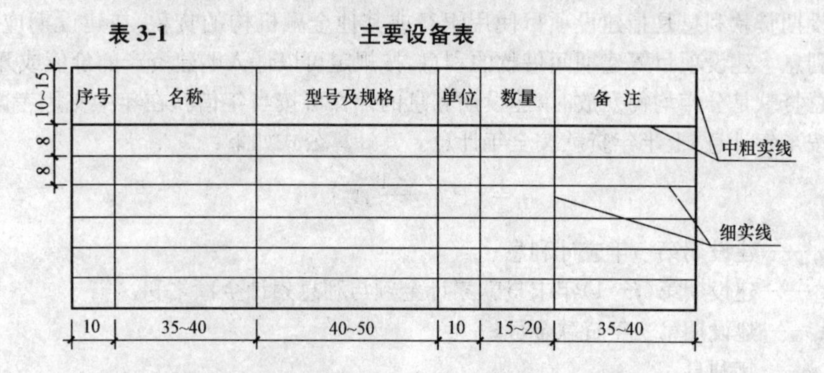

（6）图形符号表宜注明序号、名称、图形符号、参照代号、备注等。建筑电气专业的主

要设备表和图形符号表宜合并，可按表3-2绘制。

表 3-2　　主要设备、图形符号表

序号	名称	图形符号	参照代号	型号及规格	单位	数量	备　注
10	35~40	20~30	15~20	40~50	10	15~20	35~40

(7)电气设备及连接线缆、敷设路由等位置信息应以电气平面图为准，其安装高度统一标注不会引起混淆时，可在系统图、电气平面图、主要设备表或图形符号表的任一处标注。

关键细节1　建筑电气施工图图号和图纸编排

(1)设计图纸应有图号标识。图号标识宜表示出设计阶段、设计信息、图纸编号。

(2)设计图纸应编写图纸目录，并宜符合下列规定：

1)初步设计阶段工程设计的图纸目录宜以工程项目为单位进行编写。

2)施工图设计阶段工程设计的图纸目录宜以工程项目或工程项目的各子项目为单位进行编写。

3)施工图设计阶段各子项目共同使用的统一电气详图、电气大样图、通用图，宜单独进行编写。

(3)设计图纸宜按下列规定进行编排：图纸目录、主要设备表、图形符号表、使用标准图目录、设计说明宜在前，设计图样宜在后。

(4)设计图样宜按下列规定进行编排：

①建筑电气系统图宜编排在前，电路图、接线图(表)、电气平面图、剖面图、电气详图、电气大样图、通用图宜编排在后。

②建筑电气系统图宜按强电系统、弱电系统、防雷、接地等依次编排。

③电气平面图应按地面下各层依次编排在前，地面上各层由低向高依次编排在后。

(5)建筑电气专业的总图宜按图纸目录、主要设备表、图形符号表、设计说明、系统图、电气总平面图、路由剖面图、电力电缆井和人(手)孔剖面图、电气详图、电气大样图、通用图依次编排。

关键细节2　建筑电气施工图图样布置

(1)同一张图纸内绘制多个电气平面图时，应自下而上按建筑物层次由低向高顺序布置。

(2)电气详图和电气大样图宜按索引编号顺序布置。

(3)每个图样均应在图样下方标注出图名，图名下应绘制一条中粗横线(0.7b)，长度宜与图名长度相等。图样比例宜标注在图名的右侧，字的基准线应与图名取平；比例的字高宜比图名的字高小一号。

(4)图样中的文字说明宜采用"附注"形式书写在标题栏的上方或左侧，当"附注"内容较多时，宜对"附注"内容进行编号。

二、建筑电气施工图的组成内容

由于每一项电气工程的规模不同，所以，反映工程的电气图种类和数量也不尽相同，通常一项工程的电气工程图由以下几部分组成：

1. 首页

首页内容包括电气工程图的图纸目录、图例、设备明细表、设计说明等。图纸目录内容有序号、图纸名称、图纸编号、图纸张数等。图例使用表格的形式列出该系统中使用的图形符号或文字符号，通常只列出本套图纸中所涉及的一些图形符号或文字符号。设备材料明细表只列出该电气工程所需要的设备和材料的名称、型号、规格和数量等。设计说明(施工说明)主要阐述电气工程设计依据、工程要求和施工原则、建筑特点、电气安装标准、安装方法、工程等级、工艺要求及有关设计的补充说明等。

2. 电气总平面图

电气总平面图是在建筑总平面图上表示电源及电力负荷分布的图样，主要表示各建筑物的名称、外形、编号、坐标、道路形状、比例和图样方向等，通过电气总平面图可了解该项工程的概况，掌握电气负荷的分布及电源装置等。一般大型工程都有电气总平面图，中小型工程则由动力平面图或照明平面图代替，强电系统和弱电系统宜分别绘制电气总平面图。

3. 电气系统图

电气系统图是用单线图表示电能或电信号按回路分配出去的图样，主要表示各个回路的名称、用途、容量以及主要电气设备、开关元件及导线电缆的规格型号等，通过电气系统图可以知道该系统的回路个数及主要用电设备的容量、控制方式等。建筑电气工程中系统图用得很多，动力、照明、变配电装置、通信广播、电缆电视、火灾报警、防盗保安、微机监控、自动化仪表等都要用到系统图。

关键细节3 建筑电气系统图绘制注意事项

(1)建筑电气系统图应表示出系统的主要组成、主要特征、功能信息、位置信息、连接信息等。

(2)建筑电气系统图宜按功能布局、位置布局绘制，连接信息可采用单线表示。

(3)建筑电气系统图可根据系统的功能或结构(规模)的不同层次分别绘制。

(4)建筑电气系统图宜标注电气设备、路由(回路)等的参照代号、编号等，并应采用用于系统的图形符号绘制。

4. 电气平面图

电气平面图是表示电气设备与线路平面位置的图纸，是进行建筑电气设备安装的重要依据。电气平面图包括外电总电气平面图和各专业电气平面图。外电总电气平面图是以建筑总平面图为基础，绘出变电所、架空线路、地下电力电缆等的具体位置并注明有关施工方法的图纸。专业电气平面图有变电所电气平面图、动力电气平面图、照明电气平面图、防雷与接地平面图等。由于电气平面图缩小的比例较大，因此，不能表现电气设备的具体位置，只能反映电气设备之间的相对位置关系。

关键细节4　建筑电气平面图绘制注意事项

(1)建筑电气平面图应表示出建筑物轮廓线、轴线号、房间名称、楼层标高、门、窗、墙体、梁柱、平台和绘图比例等，承重墙体及柱宜涂灰。

(2)建筑电气平面图应绘制出安装在本层的电气设备、敷设在本层和连接本层电气设备的线缆、路由等信息。进出建筑物的线缆，其保护管应注明与建筑轴线的定位尺寸、穿建筑外墙的标高和防水形式。

(3)建筑电气平面图应标注电气设备、线缆敷设路由的安装位置、参照代号等，并应采用用于平面图的图形符号绘制。

(4)建筑电气平面图、剖面图中局部部位需另绘制电气详图或电气大样图时，应在局部部位处标注电气详图或电气大样图编号，在电气详图或电气大样图下方标注其编号和比例。

(5)电气设备布置不相同的楼层应分别绘制其电气平面图；电气设备布置相同的楼层可只绘制其中一个楼层的电气平面图。

(6)建筑专业的建筑平面图采用分区绘制时，电气平面图也应分区绘制，分区部位和编号宜与建筑专业一致，并应绘制分区组合示意图，各区电气设备线缆连接处应加标注。

(7)强电和弱电应分别绘制电气平面图。

(8)防雷接地平面图应在建筑物或构筑物建筑专业的顶部平面图上绘制接闪器、引下线、断接卡、连接板、接地装置等的安装位置及电气通路。

5. 设备布置图

设备布置图表示各种电气设备平面与空间的位置、安装方式及其相互关系。一般由平面图、立面图、断面图、剖面图及各构件详图等组成，设备布置图一般按照三面视图的原理绘制，与机械工程图没有原则性区别。

6. 电路图

电路图是单独用来表示电气设备、元件控制方式及其控制线路的图纸。电路图应便于理解电路的控制原理及其功能，可不受元器件实际物理尺寸和形状的限制。电路图应表示元器件的图形符号、连接线、参照代号、端子代号、位置信息等。电路图应绘制主回路系统图。电路图的布局应突出控制过程或信号流的方向，并可增加端子接线图(表)、设备表等内容。电路图中的元器件可采用单个符号或多个符号组合表示。同一项工程同一张电路图同一个参照代号不宜表示不同的元器件。电路图中的元器件可采用集中表示法、分开表示法、重复表示法表示。通过查看控制原理图可以了解各设备元件的工作原理、控制方式，掌握建筑物功能实现的方法等。

7. 接线图(表)

接线图(表)是与电路图配套的图纸，用来表示设备元件外部接线以及设备元件之间接线。建筑电气专业的接线图(表)宜包括电气设备单元接线图(表)、互连接线图(表)、端子接线图(表)、电缆图(表)。接线图(表)应能识别每个连接点上所连接的线缆,并应表示出线缆的型号、规格、根数、敷设方式、端子标识,宜表示出线缆的编号、参照代号及补充说明。连接点的标识宜采用参照代号、端子代号、图形符号等表示。接线图中元器件、单元或组件宜采用正方形、矩形或圆形等简单图形表示,也可采用图形符号表示。通过接线图(表)可以了解系统控制的接线及控制电缆、控制线的走向及布置等。动力、变配电装置、火灾报警、防盗保安、微机监控、自动化仪表、电梯等都要用到接线图(表)。

8. 大样图

大样图一般用来表示某一具体部位或某一设备元件的结构或具体安装方法。通过大样图可以了解该项工程的复杂程度。一般非标准的控制柜、箱,检测元件和架空线路的安装等都要用到大样图,大样图通常均采用标准通用图集,其中剖面图也是大样图的一种。

9. 电缆清册

电缆清册是用表格的形式表示该系统中电缆的规格、型号、数量、走向、敷设方法、头尾接线部位等内容,一般使用电缆较多的工程均有电缆清册,简单的工程通常没有电缆清册。

10. 主要设备材料表及预算

电气材料表是将某一电气工程所需的主要设备、元件、材料和有关数据列成表格,表示其名称、符号、型号、规格、数量、备注等内容。应与图联系起来阅读,根据建筑电气施工图编制主要设备材料和预算,作为施工图设计文件提供给建设单位。

三、建筑电气施工图识读步骤与要求

1. 建筑电气工程施工图识读步骤

建筑电气工程施工图识读应按粗读、细读、精读三个步骤进行。

(1)粗读。粗读就是将施工图从头到尾大概浏览一遍,主要了解工程的概况,做到心中有数。粗读主要是阅读电气总平面图、电气系统图、设备材料表和设计说明。

(2)细读。细读就是仔细阅读每一张施工图,并重点掌握以下内容:

1)每台设备和元件安装位置及要求。

2)每条线缆走向、布置及敷设要求。

3)所有线缆连接部位及接线要求。

4)所有控制、调节、信号、报警工作原理及参数。

5)系统图、平面图及关联图样标注一致,无差错。

6)系统层次清楚、关联部位或复杂部位清楚。

7)土建、设备、采暖、通风等其他专业分工协作明确。

(3)精读。精读就是将施工图中的关键部位及设备、贵重设备及元件、电力变压器、大型电机及机房设施、复杂控制装置的施工图重新仔细阅读,系统熟练地掌握中心作业内容和施工图要求。

2. 建筑电气施工图识读一般要求

电气施工图除了少量的投影图外，主要是一些系统图、原理图和接线图。对于投影图的识读，关键是要解决好平面与立体的关系，即搞清电气设备的装配、联结关系。对于系统图、原理图和接线图，因为它们都是用各种图例符号绘制的示意性图样，不表示平面与立体的实际情况，只表示各种电气设备、部件之间的连接关系。因此，识读电气施工图必须按以下要求进行：

(1)要很好地熟悉各种电气设备的图例符号。在此基础上，才能按施工图主要设备材料表中所列各项设备及主要材料分别研究其在施工图中的安装位置，以便对总体情况有一个概括了解。

(2)对于控制原理图，要弄清主电路(一次回路系统)和辅助电路(二次回路系统)的相互关系和控制原理及其作用。控制回路和保护回路是为主电路服务的，它起着对主电路的启动、停止、制动、保护等作用。

(3)对于每一回路的识读应从电源端开始，顺电源线，依次通过每一电气元件时，都要弄清楚它们的动作及变化，以及由于这些变化可能造成的连锁反应。

(4)仅仅掌握电气制图规则及各种电气图例符号，对于理解电气图是远远不够的，必须具备有关电气的一般原理知识和电气施工技术，才能真正看懂电气施工图。

关键细节5 建筑电气施工图识读要求

造价人员在进行建筑电气工程识读时，必须与以下几个方面结合起来，才能把施工图吃透、算准：

(1)识图的全过程要与熟悉预算定额相结合。将预算定额中的项目划分、包含工序、工程量的计算方法、计量单位等与施工图有机结合起来。

(2)要识读好施工图，还必须进行认真、细致的调查了解工作，要深入现场，深入工人群众，了解实际情况，把在图面上表示不出来的一些情况弄清楚。

(3)识读施工图要结合有关的技术资料，如有关的规范、标准、通用图集以及施工组织设计、施工方案等一起识读，将有利于弥补施工图中的不足之处。

第二节 常用电气图形符号、代号及标注

一、电气图形符号

图形符号是构成电气图的基本单元。电气工程图形符号的种类很多，一般都画在电气系统图、平面图、原理图和接线图上，用于标明电气设备、装置、元器件及电气线路在电气系统中的位置、功能和作用。

(1)图样中采用的图形符号应符合下列规定：

1)图形符号可放大或缩小。

2)当图形符号旋转或镜像时，其中的文字宜为视图的正向。

3)当图形符号有两种表达形式时,可任选其中一种形式,但同一工程应使用同一种表达形式。

4)当现有图形符号不能满足设计要求时,可按图形符号生成原则产生新的图形符号。新产生的图形符号宜由一般符号与一个或多个相关的补充符号组合而成。

5)补充符号可置于一般符号的里面、外面或与其相交。

(2)强电图样宜采用表3-3的常用图形符号。

表3-3　强电图样的常用图形符号

序号	常用图形符号		说明	应用类别
	形式1	形式2		
1		3	导线组(示出导线数,如示出三根导线)	电路图、接线图、平面图、总平面图、系统图
2			软连接	
3			端子	
4			端子板	电路图
5			T型连接	电路图、接线图、平面图、总平面图、系统图
6			导线的双T连接	
7			跨接连接(跨越连接)	
8			阴接触件(连接器的)、插座	电路图、接线图、系统图
9			阳接触件(连接器的)、插头	电路图、接线图、平面图、系统图
10			定向连接	
11			进入线束的点(本符号不适用于表示电气连接)	电路图、接线图、平面图、总平面图、系统图
12			电阻器,一般符号	
13			电容器,一般符号	
14			半导体二极管,一般符号	电路图
15			发光二极管,一般符号	
16			双向三级闸流晶体管	
17			PNP晶体管	
18			电机,一般符号,见注2	电路图、接线图、平面图、系统图
19	M 3~		三相笼式感应电动机	电路图

（续一）

序号	常用图形符号 形式1	常用图形符号 形式2	说明	应用类别
20	M 1~		单相笼式感应电动机有绕组分相引出端子	电路图
21	M 3~		三相绕线式转子感应电动机	
22			双绕组变压器，一般符号（形式2可表示瞬时电压的极性）	电路图、接线图、平面图、总平面图、系统图 形式2只适用电路图
23			绕组间有屏蔽的双绕组变压器	
24			一个绕组上有中间抽头的变压器	
25			星形—三角形连接的三相变压器	电路图、接线图、平面图、总平面图、系统图 形式2只适用电路图
26	4		具有4个抽头的星形—星形连接的三相变压器	
27	3		单相变压器组成的三相变压器，星形—三角形连接	
28			具有分接开关的三相变压器，星形—三角形连接	电路图、接线图、平面图、系统图 形式2只适用电路图
29			三相变压器，星形—星形—三角形连接	电路图、接线图、系统图 形式2只适用电路图
30			自耦变压器，一般符号	电路图、接线图、平面图、总平面图、系统图 形式2只适用电路图
31			单相自耦变压器	
32			三相自耦变压器，星形连接	电路图、接线图、系统图 形式2只适用电路图
33			可调压的单相自耦变压器	
34			三相感应调压器	电路图、接线图、系统图 形式2只适用电路图
35			电抗器，一般符号	

（续二）

序号	常用图形符号		说　明	应用类别
	形式1	形式2		
36			电压互感器	电路图、接线图、系统图 形式2只适用电路图
37			电流互感器，一般符号	电路图、接线图、平面图、总平面图、系统图 形式2只适用电路图
38			具有两个铁芯，每个铁芯有一个次级绕组的电流互感器，见注3，其中形式2中的铁芯符号可以略去	电路图、接线图、系统图 形式2只适用电路图
39			在一个铁芯上具有两个次级绕组的电流互感器，形式2中的铁芯符号必须画出	
40			具有三条穿线一次导体的脉冲变压器或电流互感器	电路图、接线图、系统图 形式2只适用电路图
41			三个电流互感器（四个次级引线引出）	

序号	常用图形符号		说　明	应用类别
	形式1	形式2		
42			具有两个铁芯，每个铁芯有一个次级绕组的三个电流互感器，见注3	电路图、接线图、系统图 形式2只适用电路图
43			两个电流互感器，导线L1和导线L3；三个次级引线引出	电路图、接线图、系统图 形式2只适用电路图
44			具有两个铁芯，每个铁芯有一个次级绕组的两个电流互感器，见注3	
45			物件，一般符号	电路图、接线图、平面图、系统图
46				
47	注4			
48			有稳定输出电压的变换器	电路图、接线图、系统图
49			频率由f1变到f2的变频器（f1和f2可用输入和输出频率的具体数值代替）	电路图、系统图
50			直流/直流变换器	电路图、接线图、系统图

（续三）

序号	常用图形符号 形式1	常用图形符号 形式2	说明	应用类别
51			整流器	电路图、接线图、系统图
52			逆变器	
53			整流器/逆变器	
54			原电池 长线代表阳极，短线代表阴极	
55	G		静止电能发生器，一般符号	电路图、接线图、平面图、系统图
56	G		光电发生器	电路图、接线图、系统图
57			剩余电流监视器	
58			动合(常开)触点，一般符号；开关，一般符号	电路图、接线图
59			动断（常闭）触点	
60			先断后合的转换触点	
61			中间断开的转换触点	电路图、接线图
62			先合后断的双向转换触点	

序号	常用图形符号 形式1	常用图形符号 形式2	说明	应用类别
63			延时闭合的动合触点（当带该触点的器件被吸合时，此触点延时闭合）	电路图、接线图
64			延时断开的动合触点（当带该触点的器件被释放时，此触点延时断开）	
65			延时断开的动断触点（当带该触点的器件被吸合时，此触点延时断开）	
66			延时闭合的动断触点（当带该触点的器件被释放时，此触点延时闭合）	
67			自动复位的手动按钮开关	
68			无自动复位的手动旋转开关	
69			具有动合触点且自动复位的蘑菇头式的应急按钮开关	
70			带有防止无意操作的手动控制的具有动合触点的按钮开关	

（续四）

序号	常用图形符号 形式1	常用图形符号 形式2	说明	应用类别
71	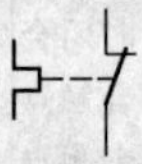		热继电器，动断触点	
72	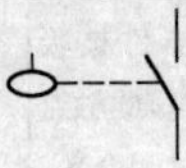		液位控制开关，动合触点	电路图、接线图
73	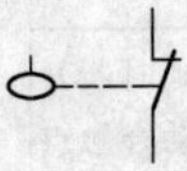		液拉控制开关，动断触点	
74	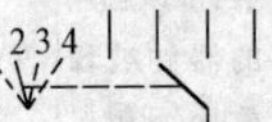 1 2 3 4		带位置图示的多位开关，最多四位	电路图
75			接触器；接触器的主动合触点（在非操作位置上触点断开）	
76	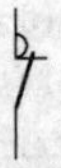		接触器；接触器的主动断触点（在非操作位置上触点闭合）	
77			隔离器	
78			隔离开关	电路图、接线图
79			带自动释放功能的隔离开关（具有由内装的测量继电器或脱扣器触发的自动释放功能）	
80			断路器，一般符号	
81			带隔离功能断路器	
82			剩余电流动作断路器	
83			带隔离功能的剩余电流动作断路器	
84	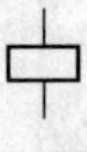		继电器线圈，一般符号；驱动器件，一般符号	
85	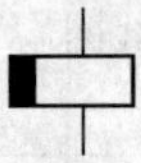		缓慢释放继电器线圈	
86	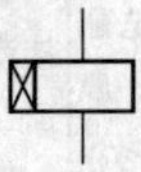		缓慢吸合继电器线圈	
87	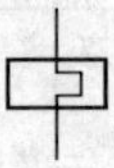		热继电器的驱动器件	电路图、接线图
88			熔断器，一般符号	
89			熔断器式隔离器	
90			熔断器式隔离开关	
91			火花间隙	
92			避雷器	
93			多功能电器控制与保护开关电器（CPS）（该多功能开关器件可通过使用相关功能符号表示可逆功能、断路器功能、隔离功能、接触器功能和自动脱扣功能。当使用该符号时，可省略不采用的功能符号要素）	电路图、系统图

（续五）

序号	常用图形符号		说　明	应用类别
	形式 1	形式 2		
94	V		电压表	电路图、接线图、系统图
95	Wh		电度表（瓦时计）	
96	Wh		复费率电度表（示出二费率）	
97			信号灯，一般符号，见注 5	电路图、接线图、平面图、系统图
98			音响信号装置，一般符号（电喇叭、电铃、单击电铃、电动汽笛）	
99			蜂鸣器	
100			发电站，规划的	总平面图
101			发电站，运行的	
102			热电联产发电站，规划的	
103			热电联产发电站，运行的	
104			变电站、配电所，规划的（可在符号内加上任何有关变电站详细类型的说明）	
105			变电站、配电所，运行的	
106			接闪杆	接线图、平面图、总平面图、系统图
107			架空线路	总平面图
108			电力电缆井/人孔	
109			手孔	
110			电缆梯架、托盘和槽盒线路	平面图、总平面图
111			电缆沟线路	
112			中性线	电路图、平面图、系统图
113			保护线	
114			保护线和中性线共用线	
115			带中性线和保护线的三相线路	
116			向上配线或布线	平面图
117			向下配线或布线	
118			垂直通过配线或布线	
119			由下引来配线或布线	
120			由上引来配线或布线	
121			连接盒；接线盒	

（续六）

序号	常用图形符号		说　明	应用类别
	形式1	形式2		
122		MS	电动机启动器，一般符号	电路图、接线图、系统图 形式2用于平面图
123		SDS	星-三角启动器	
124		SAT	带自耦变压器的启动器	
125		ST	带可控硅整流器的调节-启动器	
126			电源插座、插孔，一般符号(用于不带保护极的电源插座)，见注6	平面图
127	3		多个电源插座(符号表示三个插座)	
128			带保护极的电源插座	
129			单相二、三极电源插座	
130			带保护极和单极开关的电源插座	
131			带隔离变压器的电源插座(剃须插座)	
132			开关，一般符号(单联单控开关)	
133			双联单控开关	
134			三联单控开关	平面图
135	n		n联单控开关，$n>3$	
136			带指示灯的开关(带指示灯的单联单控开关)	
137			带指示灯双联单控开关	
138			带指示灯的三联单控开关	
139	n		带指示灯的n联单控开关，$n>3$	
140	t		单极阴时开关	
141	SL		单极声光控开关	
142			双控单极开关	
143			单极拉线开关	
144			风机盘管三速开关	
145			按钮	
146			带指示灯的按钮	
147			防止无意操作的按钮(例如借助于打碎玻璃罩进行保护)	

（续七）

序号	常用图形符号		说明	应用类别
	形式1	形式2		
148			灯，一般符号，见注7	平面图
149	E		应急疏散指示标志灯	平面图
150			应急疏散指示标志灯(向右)	平面图
151			应急疏散指示标志灯(向左)	平面图
152			应急疏散指示标志灯(向左、向右)	平面图
153			专用电路上的应急照明灯	平面图
154			自带电源的应急照明灯	平面图
155			荧光灯，一般符号(单管荧光灯)	平面图
156			二管荧光灯	平面图
157			三管荧光灯	平面图
158	n		多管荧光灯，$n>3$	平面图
159			单管格栅灯	平面图
160			双管格栅灯	平面图
161			三管格栅灯	平面图
162			投光灯，一般符号	平面图
163			聚光灯	平面图
164			风扇；风机	平面图

注：1. 当电气元器件需要说明类型和敷设方式时，宜在符号旁标注下列字母：EX—防爆；EN—密闭；C—暗装。

2. 当电机需要区分不同类型时，符号“★”可采用下列字母表示：G—发电机；GP—永磁发电机；GS—同步发电机；M—电动机；MG—能作为发电机或电动机使用的电机；MS—同步电动机；MGS—同步发电机、电动机等。

3. 符号中加上端子符号(○)表明是一个器件，如果使用了端子代号，则端子符号可以省略。

4. ▭可作为电气箱(柜、屏)的图形符号，当需要区分其类型时，宜在▭内标注下列字母：LB—照明配电箱；ELB—应急动力配电箱；PB—动力配电箱；EPB—应急动力配电箱；WB—电度表箱；SB—信号箱；TB—电源切换箱；CB—控制箱、操作箱。

5. 当信号灯需要指示颜色时，宜在符号旁标注下列字母：YE—黄；RD—红；GN—绿；BU—蓝；WH—白。如果需要指示光源种类，宜在符号旁标注下列字母：Na—钠气；Xe—氙；Ne—氖；IN—白炽灯；Hg—汞；I—碘；EL—电致发光的；ARC—弧光；IR—红外线的；FL—荧光的；UV—紫外线的；LED—发光二极管。

6. 当电源插座需要区分不同类型时，宜在符号旁标注下列字母：1P—单相；3P—三相；1C—单相暗敷；3C—三相暗敷；1EX—单相防爆；3EX—三相防爆；1EN—单相密闭；3EN—三相密闭。

7. 当灯具需要区分不同类型时，宜在符号旁标注下列字母：ST—备用照明；SA—安全照明；LL—局部照明灯；W—壁灯；C—吸顶灯；R—筒灯；EN—密闭灯；G—圆球灯；EX—防爆灯；E—应急灯；L—花灯；P—吊灯；BM—浴霸。

二、电气图参照代号

1. 参照代号的构成

(1)参照代号主要作为检索项目信息的代号。通过使用参照代号,可以表示不同层次的产品,也可以把产品的功能信息或位置信息联系起来。参照代号有三种构成方式:①前缀符号加字母代码;②前缀符号加字母代码和数字;③前缀符号加数字。前缀符号字符分为:

1)“-”表示项目的产品信息(即系统或项目的构成)。

2)“=”表示项目的功能信息(即系统或项目的作用)。

3)“+”表示项目的位置信息(即系统或项目的位置)。

(2)参照代号的主类字母代码按所涉及项目的用途和任务划分。参照代号的子类字母代码(第二字符)是依据国家标准《技术产品及技术产品文件结构原则　字母代码　按项目用途和任务划分的主类和子类》(GB/T 20939—2007)划分。由于子类字母代码的划分并没有明确的规则,因此,参照代号的字母代码应优先采用单字母;只有当用单字母代码不能满足设计要求时,可采用多字母代码,以便较详细和具体地表达电气设备、装置和元器件。

(3)当电气设备的图形符号在图样中不会引起混淆时,可不标注其参照代号,例如电气平面图中的照明开关或电源插座,如果没有特殊要求时,可只绘制图形符号。当电气设备的图形符号在图样中不能清晰地表达其信息时,例如电气平面图中的照明配电箱,如果数量大于等于2且规格不同时,只绘制图形符号已不能区别,需要在图形符号附近加注参照代号AL1、AL2……

2. 参照式代号的标注

(1)参照代号的标注:参照代号宜水平书写。当符号用于垂直布置图样时,与符号相关的参照代号应置于符号的左侧;当符号用于水平布置图样时,与符号相关的参照代号应置于符号的上方。与项目相关的参照代号,应清楚地关联到项目上,不应与项目交叉,否则可借助引出线。

(2)在功能和结构上属于同一单元的项目,可用单点长画线有规则地封闭围成围框,参照代号宜置于围框线的左上方或左方。

(3)参照代号有利于识别项目。当项目数量在9以内时,编号采用阿拉伯数字1～9。数量在99以内时,编号采用阿拉伯数字01～99。

3. 参照代号的应用

(1)参照代号的应用应根据实际工程的规模确定,同一个项目其参照代号可有不同的表示方式。以照明配电箱为例,如果一个建筑工程楼层超过10层,一个楼层的照明配电箱数量超过10个,每个照明配电箱参照代号的编制规则如图3-1所示。

参照代号AL11B2,ALB211,+B2-ALL11,-AL11+B2,均可表示安装在地下二层的第11个照明配电箱。采用图3-1(a)、(b)参照代号标注,因不会引起混淆,所以取消了前缀符号“-”。图3-1(a)、(b)表示方式占用字符少,但参照代号的编制规则需在设计文件里说明。采用图3-1(c)、(d)参照代号标注,对位置、数量信息表示更加清晰、直观、易懂，且前缀符号国家标准有定义，参照代号的编制规则不用再在设计文件里说明。

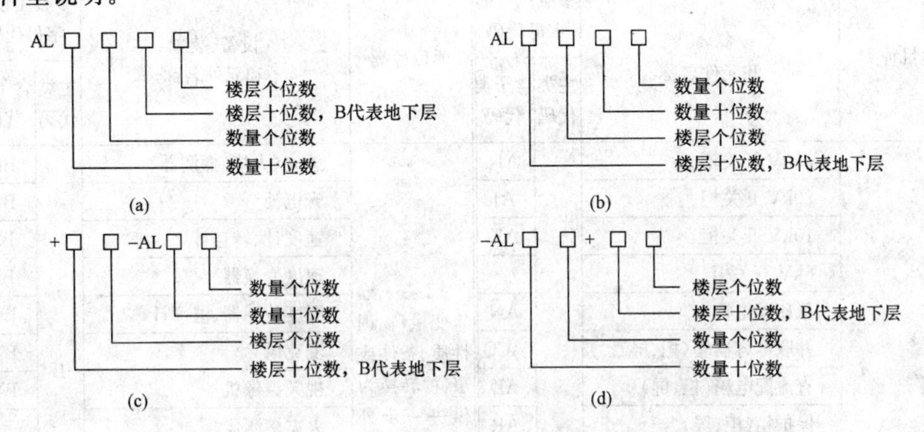

图 3-1　照明配电箱参照代号编制规则示例

图 3-1 所示为四种参照代号的表示方式，设计人员可任意选择使用，但同一项工程使用参照代号的表示方式应一致。

(2)如是参照代号采用前缀符号加字母代码和数字，则数字应在字母代码之后，数字可以对具有相同字母代码的项目(电气元件、配电箱等)进行编号等，数字可以代表一定的意义。

(3)参照代号分为单层参照代号和多层参照代号，单层参照代号使用 1 个前缀符号表示项目 1 个信息，多层参照代号使用 2～3 个前缀符号(相同或不同)表示项目多个信息。一般使用多层参照代号可以比较准确标识项目，如图 3-1(c)、(d)所示。

(4)图 3-1(c)、(d)中字母 B 代表地下层，地上层可用字母 F 代替，或直接写数字。例如：＋F2－AL11 和＋2－AL11 均表示地上 2 层第 11 个照明配电箱。位置信息可以用于表示群体建筑中的个体建筑、不同流水作业段或防火分区等。多层参照代号的使用示例见表 3-4。

表 3-4　　多层参照代号使用示例

序号	多层参照代号示例	说　明
1	＋I－AK1	I 段母线的 AK1 动力配电柜
2	＋A＋F2－AL11	A 栋 2 层第 11 照明配电箱
3	＝CP01－AC1	CP01 空压机系统第 1 控制箱

4. 电气图常用参照代号

电气设备常用参照代号宜采用表 3-5 所示的字母代码。

表 3-5　　电气设备常用参照代号的字母代码

项目种类	设备、装置和元件名称	参照代号的字母代码 主类代码	参照代号的字母代码 含子类代码
两种或两种以上的用途或任务	35kV 开关柜	A	AH
	20kV 开关柜		AJ
	10kV 开关柜		AK
	6kV 开关柜		—
	低压配电柜		AN
	并联电容器箱(柜、屏)		ACC
	直流配电箱(柜、屏)		AD
	保护箱(柜、屏)		AR
	电能计量箱(柜、屏)		AM
	信号箱(柜、屏)		AS
	电源自动切换箱(柜、屏)		AT
	动力配电箱(柜、屏)		AP
	应急动力配电箱(柜、屏)		APE
	控制、操作箱(柜、屏)		AC
	励磁箱(柜、屏)		AE
	照明配电箱(柜、屏)		AL
	应急照明配电箱(柜、屏)		ALE
	电度表箱(柜、屏)		AW
	弱电系统设备箱(柜、屏)		—
把某一输入变量(物理性质、条件或事件)转换为供进一步处理的信号	热过载继电器	B	BB
	保护继电器		BB
	电流互感器		BE
	电压互感器		BE
	测量继电器		BE
	测量电阻(分流)		BE
	测量变送器		BE
	气表、水表		BF
	差压传感器		BF
	流量传感器		BF
	接近开关、位置开关		BG
	接近传感器		BG
	时钟、计时器		BK
	温度计、湿度测量传感器		BM
	压力传感器		BP
	烟雾(感烟)探测器		BR

项目种类	设备、装置和元件名称	参照代号的字母代码 主类代码	参照代号的字母代码 含子类代码
把某一输入变量(物理性质、条件或事件)转换为供进一步处理的信号	感光(火焰)探测器	B	BR
	光电池		BR
	速度计、转速计		BS
	速度变换器		BS
	温度传感器、温度计		BT
	麦克风		BX
	视频摄像机		BX
	火灾探测器		
	气体探测器		—
	测量变换器		
	位置测量传感器		BG
	液位测量传感器		BL
材料、能量或信号的存储	电容器	C	CA
	线圈		CB
	硬盘		CF
	存储器		CF
	磁带记录仪、磁带机		CF
	录像机		CF
提供辐射能或热能	白炽灯、荧光灯	E	EA
	紫外灯		EA
	电炉、电暖炉		EB
	电热、电热丝		EB
	灯、灯泡		
	激光器		
	发光设备		—
	辐射器		
直接防止(自动)能量流、信息流、人身或设备发生危险的或意外的情况,包括用于防护的系统和设备	热过载释放器	F	FD
	熔断器		FA
	安全栅		FC
	电涌保护器		FC
	接闪器		FE
	接闪杆		FE
	保护阳极(阴极)		FR

（续一）

项目种类	设备、装置和元件名称	参照代号的字母代码	
		主类代码	含子类代码
启动能量流或材料流，产生用作信息载体或参考源的信号。生产一种新能量、材料或产品	发电机	G	GA
	直流发电机		GA
	电动发电机组		GA
	柴油发电机组		GA
	蓄电池、干电池		GB
	燃料电池		GB
	太阳能电池		GC
	信号发生器		GF
	不间断电源		GU
处理（接收、加工和提供）信号或信息（用于防护的物体除外，见F类）	继电器	K	KF
	时间继电器		KF
	控制器（电、电子）		KF
	输入、输出模块		KF
	接收机		KF
	发射机		KF
	光耦器		KF
	控制器（光、声学）		KG
	阀门控制器		KH
	瞬时接触继电器		KA
	电流继电器		KC
	电压继电器		KV
	信号继电器		KS
	瓦斯保护继电器		KB
	压力继电器		KPR
提供驱动用机械能（旋转或线性机械运动）	电动机	M	MA
	直线电动机		MA
	电磁驱动		MB
	励磁线圈		MB
	执行器		ML
	弹簧储能装置		ML
提供信息	打印机	P	PF
	录音机		PF
	电压表		PV

项目种类	设备、装置和元件名称	参照代号的字母代码	
		主类代码	含子类代码
提供信息	告警灯、信号灯	P	PG
	监视器、显示器		PG
	LED（发光二极管）		PG
	铃、钟		PB
	计量表		PG
	电流表		PA
	电度表		PJ
	时钟、操作时间表		PT
	无功电度表		PJR
	最大需用量表		PM
	有功功率表		PW
	功率因数表		PPF
	无功电流表		PAR
	（脉冲）计数器		PC
	记录仪器		PS
	频率表		PF
	相位表		PPA
	转速表		PT
	同位指示器		PS
	无色信号灯		PG
	白色信号灯		PGW
	红色信号灯		PGR
	绿色信号灯		PGG
	黄色信号灯		PGY
	显示器		PC
	温度计、液位计		PG
受控切换或改变能量流、信号流或材料流（对于控制电路中的信号，见K类和S类）	断路器	Q	QA
	接触器		QAC
	晶闸管、电动机启动器		QA
	隔离器、隔离开关		QB
	熔断器式隔离器		QB
	熔断器式隔离开关		QB
	接地开关		QC

（续二）

项目种类	设备、装置和元件名称	参照代号的字母代码	
		主类代码	含子类代码
受控切换或改变能量流、信号流或材料流（对于控制电路中的信号，见K类和S类）	旁路断路器	Q	QD
	电源转换开关		QCS
	剩余电流保护断路器		QR
	软启动器		QAS
	综合启动器		QCS
	星一三角启动器		QSD
	自耦降压启动器		QTS
	转子变阻式启动器		QRS
限制或稳定能量、信息或材料的运动或流动	电阻器、二极管	R	RA
	电抗线圈		RA
	滤波器、均衡器		RF
	电磁锁		RL
	限流器		RN
	电感器		—
把手动操作转变为进一步处理的特定信号	控制开关	S	SF
	按钮开关		SF
	多位开关（选择开关）		SAC
	启动按钮		SF
	停止按钮		SS
	复位按钮		SR
	试验按钮		ST
	电压表切换开关		SV
	电流表切换开关		SA
保持能量性质不变的能量变换，已建立的信号保持信息内容不变的变换，材料形态或形状的变换	变频器、频率转换器	T	TA
	电力变压器		TA
	DC/DC 转换器		TA
	整流器、AC/DC 变换器		TB
	天线、放大器		TF
	调制器、解调器		TF
	隔离变压器		TF
	控制变压器		TC
	整流变压器		TR
	照明变压器		TL
	有载调压变压器		TLC
	自耦变压器		TT

项目种类	设备、装置和元件名称	参照代号的字母代码	
		主类代码	含子类代码
保护物体在一定的位置	支柱绝缘子	U	UB
	强电梯架、托盘和槽盒		UB
	瓷瓶		UB
	弱电梯架、托盘和槽盒		UG
	绝缘子		—
从一地到另一地导引或输送能量、信号、材料或产品	高压母线、母线槽	W	WA
	高压配电线缆		WB
	低压母线、母线槽		WC
	低压配电线缆		WD
	数据总线		WF
	控制电缆、测量电缆		WG
	光缆、光纤		WH
	信号线路		WS
	电力（动力）线路		WP
	照明线路		WL
	应急电力（动力）线路		WPE
	应急照明线路		WLE
	滑触线		WT
连接物	高压端子、接线盒	X	XB
	高压电缆头		XB
	低压端子、端子板		XD
	过路接线盒、接线端子箱		XD
	低压电缆头		XD
	插座、插座箱		XD
	接地端子、屏蔽接地端子		XE
	信号分配器		XG
	信号插头连接器		XG
	（光学）信号连接		XH
	连接器		—
	插头		

三、电气设备标注方式

绘制图样时，宜采用表 3-6 所示电气设备标注方式表示。

表 3-6 **电气设备标注方式**

序号	标注方式	说明	示例
1	$\frac{a}{b}$	用电设备标注 a—参照代号 b—额定容量(kW 或 kVA)	$\frac{-AL11}{3kW}$ 照明配电箱 AL11，额定容量 3kW
2	－a＋b/c 注 1	系统图电气箱(柜、屏)标注 a—参照代号 b—位置信息 c—型号	－AL11＋F2/LB 照明配电箱 AL11，位于地上二层，型号为 LB
3	－a 注 1	平面图电气箱(柜、屏)标注 a—参照代号	－AL11 或 AL11
4	a b/c d	照明、安全、控制变压器标注 a—参照代号 b/c—一次电压/二次电压 d—额定容量	TA1 220/36V 500VA 照明变压器 TA1，变比 220/36V，容量 500VA
5	$a-b\frac{c\times d\times L}{e}f$ 注 2	灯具标注 a—数量 b—型号 c—每盏灯具的光源数量 d—光源安装容量 e—安装高度(m) “—”表示吸顶安装 L—光源种类，参见表 3-3 注 5 f—安装方式，参见表 3-7	$8-▭\frac{1\times18\times FL}{3.5}CS$ 8 盏单管 18W 荧光灯链吊式安装，距地 3.5m。灯具形式为▭。 若照明灯具的型号、光源种类在设计说明或材料表中已注明，灯具标注可省略为： $8-\frac{1\times18}{3.5}CS$
6	$\frac{a\times b}{c}$	电缆梯架、托盘和槽盒标注 a—宽度(mm) b—高度(mm) c—安装高度(mm)	$\frac{400\times100}{+3.1}$ 宽度 400mm，高度 100mm，安装高度 3.1m
7	a/b/c	光缆标注 a—型号 b—光纤芯数 c—长度	—

续表

序号	标注方式	说 明	示 例
8	a b－c (d×e＋f×g) i－jh 注 3	线缆的标注 a—参照代号 b—型号 c—电缆根数 d—相导体根数 e—相导体截面(mm^2) f—N、PE 导体根数 g—N、PE 导体截面(mm^2) i—敷设方式和管径(mm),参见表 3-8 j—敷设部位,参见表 3-9 h—安装高度(m)	单根电缆标注示例: －WD01 YJV－0.6/1kV－(3×50＋1×25)CT SC50－WS3.5 多根电缆标注示例: －WD01 YJV－0.6/1kV－2(3×50＋1×25)SC50 －WS3.5 导线标注示例: －WD24 BV－450/750V 5×2.5 SC20－FC 线缆的额定电压不会引起混淆时,标注可省略为: －WD01 YJV－2(3×50＋1×25) CT SC50－FC －WD24 BV－5×2.5 SC20－FC
9	a－b(c×2×d) e－f	电话线缆的标注 a—参照代号 b—型号 c—导体对数 d—导体直径(mm) e—敷设方式和管径(mm),参见表 3-8 f—敷设部位,参见表 3-9	－W1－HYV(5×2×0.5)SC15－WS

注:1. 前缀"—"在不会引起混淆时可省略。

2. 当电源线缆 N 的 PE 分开标注时,应先标注 N 后标注 PE(线缆规格中的电压值在不会引起混淆时可省略)。

表 3-7 灯具安装方式标注的文字符号

序号	名 称	文字符号
1	线吊式	SW
2	链吊式	CS
3	管吊式	DS
4	壁装式	W
5	吸顶式	C
6	嵌入式	R
7	吊顶内安装	CR
8	墙壁内安装	WR
9	支架上安装	S
10	柱上安装	CL
11	座装	HM

表 3-8　线缆敷设方式标注的文字符号

序号	名　称	文字符号	序号	名　称	文字符号
1	穿低压流体输送用焊接钢管(钢导管)敷设	SC	8	电缆梯架敷设	CL
2	穿普通碳素钢电线套管敷设	MT	9	金属槽盒敷设	MR
3	穿可挠金属电线保护套管敷设	CP	10	塑料槽盒敷设	PR
4	穿硬塑料导管敷设	PC	11	钢索敷设	M
5	穿阻燃半硬塑料导管敷设	FPC	12	直埋敷设	DB
6	穿塑料波纹电线管敷设	KPC	13	电缆沟敷设	TC
7	电缆托盘敷设	CT	14	电缆排管敷设	CE

表 3-9　线缆敷设部位标注的文字符号

序号	名　称	文字符号
1	沿或跨梁(屋架)敷设	AB
2	沿或跨柱敷设	AC
3	沿吊顶或顶板面敷设	CE
4	吊顶内敷设	SCE
5	沿墙面敷设	WS
6	沿屋面敷设	RS
7	暗敷设在顶板内	CC
8	暗敷设在梁内	BC
9	暗敷设在柱内	CLC
10	暗敷设在墙内	WC
11	暗敷设在地板或地面下	FC

四、其他标注形式

1. 电气线路线型符号

电气图样中的电气线路可采用表 3-10 的线型符号绘制。

表 3-10　图样中的电气线路线型符号

序号	线型符号		说　明	序号	线型符号		说　明
	形式 1	形式 2			形式 1	形式 2	
1	S	——S——	信号线路	6	LP	——LP——	接闪线、接闪带、接闪网
2	C	——C——	控制线路	7	TP	——TP——	电话线路
3	EL	——EL——	应急照明线路	8	TD	——TD——	数据线路
4	PE	——PE——	保护接地线	9	TV	——TV——	有线电视线路
5	E	——E——	接地线	10	BC	——BC——	广播线路

续表

序号	线型符号		说明	序号	线型符号		说明
	形式1	形式2			形式1	形式2	
11	V	——V——	视频线路	14	D	——D——	50V以下的电源线路
12	GCS	——GCS——	综合布线系统线路	15	DC	——DC——	直流电源线路
13	F	——F——	消防电话线路	16	——⊘——		光缆,一般符号

2. 供配电系统设计文件标注的文字符号

供配电系统设计文件标注宜采用表3-11的文字符号。

表3-11　供配电系统设计文件标注的文字符号

序号	文字符号	名称	单位	序号	文字符号	名称	单位
1	U_n	系统标称电压,线电压(有效值)	V	11	I_c	计算电流	A
2	U_r	设备的额定电压,线电压(有效值)	V	12	I_{st}	启动电流	A
3	I_r	额定电流	A	13	I_p	尖峰电流	A
4	f	频率	Hz	14	I_s	整定电流	A
5	P_r	额定功率	kW	15	I_k	稳态短路电流	kA
6	P_n	设备安装功率	kW	16	$\cos\varphi$	功率因数	—
7	P_c	计算有功功率	kW	17	u_{kr}	阻抗电压	%
8	Q_c	计算无功功率	kvar	18	i_p	短路电流峰值	kA
9	S_c	计算视在功率	kVA	19	S''_{KQ}	短路容量	MVA
10	S_r	额定视在功率	kVA	20	K_d	需要系数	—

3. 设备端子和导体的标志和标识

设备端子和导体宜采用表3-12的标志和标识。

表3-12　设备端子和导体的标志和标识

序号	导体		文字符号	
			设备端子标志	导体和导体终端标识
1	交流导体	第1线	U	L1
		第2线	V	L2
		第3线	W	L3
		中性导体	N	N
2	直流导体	正级	+或C	L^+
		负极	-或D	L^-
		中间点导体	M	M
3	保护导体		PE	PE
4	PEN导体		PEN	PEN

4. 常用辅助文字符号

电气图样中常用辅助文字符号见表 3-13。

表 3-13　　常用辅助文字符号

序号	文字符号	中文名称	序号	文字符号	中文名称
1	A	电流	37	FB	反馈
2	A	模拟	38	FM	调频
3	AC	交流	39	FW	正、向前
4	A、AUT	自动	40	FX	固定
5	ACC	加速	41	G	气体
6	ADD	附加	42	GN	绿
7	ADJ	可调	43	H	高
8	AUX	辅助	44	HH	最高(较高)
9	ASY	异步	45	HH	手孔
10	B、BRK	制动	46	HV	高压
11	BC	广播	47	IN	输入
12	BK	黑	48	INC	增
13	BU	蓝	49	IND	感应
14	BW	向后	50	L	左
15	C	控制	51	L	限制
16	CCW	逆时针	52	L	低
17	CD	操作台(独立)	53	LL	最低(较低)
18	CO	切换	54	LA	闭锁
19	CW	顺时针	55	M	主
20	D	延时、延迟	56	M	中
21	D	差动	57	M、MAN	手动
22	D	数字	58	MAX	最大
23	D	降	59	MIN	最小
24	DC	直流	60	MC	微波
25	DCD	解调	51	MD	调制
26	DEC	减	62	MH	人孔(人井)
27	DP	调度	63	MN	监听
28	DR	方向	64	MO	瞬间(时)
29	DS	失步	65	MUX	多路用的限定符号
30	E	接地	66	NR	正常
31	EC	编码	67	OFF	断开
32	EM	紧急	68	ON	闭合
33	EMS	发射	69	OUT	输出
34	EX	防爆	70	O/E	光电转换器
35	F	快速	71	P	压力
36	FA	事故	72	P	保护

续表

序号	文字符号	中文名称	序号	文字符号	中文名称
73	PL	脉冲	90	STP	停止
74	PM	调相	91	SYN	同步
75	PO	并机	92	SY	整步
76	PR	参量	93	SP	设定点
77	R	记录	94	T	温度
78	R	右	95	T	时间
79	R	反	96	T	力矩
80	RD	红	97	TM	发送
81	RES	备用	98	U	升
82	R、RST	复位	99	UPS	不间断电源
83	RTD	热电阻	100	V	真空
84	RUN	运转	101	V	速度
85	S	信号	102	V	电压
86	ST	启动	103	VR	可变
87	S、SET	置位、定位	104	WH	白
88	SAT	饱和	105	YE	黄
89	STE	步进	—	—	—

5. 电气设备辅助文字符号

电气设备辅助文字符号见表3-14、表3-15。

表3-14　　强电设备辅助文字符号

强电	文字符号	中文名称	强电	文字符号	中文名称
1	DB	配电屏(箱)	11	LB	照明配电箱
2	UPS	不间断电源装置(箱)	12	ELB	应急照明配电箱
3	EPS	应急电源装置(箱)	13	WB	电度表箱
4	MEB	总等电位端子箱	14	IB	仪表箱
5	LEB	局部等电位端子箱	15	MS	电动机启动器
6	SB	信号箱	16	SDS	星—三角启动器
7	TB	电源切换箱	17	SAT	自耦降压启动器
8	PB	动力配电箱	18	ST	软启动器
9	EPB	应急动力配电箱	19	HDR	烘手器
10	CB	控制箱、操作箱	—	—	—

表 3-15　　弱电设备辅助文字符号

强电	文字符号	中文名称	强电	文字符号	中文名称
1	DDC	直接数字控制器	14	KY	操作键盘
2	BAS	建筑设备监控系统设备箱	15	STB	机顶盒
3	BC	广播系统设备箱	16	VAD	音量调节器
4	CF	会议系统设备箱	17	DC	门禁控制器
5	SC	安防系统设备箱	18	VD	视频分配器
6	NT	网络系统设备箱	19	VS	视频顺序切换器
7	TP	电话系统设备箱	20	VA	视频补偿器
8	TV	电视系统设备箱	21	TG	时间信号发生器
9	HD	家居配线箱	22	CPU	计算机
10	HC	家居控制器	23	DVR	数字硬盘录像机
11	HE	家居配电箱	24	DEM	解调器
12	DEC	解码器	25	MO	调制器
13	VS	视频服务器	26	MOD	调制解调器

6. 信号灯、按钮和导线的颜色标识

(1)信号灯和按钮的颜色标识见表 3-16 和表 3-17。

表 3-16　　信号灯的颜色标识

名　称	颜 色 标 识	
状　态	颜 色	备 注
危险指示	红色(RD)	—
事故跳闸		
重要的服务系统停机		
起重机停止位置超行程		
辅助系统的压力/温度超出安全极限		
警告指示	黄色(YE)	
高温报警		
过负荷		
异常指示		
安全指示	绿色(GN)	
正常指示		核准继续运行
正常分闸(停机)指示		设备在安全状态
弹簧储能完毕指标		
电动机降压启动过程指示	蓝色(BU)	
开关的合(分)或运行指示	白色(WH)	单灯指示开关运行状态；双灯指示开关合时运行状态

表 3-17　　按钮的颜色标识

<table>
<tr><th>名　　称</th><th>颜　色　标　识</th></tr>
<tr><td>紧停按钮</td><td rowspan="3">红色(RD)</td></tr>
<tr><td>正常停和紧停合按钮</td></tr>
<tr><td>危险状态或紧急指令</td></tr>
<tr><td>合闸(开机)(启动)按钮</td><td>绿色(GN)、白色(WH)</td></tr>
<tr><td>分闸(停机)按钮</td><td>红色(RD)、黑色(BK)</td></tr>
<tr><td>电动机降压启动结束按钮</td><td rowspan="2">白色(WH)</td></tr>
<tr><td>复位按钮</td></tr>
<tr><td>弹簧储能按钮</td><td>黄色(BU)</td></tr>
<tr><td>异常、故障状态</td><td>黄色(YE)</td></tr>
<tr><td>安全状态</td><td>绿色(GN)</td></tr>
</table>

(2)导体的颜色标识见表 3-18。

表 3-18　　导体的颜色标识

导体名称	颜色标识
交流导体的第 1 线	黄色(YE)
交流导体的第 2 线	绿色(GN)
交流导体的第 3 线	红色(RD)
中性导体 N	淡蓝色(BU)
保护导体 PE	绿/黄双色(GNYE)
PEN 导体	全长绿/黄色(GNYE),终端另用淡蓝色(BU)标志或全长淡蓝色(BU),终端另用绿/黄双色(GNYE)标志
直流导体的正极	棕色(BN)
直流导体的负极	蓝色(BU)
直流导体的中间点导体	淡蓝色(BU)

第四章　工程定额体系

第一节　定额概述

一、定额的概念

定额即规定的额度，是企业在进行生产经营活动时，在人力、物力、财力消耗方面应遵守或达到的数量标准。工程定额是指在一定的生产条件下，完成指定工作内容，生产质量合格的单位产品所需要的劳动力、财力和机械台班及其资金等数量标准。

关键细节 1　定额的作用

在工程建设和企业管理中，确定和执行先进合理的定额是技术和经济管理工作中的重要一环。在工程项目的计划、设计和施工中，定额具有以下几个方面的作用：

(1)定额是编制计划的基础。

(2)定额是确定工程造价的依据和评价设计方案经济合理性的尺度。

(3)定额是组织和管理施工的工具。

(4)定额是总结先进生产方法的手段。

总之，定额是实现工程项目，确定人力、物力和财力等资源需要量，有计划地组织生产，提高劳动生产率，降低工程造价，完成和超额完成计划的重要的技术经济工具，是工程管理和企业管理的基础。

二、定额的特点

1. 定额的科学性

定额的科学性，首先表现在定额是在认真研究客观规律的基础上，自觉地遵守客观规律的要求，实事求是地制定的；其次表现在制定定额所采用的方法上，通过不断吸收现代科学技术的新成就，不断完善，形成一套严密的确定定额水平的科学方法。

2. 定额的权威性

定额的权威性是指定额一经国家、地方主管部门或授权单位颁发，各地区及有关施工企业单位，都必须严格遵守和执行，不得随意改变定额的结构形式和内容，不得任意变更定额的水平，如需要进行调整、修改和补充，必须经授权部门批准。

3. 定额的统一性

定额的统一性主要是由国家对经济发展有计划的宏观调控职能决定的。为了使国民经济按照既定的目标发展，就需要借助于某些标准、定额、参数等，对工程建设进行规划、组织、调节、控制。而这些标准、定额、参数必须在一定的范围内是一种统一的尺度，才能实现上述职能，才能利用它对项目的决策、设计方案、投标报价、成本控制进行比选和评价。

4. 定额的稳定性与时效性

工程建设定额中的任何一种都是一定时期技术发展和管理水平的反映，因而，在一段时间内都表现出稳定的状态。稳定的时间有长有短，一般在5～10年之间。保持定额的稳定性是维护定额的权威性所必需的，更是有效地贯彻定额所必需的。但是，任何一种定额，都只能反映一定时期的生产力水平，定额应该随着生产的发展，修改、补充或重新编制。

5. 定额的系统性

工程建设定额是相对独立的系统。它是由多种定额结合而成的有机整体。它的结构复杂，有鲜明的层次，有明确的目标。

三、定额的种类

定额的种类很多，按定额的内容、建设阶段和用途、管理体制和执行范围、费用性质的不同，可以划分为很多的类别。

1. 按生产要素分类

定额按生产要素可分为劳动定额、材料消耗定额、机械台班使用定额。这三种定额是编制各类建设工程计价定额的基础，因此亦称为基础定额。

2. 按用途分类

一个建设项目从提出项目建议书开始直至项目建成交付使用，要经过多个环节、不同的阶段，每一个阶段都有与之相对应的工程造价工作，因此，就要有与之相配套的工程计价依据。项目进行的不同阶段所使用的定额也不同，分别有估算指标、概算指标、概算定额、预算定额、施工定额。

3. 按适用范围分类

定额按适用范围可分为全国统一定额、行业（主管部）定额、地方定额、企业定额、补充定额。

第二节　施工定额

一、施工定额概述

1. 施工定额的概念

施工定额是直接应用于工程施工的定额，是编制施工预算、实行内部经济核算的依据，也是编制预算定额的基础。施工定额由劳动定额、材料消耗定额和施工机械台班或台时定额组成。根据施工定额，可以直接计算出各种不同工程项目的人工、材料和机械合理使用量的数量标准。

在施工过程中，正确使用施工定额，对于调动劳动者的生产积极性，开展劳动竞赛和提高劳动生产率以及推动技术进步，都有积极的促进作用。

2. 施工定额水平的确定

定额水平是指规定消耗在单位产品上的劳动、机械和材料数量的多寡。施工定额水平应直接反映劳动生产率水平，也反映劳动和物质消耗水平。

确定施工定额水平要遵循平均先进的原则，具体有以下几点：

(1)要正确处理数量与质量的关系。平均先进的定额水平，不仅表现为数量，还包括质量，要在生产合格产品的前提下规定必要的劳动消耗标准。

(2)合理确定劳动组织。劳动组织是否合理对完成施工任务和定额关系很大。人员技术等级过低，低等级工人做高等级活，不易达到定额，也保证不了工程(产品)的质量；人员技术等级过高，浪费技术力量，增加产品的人工成本。人员过多或过少，会造成工作面过小和窝工浪费，影响完成定额水平和工程进度。因此，在确定定额水平时，要按照工作对象的技术复杂程度和工艺要求，合理地进行劳动组织，使劳动组织的技术等级同工作对象的技术等级相适应，在保证工程质量的前提下，以较少的劳动消耗，生产出较多的合格产品。

(3)明确劳动手段和劳动对象。任何生产都是生产者借助劳动手段作用于劳动对象的过程。不同的劳动手段(机具、设备)和不同的劳动对象(材料、构件)，对劳动者的效率有不同的影响。确定平均先进的定额水平，必须针对具体的劳动手段与劳动对象。因此，在确定定额时，必须明确规定达到定额时使用的机具、设备和操作方法，明确规定原材料和构件的规格、型号、等级、品种质量要求等。

(4)正确对待先进技术和先进经验。现在生产技术的发展很不平衡，新的技术和先进经验不断涌现，其中有些新技术、新经验虽已成熟，但只限于少数企业和生产者使用，没有形成社会生产力水平。因此，编制定额时应区别对待，对于尚不成熟的先进技术和经验，不能作为确定定额水平的依据，对于成熟的先进技术和经验，但由于种种原因没有得到推广应用，可在保留原有定额项目水平的基础上，同时编制出新的定额项目。一方面照顾现有的实际情况；另一方面起到了鼓励先进的作用。对于那些已经得到普遍推广使用的先进技术和经验，应作为确定定额水平的依据，把已经提高并得到普及的社会生产力水平确定下来。

(5)全面比较，协调一致。既要做到挖掘企业的潜力，又要考虑在现有技术条件下，企业能够达到的程度，使地区之间和企业之间的水平相对平衡，尤其要注意工种之间的定额水平，要协调一致，避免出现苦乐不均的现象。

二、劳动定额

1. 劳动定额的概念

劳动定额又称人工定额，是建筑安装工人在正常的施工(生产)条件下，在一定的生产技术和生产组织条件下，在平均先进水平的基础上制定的。它表明每个建筑安装工人生产单位合格产品所必须消耗的劳动时间，或在单位时间所生产的合格产品的数量。

2. 劳动定额的分类

劳动定额根据表现形式不同，可分为时间定额和产量定额两种。

(1)时间定额。时间定额也被称为工时定额,是指在合理的劳动组织与一定的生产技术条件下,某种专业、某种技术等级的工人班组或个人,为完成单位合格产品所必须消耗的工作时间。定额时间包括准备时间与结束时间、基本生产时间、辅助生产时间、不可避免的中断时间及工人必需的休息时间。

关键细节2 时间定额的计算

根据时间定额可计算出产量定额,时间定额和产量定额互为倒数。利用工时规范,可以计算劳动定额的时间定额。其计算公式如下:

$$\text{作业时间}=\text{基本工作时间}+\text{辅助工作时间}$$

$$\text{规范时间}=\text{准备与结束工作时间}+\text{不可避免的中断时间}+\text{休息时间}$$

$$\text{工序作业时间}=\text{基本工作时间}+\text{辅助工作时间}$$

$$=\text{基本工作时间}/[1-\text{辅助时间}(\%)]$$

$$\text{定额时间}=\frac{\text{作业时间}}{1-\text{规范时间}(\%)}$$

(2)产量定额。产量定额就是在合理的劳动组织与合理使用材料的条件下,某工种技术等级的工人班组或个人在单位工日中所应完成的合格产品数量。

关键细节3 产量定额的计算

产量定额的计算单位,以单位时间的产品计量单位表示,如 m^3(立方米)、m^2(平方米)、m(米)、吨(t)、块、根等。其计算公式如下:

$$\text{每工产量}=\frac{1}{\text{单位产品时间定额(工日)}}$$

或

$$\text{每班产量}=\frac{\text{小组成员工日数的总和}}{\text{单位产品时间定额(工日)}}$$

关键细节4 时间定额与产量定额的关系

时间定额和产量定额互为倒数,使用过程中两种形式可以任意选择。在一般情况下,生产过程中需要较长时间才能完成一件产品,采用时间定额较为方便;若需要时间不长的,或者在单位时间内产量很多的,则以产量定额较为方便。一般定额中通常采用时间定额。其计算公式如下:

$$\text{时间定额}=\frac{1}{\text{产量定额}}$$

$$\text{产量定额}=\frac{1}{\text{时间定额}}$$

或

$$\text{时间定额}\times\text{产量定额}=1$$

三、材料消耗定额

1. 材料消耗定额的概念

材料消耗定额是指在正常的施工(生产)条件下,在节约和合理使用材料的情况下,生产单位合格产品所必须消耗的一定品种、规格的材料、半成品、配件等的数量标准。

材料消耗定额是编制材料需要量计划、运输计划、供应计划、计算仓库面积、签发限额领料单和经济核算的依据。制定合理的材料消耗定额，是组织材料的正常供应，保证生产顺利进行，以及合理利用资源，减少积压、浪费的必要前提。

2. 施工中材料消耗的分类

施工中材料的消耗，可分为必需的材料消耗和损失的材料两类。

必须消耗的材料，是指在合理用料的条件下，生产合格产品所需消耗的材料。它包括：直接用于建筑和安装工程的材料；不可避免的施工废料；不可避免的材料损耗。

必须消耗的材料属于施工正常消耗，是确定材料消耗定额的基本数据。其中：直接用于建筑和安装工程的材料，编制材料净用量定额；不可避免的施工废料和材料损耗，编制材料损耗定额。

关键细节5　材料消耗定额的计算

材料各种类型的损耗量之和称为材料损耗量；除去损耗量之后净用于工程实体上的数量称为材料净用量；材料净用量与材料损耗量之和称为材料总消耗量。损耗量与总消耗量之比称为材料损耗率，它们的关系用公式表示为：

$$损耗率=\frac{损耗量}{总消耗量}\times 100\%$$

$$损耗量=总消耗量-净用量$$

$$净用量=总消耗量-损耗量$$

$$总消耗量=\frac{净用量}{1-损耗率}$$

或

$$总消耗量=净用量+损耗率$$

为了简便，通常将损耗量与净用量之比，作为损耗率。即：

$$损耗率=\frac{损耗量}{净用量}\times 100\%$$

$$总消耗量=净用量\times(1+损耗率)$$

材料的损耗率可通过观测和统计而确定。

四、机械台班使用定额

1. 机械台班施工定额的概念

机械台班使用定额是施工机械生产效率的反映。在合理使用机械和合理的施工组织条件下，完成单位合格产品所必须消耗的机械台班的数量标准，称为机械台班使用定额，也称为机械台班消耗定额。

机械台班消耗定额的数量单位，一般用“台班”、“台时”或“机组班”表示。一个台班是指一台机械工作一个工作班，即按现行工作制工作8h。一个台时是指一台机械工作1h。一个机组班表示一组机械工作一个工作班。

2. 机械台班使用定额的分类

机械台班使用定额与劳动消耗定额的表示方法相同，有时间和产量两种定额。

(1)机械时间定额。指在合理劳动组织与合理使用机械条件下,完成单位合格产品所必需的工作时间,包括有效工作时间(正常负荷下的工作时间和降低负荷下的工作时间)、不可避免的中断时间、不可避免的无负荷工作时间。机械时间定额以“台班”表示,即一台机械工作一个作业班时间,一个作业班时间为8h。其计算公式如下:

$$\text{单位产品机械时间定额(台班)}=\frac{1}{\text{台班产量}}$$

由于机械必须由工人小组配合,所以完成单位合格产品的时间定额,同时列出人工时间定额。即:

$$\text{单位产品人工时间定额(工日)}=\frac{\text{小组成员总人数}}{\text{台班产量}}$$

(2)机械产量定额。指在合理劳动组织与合理使用机械条件下,机械在每个台班时间内应完成合格产品的数量。即:

$$\text{机械台班产量定额}=\frac{1}{\text{机械时间定额(台班)}}$$

机械时间定额和机械产量定额互为倒数。

复式表示法有如下形式:

$$\frac{\text{人工时间定额}}{\text{机械台班产量}}\text{或}\frac{\text{人工时间定额}}{\text{机械台班产量}}\Big|\text{台班车次}$$

关键细节6 机械台班产量的计算

机械台班产量($N_{台班}$)等于该机械净工作1h的生产率(N_h)乘以工作班的连续时间T(一般为8h),再乘以台班时间利用系数K_B,即:

$$N_{台班}=N_h T K_B$$

对于某些一次循环时间大于1h的机械施工过程,可以直接用一循环时间(t),求出台班循环次数(T/t),再根据每次循环的产品数量(m),确定其台班产量定额,即:

$$N_{台班}=\frac{T}{t}mK_B$$

(1)台班时间利用系数的确定。机械净工作时间(t)与工作班延续时间(T_1)的比值,称为机械台班时间利用系数(K_B)。即:

$$K_B=\frac{t}{T_1}$$

时间利用系数的确定,要依据对机械施工过程进行的多次观测与记录,并参考机械说明书等有关资料。

(2)机械工作1h生产率。对于循环动作机械,如挖土机、混凝土搅拌机等,机械净工作1h生产率(N_h),取决于该机净工作1h的正常循环次数(n)和每次循环所生产的产品数量(m),即:

$$N_h=nm$$

循环次数(n)和每次循环所生产的产品数量(m),必须通过实测以及参考机械使用说明书求得。

第三节　预算定额

一、预算定额概述

1. 预算定额的概念

预算定额是指在正常合理的施工条件下，规定完成一定计量单位的分项工程或结构构件所必需的人工、材料和施工机械台班消耗的数量标准。

2. 预算定额的编制原则

(1)按社会必要劳动时间确定预算定额水平。在市场经济条件下，预算定额作为确定建设产品价格的工具，应遵循价值规律的要求，按产品生产过程中所消耗的必要劳动时间确定定额水平，注意反映大多数企业的水平。在现实的中等生产条件、平均劳动熟练程度和平均劳动强度下，完成单位的工程基本要素所需要的劳动时间，是确定预算定额的主要依据。

(2)简明适用，严谨准确。定额项目的划分要做到简明扼要、使用方便；同时要求结构严谨，层次清楚，各种指标要尽量固定，减少换算，少留“活口”，避免执行中的争议。

(3)坚持统一性和差别性相结合原则。所谓统一性，就是从培育全国统一市场规范计价行为出发，计价定额的制定规划和组织实施由国务院建设行政主管部门归口管理，由其负责全国统一定额的制定或修订，颁发有关工程造价管理的规章制度办法等。所谓差别性，就是在统一性的基础上，各部门和省、自治区、直辖市主管部门可以在自己的管辖范围内，根据本部门和地区的具体情况，制定部门和地区性定额、补充性制度和管理办法，以适应我国幅员辽阔，地区间部门发展不平衡和差异大的实际情况。

3. 预算定额的编制依据

(1)现行劳动定额和施工定额。预算定额是在现行劳动定额和施工定额的基础上编制的。预算定额中劳力、材料、机械台班消耗水平，需要根据劳动定额或施工定额取定；预算定额计量单位的选择，也要以施工定额为参考，从而保证两者的协调和可比性，减轻预算定额的编制工作量，缩短编制时间。

(2)现行设计规范、施工验收规范和安全操作规程。预算定额在确定劳力、材料和机械台班消耗数量时，必须考虑上述各项法规的要求和影响。

(3)具有代表性的典型工程施工图及有关标准图。对这些图纸进行仔细分析研究，并计算出工程数量，作为编制定额时选择施工方法、确定定额含量的依据。

(4)新技术、新结构、新材料和先进的施工方法等。这类资料是调整定额水平和增加新的定额项目所必需的依据。

(5)有关科学试验、技术测定和统计、经验资料。这类资料是确定定额水平的重要依据。

(6)现行的预算定额、材料预算价格及有关文件规定等。过去定额编制过程中积累的基础资料，也是编制预算定额的依据和参考。

关键细节7　预算定额与施工定额的关系

预算定额是以施工定额为基础的。但是，预算定额考虑到它比施工定额包含了更多的可变因素，需要保留一个合理的幅度差。此外，确定两种定额水平的原则是不相同的。预算定额是社会平均水平，而施工定额是平均先进水平。因此，确定预算定额时，水平要相对低一些，一般预算定额水平要低于施工定额5%～7%。

预算定额比施工定额包含了更多的可变因素，这些因素有以下三种：

(1)确定劳动消耗指标时考虑的因素。包括：①工序搭接的停歇时间；②机械的临时维修、小修、移动等所发生的不可避免的停工损失；③工程检查所需的时间；④细小的难以测定的不可避免工序和零星用工所需的时间等。

(2)确定材料消耗指标时，考虑由于材料质量不符合标准或材料数量不足，对材料耗用量和加工费用的影响。这些不是由于施工企业的原因造成的。

(3)确定机械台班消耗指标需要考虑的因素。包括：①机械在与手工操作的工作配合中不可避免的停歇时间；②在工作班内机械变换位置所引起的难以避免的停歇时间和配套机械相互影响的损失时间；③机械临时性维修和小修引起的停歇时间；④机械的偶然性停歇，如临时停水、停电、工作不饱和等所引起的间歇；⑤工程质量检查影响机械工作损失的时间。

二、预算定额人工消耗量

预算定额人工消耗量是指完成一定数量的分项工程或构件(单位产品)额定消耗的劳动量标准。内容包括基本用工、辅助用工、超运距用工和人工幅度差。

(1)基本用工。指项目主体的作业用工，或称“净用工量”，一般通过施工定额的劳动定额指标按项目组成内容综合计算而得。

(2)辅助用工。指完成该项目施工任务时，必须消耗的材料加工、施工配合用工、超运距用工等辅助性生产劳动的用工量，它也可以通过确定“含量”，运用施工定额换算。

(3)超运距用工。指预算定额取定的材料、成品、半成品等运距超过劳动定额规定的运距应增加的用工量。

(4)人工幅度差。指在劳动定额时间未包括而在预算定额中应考虑的在正常施工条件下所发生的无法计算的各种工时消耗。一般包括：

1)工序交叉、搭接停歇的时间损失。

2)机械临时维修、小修、移动等不可避免的影响时间损失。

3)工程检验影响的时间损失。

4)施工收尾及工作面小影响工效的时间损失。

5)施工用水、电管线移动影响的时间损失。

6)工程完工、工作面转移造成的时间损失。

7)施工中难以预料的少量零星用工。

关键细节8 人工消耗量指标的确定

定额人工消耗量指标＝基本用工＋辅助用工＋定额幅度差用工
＝(基本用工＋辅助用工)×(1＋幅度差系数)

(1) 基本用工工日数量 ＝ $\sum$(工序工程量 × 时间定额)

(2) 辅助用工工日数量 $=\sum$(加工材料数量×时间定额)

(3) 超运距＝预算定额规定的运距－劳动定额规定的运距

超运距用工数量 $=\sum$(超运距材料数量×时间定额)

(4)人工幅度差＝(基本用工＋辅助用工＋超运距用工)×人工幅度差系数

三、材料消耗指标

材料消耗指标是指在正常施工条件下，用合理使用材料的方法，完成单位合格产品所必须消耗的各种材料、成品、半成品的数量标准。预算定额内的材料，按其使用性质、用途和用量大小划分为主要材料、次要材料、辅助材料和周转性材料。

(1)主要材料。指直接构成工程实体的材料，其中包括成品、半成品的材料。

(2)次要材料。指耗用量少、价值不大、对基价影响小的其他零星材料，定额中不列品种与耗用量，而用货币计量，在安装工程定额中以“其他材料费”表示。

(3)辅助材料。指直接构成工程实体，但是用量较小的一些材料，如垫木、钉子、铅丝等。

(4)周转性材料。指在施工中多次使用，且不构成工程实体的材料，如模板、脚手架等，此类材料的定额消耗量是指材料的摊销量，即材料多次使用，以逐次分摊的形式进入材料消耗量定额中。

关键细节 9 材料消耗量的确定

预算中的材料用量由材料的净用量和材料的损耗量组成。净用量是指材料经过加工后转移到产品中的数量，损耗量包括材料经过加工后不能直接使用的废料和施工操作、场内运输、现场堆放损耗量。材料消耗量计算公式如下：

$$\begin{aligned}\text{材料消耗量} &= \text{材料净用量}+\text{损耗量}\\ &= \text{净用量}\times(1+\text{损耗率})\end{aligned}$$

$$\text{损耗率}(\%)=\left(\frac{\text{材料消耗量}}{\text{材料净用量}}-1\right)\times 100\%$$

四、机械台班消耗量

预算定额中的机械台班消耗量是指在正常施工条件下，生产单位合格产品(分部分项工程或结构件)必须消耗的某类某种型号施工机械的台班数量。

确定预算定额中的机械台班消耗量指标，应根据各种机械施工项目所规定的台班产量加机械幅度差进行计算。若按实际需要计算机械台班消耗量，不应再增加机械幅度差。

机械幅度差是指在劳动定额(机械台班量)中未曾包括的，而机械在合理的施工组织条件下所必需的停歇时间，在编制预算定额时，应予以考虑。其内容包括：

(1)施工机械转移工作面及配套机械互相影响损失的时间。

(2)在正常的施工情况下，机械施工中不可避免的工序间歇。

(3)检查工程质量影响机械操作的时间。

(4)临时水、电线路在施工中移动位置所发生的机械停歇时间。

(5)工程收尾时,工作量不饱满所损失的时间。

关键细节10 机械台班消耗量的确定

机械台班消耗量由实际消耗量和影响消耗量两部分组成。即:

机械台班消耗量指标=实际消耗量+影响消耗量

=实际消耗量×(1+机械幅度差系数%)

实际消耗量一般是根据施工定额中机械产量定额的指标换算求出的,也可通过统计分析、技术测定、理论推算等方法分别确定。影响消耗量是指劳动定额中未包括的,而在合理的施工组织条件下机械所必需的停歇时间,这些因素会影响机械效率,因而在编制预算定额时必须加以考虑。

机械幅度差系数一般根据测定和统计资料取定。大型机械幅度差系数为:土方机械1.25,打桩机械1.33,吊装机械1.3,其他均按统一规定的系数计算。由于垂直运输用的塔吊、卷扬机及砂浆、混凝土搅拌机是按小组配合,应以小组产量计算机械台班产量,不另增加机械幅度差。

五、预算定额示例

表4-1为2000年《全国统一安装工程预算定额》电气设备安装工程中干式变压器安装项目的示例。

表4-1　　干式变压器安装示例

工作内容:开箱、检查,本体就为,垫铁及止轮器制作、安装,接地,补漆,配合电气试验。　　计量单位:台

定额编号				2—8	2—9	2—10	2—11	2—12	2—13	2—14
项目				容量(kV·A以下)						
				100	250	500	800	1000	2000	2500
	名称	单位	单价/元	数量						
人工	综合工日	工日	23.22	7.520	8.430	11.170	13.250	14.630	17.460	20.950
材料	棉纱头	kg	5.830	0.500	0.500	0.500	0.500	0.500	0.500	0.500
	破布	kg	5.830	—	—	0.100	0.100	0.100	0.100	0.100
	铁砂布0#~2#	张	1.060	—	—	2.000	2.000	2.000	2.000	2.000
	塑料布聚乙烯0.05	m^2	0.500	2.000	2.000	2.000	2.000	2.500	2.500	3.000
	电焊条结422ϕ3.2	kg	5.410	0.300	0.300	0.300	0.300	0.300	0.300	0.300
	汽油70#	kg	2.900	0.300	0.300	0.500	1.000	1.000	1.500	1.500
	镀锌铁丝8#~12#	kg	6.140	0.800	1.000	1.000	1.500	2.000	2.650	2.800
	调和漆	kg	16.720	2.500	2.500	2.500	2.500	3.000	3.000	3.000
	防锈漆C53-1	kg	14.980	0.300	0.300	0.500	0.500	1.000	1.000	1.000
	钢板垫板	kg	4.120	4.000	4.000	4.000	6.000	6.000	6.500	7.000
	钢锯条	根	0.620	1.000	1.000	1.000	1.000	1.000	1.000	1.000
	电力复合脂一级	kg	20.000	0.050	0.050	0.050	0.050	0.050	0.050	0.050
	镀锌扁钢-40×4	kg	4.300	4.500	4.500	4.500	4.500	4.500	4.500	4.500
	镀锌精制带帽螺栓M20×100以内2平1弹垫	10套	40.690	0.410	0.410	0.410	0.410	0.410	0.410	0.410

续表

定额编号				2—8	2—9	2—10	2—11	2—12	2—13	2—14
项　目				容量(kV·A以下)						
				100	250	500	800	1000	2000	2500
名　称		单位	单价/元	数　量						
机械	汽车式起重机 5t	台班	307.620	0.100	0.100	0.120	0.150	—	—	—
	汽车式起重机 5t	台班	388.610	—	—	—	—	0.400	0.450	0.500
	载重汽车 5t	台班	207.200	0.100	0.100	0.120	0.150	—	—	—
	载重汽车 5t	台班	303.440	—	—	—	—	0.220	0.250	0.300
	交流电焊机 21kV·A	台班	35.670	0.300	0.300	0.300	0.300	0.300	0.400	0.400

第四节　概算定额与概算指标

一、概算定额

1. 概算定额的概念

概算定额是指生产一定计量单位的经扩大的市政工程所需要的人工、材料和机械台班的消耗数量及费用的标准。概算定额是在预算定额的基础上,根据有代表性的工程通用图和标准图等资料,进行综合、扩大和合并而成。

2. 概算定额的作用

(1)概算定额是扩大初步设计阶段编制概算,技术设计阶段编制修正概算的主要依据。

(2)概算定额是编制建筑安装工程主要材料申请计划的基础。

(3)概算定额是进行设计方案技术经济比较和选择的依据。

(4)概算定额是编制概算指标的计算基础。

(5)概算定额是确定基本建设项目投资额、编制基本建设计划、实行基本建设大包干、控制基本建设投资和施工图预算造价的依据。

3. 概算定额的编制依据

(1)现行的全国通用的设计标准、规范和施工验收规范。

(2)现行的预算定额。

(3)标准设计和有代表性的设计图纸。

(4)过去颁发的概算定额。

(5)现行的人工工资标准、材料预算价格和施工机械台班单价。

(6)有关施工图预算和结算资料。

关键细节11　概算定额的编制要求

(1)确定概算定额与预算定额的幅度差。由于概算定额是在预算定额基础上进行适当的合并与扩大。因此,在工程量取值、工程的标准和施工方法确定上需综合考虑,且定额与实际应用必然会产生一些差异。这种差异国家允许预留一个合理的幅度差，以便依据概算定额编制的设计概算能控制住施工图预算。概算定额与预算定额之间的幅度差，国家规定一般控制在5%以内。

(2)定额计量单级小数取位。预算定额的计量单位一般依据以下建筑结构构件形状的特点确定：

1)凡建筑结构构件的断面有一定形状的大小，但长度不定时，可按长度以延长米为计量单位。如踢脚线、楼梯栏杆、木装饰长、管道线路安装等。

2)凡建筑结构构件厚度有一定规格，但长度和宽度不定时，可按面积 以平方米计量单位。如地面、楼面、墙面和天棚面抹灰等。

3)凡建筑结构构件的长度、厚(高)度和宽度都变化时，可按体积以立方米为计量单位。如土方、钢筋混凝土构件等。

4)钢结构由于重量与价格差异很大，形状又不固定，采用重量以吨为计量单位。

5)凡建筑结构构件无一定规格，而其构造又较复杂时，可按个、台、座、组为计量单位。如铸铁水斗、卫生洁具安装等。

定额单位确定之后，往往会出现人工、材料或机械台班最小，即小数点后好几位。为了减少小数位数，采取扩大单位的办法，如把1m³、m²、1m扩大10、100、1000倍。

概算定额中各项人工、机械按“工日”、“台班”计量，各种材料的计量单位与产品计量单位基本一致，精确度要求高、材料贵重，多取三位小数。如钢材吨以下取三位小数，木材立方米以下取三位小数。一般材料取两位小数。

二、概算指标

1. 概算指标的概念

概算指标是以一个建筑物或构筑物为对象，按各种不同的结构类型，确定每100m² 或1000m³ 和每座为计量单位的人工、材料和机械台班(机械台班一般不以量列出，用系数计入)的消耗指标(量)或每万元投资额中各种指标的消耗数量。

概算指标比概算定额更加综合扩大，因此，它是编制初步设计或扩大初步设计概算的依据。

2. 概算指标的作用

(1)在初步设计阶段，概算指标是编制建筑工程设计概算的依据。这是指在没有条件计算工程量时，只能使用概算指标。

(2)设计单位在建筑方案设计阶段，进行方案设计技术经济分析和估算的依据。

(3)在建设项目的可行性研究阶段，作为编制项目投资估算的依据。

(4)在建设项目规划阶段，估算投资和计算材料需要量的依据。

3. 概算指标的编制

(1)按平均水平确定概算指标的原则。在我国社会主义市场经济条件下，概算指标作为确定工程造价的依据，同样必须遵照价值规律的客观要求，在其编制时必须按社会必要劳动时间，贯彻平均水平的编制原则。只有这样才能使概算指标合理确定和控制工程造价的作用得到充分发挥。

(2)概算指标的内容与表现形式要贯彻简明适用的原则。为适应市场经济的客观要求,概算指标的项目划分应根据用途的不同,确定其项目的综合范围。遵循粗而不漏,适应面广的原则,体现综合扩大的性质。概算指标从形式到内容应该简明易懂,要便于在采用时根据拟建工程的具体情况进行必要的调整换算,能在较大范围内满足不同用途的需要。

(3)概算指标的编制依据必须具有代表性。概算指标所依据的工程设计资料,应是有代表性的,技术上是先进的,经济上是合理的。

第五节 企业定额

一、企业定额概述

1. 企业定额的概念

所谓企业定额,是指建筑安装企业根据本企业的技术水平和管理水平,编制完成单位合格产品所必需的人工、材料和施工机械台班的消耗量,以及其他生产经营要素消耗的数量标准。企业定额反映企业的施工生产与生产消费之间的数量关系,是施工企业生产力水平的体现,每个企业均应拥有反映自己企业能力的企业定额。企业的技术和管理水平不同,企业定额的定额水平也不相同。因此,企业定额是施工企业进行施工管理和投标报价的基础和依据,从一定意义上讲,企业定额是企业的商业秘密,是企业参与市场竞争的核心竞争能力的具体表现。

2. 企业定额的性质

企业定额是建筑安装企业内部管理的定额。企业定额影响范围涉及企业内部管理的方方面面,包括企业生产经营活动的计划、组织、协调、控制和指挥等各个环节。企业应根据本企业的具体条件和可能挖掘的潜力、市场的需求和竞争环境,根据国家有关政策、法律和规范、制度,自己编制定额,自行决定定额的水平,当然允许同类企业和同一地区的企业之间存在定额水平的差距。

3. 企业定额的作用

企业定额为施工企业编制施工作业计划、施工组织设计和施工预算提供了必要技术依据,具体来说,它在施工企业起如下的作用:

(1)企业定额是企业计划管理的依据。

(2)企业定额是编制施工组织设计的依据。

(3)企业定额是企业激励工人的条件。

(4)企业定额是计算劳动报酬、实行按劳分配的依据。

(5)企业定额是编制施工预算,加强企业成本管理的基础。

(6)企业定额有利于推广先进技术。

(7)企业定额是编制预算定额和补充单位估价表的基础。

(8)企业定额是施工企业进行工程投标、编制工程投标报价的基础和主要依据。

二、企业定额的构成及表现形式

企业定额的构成及表现形式因企业的性质不同、取得资料的详细程度不同、编制的目的不同、编制的方法不同而不同。其构成及表现形式主要有以下几种：

(1)企业劳动定额。

(2)企业材料消耗定额。

(3)企业机械台班使用定额。

(4)企业施工定额。

(5)企业定额估价表。

(6)企业定额标准。

(7)企业产品出厂价格。

(8)企业机械台班租赁价格。

三、企业定额的编制原则和意义

1. 企业定额的编制原则

(1)平均先进性原则。

(2)简明适用性原则。

(3)以专家为主编制定额的原则。

(4)保密原则。

(5)独立自主的原则。

(6)时效性原则。

2. 企业定额的编制意义

(1)实行工程量清单计价模式需要建立企业定额。工程量清单计价模式是一种与国际惯例接轨的计价模式，由施工企业自主报价，通过市场竞争形成价格。在这种计价模式下，各施工企业应建立起内部定额，按照本企业的施工技术水平，装备水平，管理水平及对人工、材料、机械价格的掌握控制情况，对工程利润的预期要求来计算工程报价。

(2)企业定额的建立有助于规范建设项目的发承包行为。施工企业建立内部定额后，根据自身实力和市场价格水平参与竞争，能够反映企业个别成本，并且保证获得一定的利润，这将能规范招投标市场，有利于施工企业在建筑市场的公平竞争中求生存、谋发展。

(3)企业定额的建立直接有利于提高企业管理水平。企业内部施工定额作为企业内部生产管理的标准文件，结合企业自身技术力量，利用科学管理的方法提高企业的竞争力和经济效益，为企业进一步拓展生存空间打下坚实的基础。

(4)建立企业定额，是加速我国建筑企业综合生产能力发展的需要。自我国加入WTO后，国外施工企业会进入中国市场，我国施工企业也要走出国门，这两方面都将面临与设备更精良、技术更先进的国际施工力量的竞争。建立企业定额，施工企业在市场竞争中，不断学习和吸收先进的施工技术，充实和改进企业定额，以先进的企业定额指导企业生产，最终达到企业综合生产能力与企业定额水平共同提高的目的。

四、企业定额的编制步骤

无论使用何种方法编制企业定额，其编制步骤主要有以下几个方面：

(1)依据专群结合以专为主的原则，组建企业定额编制小组。定额的编制工作要以有丰富的技术知识和管理经验的专业人员为主，并有专职机构和人员负责组织，掌握方针政策进行资料积累和管理工作，同时还要有工人的配合，了解实际消耗水平，这样编制的定额才有实际性和操作性。

(2)进行大量的数理统计及分析工作。首先熟悉政府的有关文件，再进行市场考察，将企业的自身力量和市场需求相结合；掌握市场行情，再进行企业自身定额的编制。其次要了解自身进行工程建设的实际成本，计算出各个项目的平均成本，才有可能形成本企业的实物消耗量，再根据竞争对手的能力，制定出具有竞争力的消耗量，企业才有机会取得更大发展。在实施过程中，应以目前本公司在建工程为依托，进行大量的施工数理统计及分析工作，建立定额库的基本资料，并随时更新。

(3)企业定额项目的划分。企业定额项目可以按施工方法、结构类型及形体复杂程度、建筑材料品种和规格、构造方法、施工作业面高度不同进行划分。

(4)定额项目计量单位的确定。原则是能确切、形象地反映产品的形成特性，便于工程量与工料消耗的计算，能够保证定额的精度。

(5)定额的册、章、节的编排。定额的册编排一般按工程、专业和结构部位划分，以施工顺序先后排列；章的编排和划分方法可以按同工种不同工作内容和不同生产工艺划分；节的编排可以按结构不同类别划分或按材料及施工方法不同划分。

(6)定额表格的拟定。定额表格及内容一般包括：项目名称、工作内容、计量单位、定额编号、人工、机械、材料消耗量指标、附注等。表格编排形式多样，不要求统一，但要视定额的具体内容以简明实用为好。

关键细节12　企业定额编制应注意的问题

(1)企业定额牵涉到企业的重大经济利益，合理的企业定额的水平能够支持企业正确的决策，提升企业的竞争能力，指导企业提高经营效益，因此，企业施工定额从编制到实行，必须经过科学、审慎的论证，才能用于企业招投标工作和成本核算管理。

(2)企业生产技术的发展，新材料，新工艺的不断出现，使一些建筑产品被淘汰，一些施工工艺落伍，因此，施工定额总有一定的滞后性，施工企业应该设立专门的部门和组织，及时搜集和了解各类市场信息和变化因素的具体资料，对企业定额进行不断的补充和完善、调整，使之更具生命力和科学性，同时改进企业各项管理工作，保持企业在建筑市场中的竞争优势。

(3)在工程量清单计价方式下，由于不同的工程特征、施工方案等因素，不同的工程报价方式也有所不同，因此对企业定额要进行科学有效的动态管理，针对不同的工程，灵活使用企业定额，建立完整的工程资料库。

(4)要用先进的思想和科学的手段来管理企业定额，施工单位应利用高速发展的计算机技术，建立起完善的工程测算信息系统，从而提高企业定额的工作效率和管理效能。

第五章　建筑电气工程概预算编制

第一节　建筑电气工程设计概算编制

设计概算是初步设计文件的重要组成部分，它是根据初步设计和扩大初步设计，利用国家或地区颁发的概算指标、概算定额或综合预算定额等，按照设计要求概略地计算建筑物或构筑物的造价，以及确定人工、材料和机械等需用量。其特点是编制工作较为简单，但在精度上没有施工图预算准确。国家规定，初步设计必须要有概算，概算书应由设计单位负责编制。

一、设计概算的分类

初步设计概算包括了单位工程概算、单项工程综合概算和建设项目总概算。单位工程概算是一个独立建筑物中分专业工程计算费用的概算文件，如土建工程概算、给水排水工程单位工程概算、电气工程单位工程概算、采暖通风单位工程概算及其他专业工程单位工程概算。它是单项工程综合概算文件的组成部分。

若干个单位工程概算和其他工程费用文件汇总后，成为单项工程综合概算，若干个单项工程概算可汇总成为总概算。综合概算和总概算，仅是一种归纳、汇总性文件，最基本的计算文件是单位工程概算书。

二、设计概算的编制依据

(1)批准的可行性研究报告。

(2)设计工程量。

(3)项目涉及的概算指标或定额。

(4)国家、行业和地方政府有关法律、法规或规定。

(5)资金筹措方式。

(6)正常的施工组织设计。

(7)项目涉及的设备、材料供应及价格。

(8)项目的管理(含监理)、施工条件。

(9)项目所在地区有关的气候、水文、地质地貌等自然条件。

(10)项目所在地区有关的经济、人文等社会条件。

(11)项目的技术复杂程度，以及新技术、专利使用情况等。

(12)有关文件、合同、协议等。

三、设计概算文件编制形式

概算文件的编制形式应视项目情况采用三级概算编制形式或二级概算编制形式。

关键细节1　三级编制形式设计概算文件的组成

三级设计概算分为总概算、综合概算和单位工程概算，其概算文件组成包括下列几个方面：

(1)封面、签署页及目录。

(2)编制说明。

(3)总概算表。

(4)其他费用表。

(5)综合概算表。

(6)单位工程概算表。

(7)附件：补充单位估价表。

关键细节2　二级编制形式设计概算文件的组成

二级设计概算分为总概算和单位工程概算，其概算文件组成包括下列几个方面：

(1)封面、签署页及目录。

(2)编制说明。

(3)总概算表。

(4)其他费用表。

(5)单位工程概算表。

(6)附件：补充单位估价表。

关键细节3　设计概算文件的签署

(1)概算文件签署页按编制人、审核人、审定人、法定负责人顺序签署。

(2)表格：总概算表、综合概算表签编制人、审核人、项目负责人，其他各表均签编制人、审核人。

(3)概算文件经签署(加盖执业或从业印章)后才能生效。

四、设计概算编制步骤与方法

1. 设计概算编制准备工作

(1)需要深入现场，进行调查研究，掌握该工程的第一手资料，特别是对工程中所采用的新结构、新材料、新技术以及一些非标准价格要搞清并落实，还应认真收集与工程相关的一些资料以及定额等。

(2)根据设计说明、总平面图和全部工程项目一览表等资料，要对工程项目的内容、性质、建设单位的要求以及施工条件，进行一定的了解。

(3)拟定出编制设计概算的大纲，明确编制工作中的主要内容、重点、编制步骤以及审查方法。

(4)根据设计概算的编制大纲，利用所收集的资料，合理选用编制的依据，明确收费标准。

2. 建设项目总概算及单项工程综合概算编制

(1)概算编制说明应包括以下主要内容:

1)项目概况:简述建设项目的建设地点、设计规模、建设性质(新建、扩建或改建)、工程类别、建设期(年限)、主要工程内容、主要工程量、主要工艺设备及数量等。

2)主要技术经济指标:项目概算总投资(有引进的给出所需外汇额度)及主要项目投资、主要技术经济指标(主要单位工程投资指标)等。

3)资金来源:按资金来源不同渠道分别说明,发生资产租赁的说明租赁方式及租金。

4)编制依据。

5)其他需要说明的问题。

6)总说明附表。

①建筑、安装工程工程费用计算程序表。

②引进设备、材料清单及从属费用计算表。

③具体建设项目概算要求的其他附表及附件。

(2)总概算表。概算总投资由工程费用、其他费用、预备费及应列入项目概算总投资中的几项费用组成:

第一部分　工程费用;

第二部分　其他费用;

第三部分　预备费;

第四部分　应列入项目概算总投资中的几项费用:

①建设期利息。

②固定资产投资方向调节税。

③铺底流动资金。

(3)第一部分　工程费用。按单项工程综合概算组成编制,采用二级编制的按单位工程概算组成编制。

1)市政民用建设项目一般排列顺序:主体建(构)筑物、辅助建(构)筑物、配套系统。

2)工业建设项目一般排列顺序:主要工艺生产装置、辅助工艺生产装置、公用工程、总图运输、生产管理服务性工程、生活福利工程、厂外工程。

(4)第二部分　其他费用。一般按其他费用概算顺序列项,具体见下述"3. 其他费用、预备费、专项费用概算编制"。

(5)第三部分　预备费。包括基本预备费和价差预备费,具体见下述"3. 其他费用、预备费、专项费用概算编制"。

(6)第四部分　应列入项目概算总投资中的几项费用。一般包括建设期利息、铺底流动资金、固定资产投资方向调节税(暂停征收)等,具体见下述"3. 其他费用、预备费、专项费用概算编制"。

(7)综合概算以单项工程所属的单位工程概算为基础,采用"综合概算表"进行编制,分别按各单位工程概算汇总成若干个单项工程综合概算。

(8)对单一的、具有独立性的单项工程建设项目,按二级编制形式编制,直接编制总概算。

3. 其他费用、预备费、专项费用概算编制

(1)一般建设项目其他费用包括建设用地费、建设管理费、勘察设计费、可行性研究费、环境影响评价费、劳动安全卫生评价费、场地准备及临时设施费、工程保险费、联合试运转费、生产准备及开办费、特殊设备安全监督检验费、市政公用设施建设及绿化补偿费、引进技术和引进设备材料其他费、专利及专有技术使用费、研究试验费等。

1)建设管理费。

①以建设投资中的工程费用为基数乘以建设管理费费率计算。即：

建设管理费＝工程费用×建设管理费费率

②工程监理是受建设单位委托的工程建设技术服务,属建设管理范畴。如采用监理,建设单位部分管理工作量会转移至监理单位。监理费应根据委托的监理工作范围和监理深度在监理合同中商定或按当地或所属行业部门有关规定计算。

③如建设管理采用工程总承包方式,其总包管理费由建设单位与总包单位根据总包工作范围在合同中商定,从建设管理费中支出。

④改、扩建项目的建设管理费费率应比新建项目适当降低。

⑤建设项目建成后,应及时组织验收,移交生产或使用。已超过批准的试运行期,并已符合验收条件但未及时办理竣工验收手续的建设项目,视同项目已交付生产,其费用不得从基建投资中支付,所实现的收入作为生产经营收入,不再作为基建收入。

2)建设用地费。

①根据征用建设用地面积、临时用地面积,按建设项目所在省、市、自治区人民政府制定颁发的土地征用补偿费、安置补助费标准和耕地占用税、城镇土地使用税标准计算。

②建设用地上的建(构)筑物如需迁建,其迁建补偿费应按迁建补偿协议计列或按新建同类工程造价计算。

③建设项目采用“长租短付”方式租用土地使用权,在建设期间支付的租地费用计入建设用地费,在生产经营期间支付的土地使用费应进入营运成本中核算。

3)可行性研究费。

①依据前期研究委托合同计列,或参照《国家计委关于印发〈建设项目前期工作咨询收费暂行规定〉的通知》(计投资[1999]1283 号)规定计算。

②编制预可行性研究报告参照编制项目建议书收费标准并可适当调增。

4)研究试验费。

①按照研究试验内容和要求进行编制。

②研究试验费不包括以下项目：

a. 应由科技三项费用(即新产品试制费、中间试验费和重要科学研究补助费)开支的项目。

b. 应在建筑安装费用中列支的施工企业对建筑材料、构件和建筑物进行一般鉴定、检查所发生的费用及技术革新的研究试验费。

c. 应由勘察设计费或工程费用中开支的项目。

5)勘察设计费。依据勘察设计委托合同计列,或参照原国家计委、建设部《关于发布〈工程勘察设计收费管理规定〉的通知》(计价格[2002]10 号)规定计算。

6)环境影响评价及验收费、水土保持评价及验收费、劳动安全卫生评价及验收费。环境影响评价及验收费依据委托合同计列，或按照原国家计委、国家环境保护总局《关于规范环境影响咨询收费有关问题的通知》(计价格[2002]125号)规定及建设项目所在省、市、自治区环境保护部门有关规定计算；水土保持评价及验收费、劳动安全卫生评价及验收费依据委托合同以及按照国家和建设项目所在省、市、自治区劳动和国土资源等行政部门规定的标准计算。

7)职业病危害评价费等。依据职业病危害评价、地震安全性评价、地质灾害评价委托合同计列，或按照建设项目所在省、市、自治区有关行政部门规定的标准计算。

8)场地准备及临时设施费。

①场地准备及临时设施费应尽量与永久性工程统一考虑。建设场地的大型土石方工程应进入工程费用中的总图运输费用中。

②新建项目的场地准备和临时设施费应根据实际工程量估算，或按工程费用的比例计算。改扩建项目一般只计拆除清理费。其计算公式为：

场地准备和临时设施费＝工程费用×费率＋拆除清理费

③发生拆除清理费时可按新建同类工程造价或主材费、设备费的比例计算。凡可回收材料的拆除工程采用以料抵工方式冲抵拆除清理费。

④此项费用不包括已列入建筑安装工程费用中的施工单位临时设施费用。

9)引进技术和引进设备其他费。

①引进项目图纸资料翻译复制费：根据引进项目的具体情况计列或按引进货价(FOB)的比例估列；引进项目发生备品备件测绘费时按具体情况估列。

②出国人员费用：依据合同或协议规定的出国人次、期限以及相应的费用标准计算。生活费按照财政部、外交部规定的现行标准计算，旅费按中国民航公布的票价计算。

③来华人员费用：依据引进合同或协议有关条款及来华技术人员派遣计划进行计算。来华人员接待费用可按每人次费用指标计算。引进合同价款中已包括的费用内容不得重复计算。

④银行担保及承诺费：应按担保或承诺协议计取。投资估算和概算编制时可以担保金额或承诺金额为基数乘以费率计算。

⑤引进设备材料的国外运输费、国外运输保险费、关税、增值税、外贸手续费、银行财务费、国内运杂费、引进设备材料国内检验费等，按照引进货价(FOB或CIF)计算后进入相应的设备、材料费中。

⑥单独引进软件，不计关税只计增值税。

10)工程保险费。

①不投保的工程不计取此项费用。

②不同的建设项目可根据工程特点选择投保险种，根据投保合同计列保险费用。编制投资估算和概算时可按工程费用的比例估算。

③不包括已列入施工企业管理费中的施工管理用财产、车辆保险费。

11)联合试运转费。

①不发生试运转或试运转收入大于(或等于)费用支出的工程，不列此项费用。

②当联合试运转收入小于试运转支出时：

联合试运转费＝联合试运转费用支出－联合试运转收入

③联合试运转费不包括应由设备安装工程费用开支的调试及试车费用，以及在试运转中暴露出来的因施工原因或设备缺陷等发生的处理费用。

④试运行期按照以下规定确定：引进国外设备项目按建设合同中规定的试运行期执行；国内一般性建设项目试运行期原则上按照批准的设计文件所规定的期限执行。个别行业的建设项目试运行期需要超过规定试运行期的，应报项目设计文件审批机关批准。试运行期一经确定，各建设单位应严格按规定执行，不得擅自缩短或延长。

12)特殊设备安全监督检验费。按照建设项目所在省、市、自治区安全监察部门的规定标准计算。无具体规定的，在编制投资估算和概算时，可按受检设备现场安装费的比例估算。

13)市政公用设施费。按工程所在地人民政府规定标准计列；不发生或按规定免征项目不计算。

14)专利及专有技术使用费。

①按专利使用许可协议和专有技术使用合同的规定计列。

②专有技术的界定应以省、部级鉴定批准为依据。

③项目投资中只计需要在建设期支付的专利及专有技术使用费。协议或合同规定在生产期支付的使用费应在生产成本中核算。

④一次性支付的商标权、商誉及特许经营权费按协议或合同规定计列。协议或合同规定在生产期支付的商标权或特许经营权费应在生产成本中核算。

⑤为项目配套的专用设施投资，包括专用铁路线、专用公路、专用通信设施、变送电站、地下管道、专用码头等，如由项目建设单位负责投资但产权不归属本单位的，应作无形资产处理。

15)生产准备及开办费。

①新建项目按设计定员为基数计算，改扩建项目按新增设计定员为基数计算：

生产准备费＝设计定员×生产准备费用指标(元/人)

②可采用综合的生产准备费用指标进行计算，也可以按费用内容的分类指标计算。

(2)引进工程其他费用中的国外技术人员现场服务费、出国人员旅费和生活费折合人民币列入，用人民币支付的其他几项费用直接列入其他费用中。

(3)预备费包括基本预备费和价差预备费，基本预备费以总概算第一部分“工程费用”和第二部分“其他费用”之和为基数的百分比计算；价差预备费一般按下式计算：

$$P=\sum_{t=1}^{n} I_t[(1+f)^m(1+f)^{0.5}(1+f)^{t-1}-1]$$

式中　P——价差预备费；

n——建设期(年)数；

I_t——建设期第 t 年的投资；

f——投资价格指数；

t——建设期第 t 年；

m——建设前年数(从编制概算到开工建设年数)。

(4)应列入项目概算总投资中的几项费用：

1)建设期利息：根据不同资金来源及利率分别计算。

$$Q=\sum_{j=1}^{n}(P_{j-1}+A_j/2)i$$

式中 Q——建设期利息；

P_{j-1}——建设期第($j-1$)年末贷款累计金额与利息累计金额之和；

A_j——建设期第 j 年贷款金额；

i——贷款年利率；

n——建设期年数。

2)铺底流动资金按国家或行业有关规定计算。

3)固定资产投资方向调节税(暂停征收)。

4. 单位工程概算编制

(1)单位工程概算是编制单项工程综合概算(或项目总概算)的依据，单位工程概算项目根据单项工程中所属的每个单体按专业分别编制。

(2)单位工程概算一般分建筑工程、设备及安装工程两大类。

(3)建筑工程单位工程概算。

1)建筑工程概算费用内容及组成详见建标[2013]44号《建筑安装工程费用项目组成》(参见本书第二章第三节相关内容)。

2)建筑工程概算要采用“建筑工程概算表”编制，按构成单位工程的主要分部分项工程编制，根据初步设计工程量按工程所在省、市、自治区颁发的概算定额(指标)或行业概算定额(指标)，以及工程费用定额计算。

3)对于通用结构建筑可采用“造价指标”编制概算；对于特殊或重要的建(构)筑物，必须按构成单位工程的主要分部分项工程编制，必要时结合施工组织设计进行详细计算。

(4)设备及安装工程单位工程概算。

1)设备及安装工程概算费用由设备购置费和安装工程费组成。

2)设备购置费。即：

定型或成套设备费＝设备出厂价格＋运输费＋采购保管费

引进设备费用分外币和人民币两种支付方式，外币部分按美元或其他国际主要流通货币计算。

非标准设备原价有多种不同的计算方法，如综合单价法、成本计算估价法、系列设备插入估价法、分部组合估价法、定额估价法等。一般采用不同种类设备综合单价法计算，其计算公式如下：

$$设备费=\sum 综合单价(元/t)\times 设备单重(t)$$

工、器具及生产家具购置费一般以设备购置费为计算基数，按照部门或行业规定的工、器具及生产家具费率计算。

3)安装工程费。安装工程费用内容组成，以及工程费用计算方法详见建标[2013]44号《建筑安装工程费用项目组成》。其中，辅助材料费按概算定额(指标)计算，主要材料费以消耗量按工程所在地当年预算价格(或市场价)计算。

4)引进材料费用计算方法与引进设备费用计算方法相同。

5)设备及安装工程概算采用“设备及安装工程概算表”形式，按构成单位工程的主要分部分项工程编制，要根据初步设计工程量按工程所在省、市、自治区颁发的概算定额（指标）或行业概算定额（指标），以及工程费用定额计算。

6）概算编制深度可参照《建设工程工程量清单计价规范》（GB 50500—2013）深度执行。

（5）当概算定额或指标不能满足概算编制要求时，应编制“补充单位估价表”。

5. 调整概算编制

（1）设计概算批准后一般不得调整。由于特殊原因需要调整概算时，由建设单位调查分析变更原因，报主管部门审批同意后，由原设计单位核实编制、调整概算，并按有关审批程序报批。

（2）调整概算的原因。

1）超出原设计范围的重大变更。

2）超出基本预备费规定范围内不可抗拒的重大自然灾害引起的工程变动和费用增加。

3）超出工程造价调整预备费的国家重大政策性的调整。

（3）影响工程概算的主要因素已经清楚，工程量完成了一定量后方可进行调整，一个工程只允许调整一次概算。

（4）调整概算编制深度与要求、文件组成及表格形式同原设计概算，调整概算还应对工程概算调整的原因做详尽分析说明，所调整的内容在调整概算总说明中要逐项与原批准概算对比，并编制调整前后概算对比表，分析主要变更原因。

（5）在上报调整概算时，应同时提供有关文件和调整依据。

关键细节4 设计概算文件编制要求

（1）设计概算文件编制的有关单位应当一起制定编制原则、方法，以及确定合理的概算投资水平，对设计概算的编制质量、投资水平负责。

（2）项目设计负责人和概算负责人对全部设计概算的质量负责；概算文件编制人员应参与设计方案的讨论；设计人员要树立以经济效益为中心的观念，严格按照批准的工程内容及投资额度设计，提出满足概算文件编制深度的技术资料；概算文件编制人员对投资的合理性负责。

（3）概算文件需要经编制单位自审，建设单位（项目业主）复审，工程造价主管部门审批。

（4）概算文件的编制与审查人员必须具有国家注册造价工程师资格，或者具有省市（行业）颁发的造价员资格证，并根据工程项目大小按持证专业承担相应的编审工作。

（5）各造价协会（或者行业）、造价主管部门可根据所主管的工程特点制定概算编制质量的管理办法，并对编制人员采取相应的措施进行考核。

五、设计概算审查

1. 设计概算审查的作用

审查设计概算，有利于合理分配投资资金，加强投资计划管理。设计概算编制得偏高或偏低，都会影响投资计划的真实性，影响投资资金的合理分配。

(1)审查设计概算是为了准确确定工程造价，使投资更能遵循客观经济规律。

(2)审查设计概算，可以促进概算编制单位严格执行国家有关概算的编制规定和费用标准，从而提高概算的编制质量。

(3)审查设计概算，可以使建设项目总投资力求做到准确、完整，防止任意扩大投资规模或出现漏项，从而减少投资缺口，缩小概算与预算之间的差距，避免故意压低概算投资，搞钓鱼项目，最后导致实际造价大幅突破概算。

审查后的概算，对建设项目投资的落实提供了可靠的依据，可以打足投资，不留缺口，提高建设项目的投资效益。

2. 设计概算审查的内容

(1)审查设计概算的编制依据。包括国家综合部门的文件，国务院主管部门和各省、市、自治区根据国家规定或授权制定的各种规定及办法，以及建设项目的设计文件等重点审查。

1)审查编制依据的合法性。采用的各种编制依据必须经过国家或授权机关的批准，符合国家的编制规定，未经批准的不能采用。也不能强调情况特殊，擅自提高概算定额、指标或费用标准。

2)审查编制依据的时效性。各种依据，如定额、指标、价格、取费标准等，都应根据国家有关部门的现行规定进行，注意有无调整和新的规定。有的虽然颁发时间较长，但不能全部适用；有的应按有关部门做的调整系数执行。

3)审查编制依据的适用范围。各种编制依据都有规定的适用范围，如各主管部门规定的各种专业定额及其取费标准，只适用于该部门的专业工程；各地区规定的各种定额及其取费标准，只适用于该地区的范围以内。特别是地区的材料预算价格区域性更强，如某市有该市区的材料预算价格，又编制了郊区内一个矿区的材料预算价格，如在该市的矿区建设时，其概算采用的材料预算价格，则应用矿区的价格，而不能采用该市的价格。

(2)审查概算编制深度。

1)审查编制说明。审查编制说明可以检查概算的编制方法、深度和编制依据等重大原则问题。

2)审查概算编制深度。一般大中型项目的设计概算，应有完整的编制说明和“三级概算”，并按有关规定的深度进行编制。审查是否有符合规定的“三级概算”，各级概算的编制、校对、审核是否按规定签署。

3)审查概算的编制范围。审查概算编制范围及具体内容是否与主管部门批准的建设项目范围及具体工程内容一致；审查分期建设项目的建筑范围及具体工程内容有无重复交叉，是否重复计算或漏算；审查其他费用所列的项目是否都符合规定，静态投资、动态投资和经营性项目铺底流动资金是否分部列出等。

(3)审查建设规模、标准。审查概算的投资规模、生产能力、设计标准、建设用地、建筑面积、主要设备、配套工程、设计定员等是否符合原批准可行性研究报告或立项批文的标准。如概算总投资超过原批准投资估算10%以上，应进一步审查超估算的原因。

(4)审查设备规格、数量和配置。工业建设项目设备投资比重大，一般占总投资的30%～50%，要认真审查。审查所选用的设备规格、台数是否与生产规模一致，材质、自动化程度有无提高标准，引进设备是否配套、合理，备用设备台数是否适当，消防、环保设备是否计算等。还要重点审查价格是否合理、是否符合有关规定，如国产设备应按当时询价资料或有关部门发布的出厂价、信息价，引进设备应依据询价或合同价编制概算。

(5)审查工程费。建筑安装工程投资是随工程量增加而增加的，要认真审查。要根据初步设计图纸、概算定额及工程量计算规则、专业设备材料表、建构筑物和总图运输一览表进行审查，有无多算、重算、漏算。

(6)审查计价指标。审查建筑工程采用工程所在地区的计价定额、费用定额、价格指数和有关人工、材料、机械台班单价是否符合现行规定；审查安装工程所采用的专业部门或地区定额是否符合工程所在地区的市场价格水平，概算指标调整系数、主材价格、人工、机械台班和辅材调整系数是否按当地最新规定执行；审查引进设备安装费率或计取标准、部分行业专业设备安装费率是否按有关规定计算等。

(7)审查其他费用。工程建设其他费用投资约占项目总投资25％以上，必须认真逐项审查。审查费用项目是否按国家统一规定计列，具体费率或计取标准、部分行业专业设备安装费率是否按有关规定计算等。

3. 设计概算审查的方法

采用适当方法审查设计概算，是确保审查质量、提高审查效率的关键。设计概算常用的审查方法有对比分析法、查询核实法、联合会审法。

关键细节5　如何利用对比分析法审核设计概算

对比分析法主要是通过建设规模、标准与立项批文对比；工程数量与设计图纸对比；综合范围、内容与编制方法、规定标准对比；各项取费与规定标准对比；材料、人工单价与市场信息对比；引进设备、技术投资与报价要求对比；技术经济指标与同类工程对比等。通过以上对比，容易发现设计概算存在的主要问题和偏差。

关键细节6　如何利用查询核实法审核设计概算

查询核实法是对一些关键设备和设施、重要装置、引进工程图纸不全、难以核算的较大投资进行多方查询核对，逐项落实的方法。主要设备的市场价向设备供应部门或招标代理公司查询核实；重要生产装置、设施向同类企业(工程)查询了解；引进设备价格及有关税费向进出口公司调查落实；复杂的建安工程向同类工程的建设、承包、施工单位征求意见；深度不够或不清楚的问题直接向原概算编制人员、设计者询问清楚。

关键细节7　如何利用联合会审法审核设计概算

联合会审前，可先采取多种形式分头审查，包括设计单位自审，主管、建设、承包单位初审，工程造价咨询公司评审，邀请同行专家预审，审批部门复审等，经层层审查把关后，由有关单位和专家进行联合会审。在会审会上，由设计单位介绍概算编制情况及有关问题，各有关单位、专家汇报初审和预审意见。然后进行认真分析，讨论，结合对各专业技术方案的审查意见所产生的投资增减，逐一核实原概算出现的问题。经过充分协商，认真听取设计单位意见后，实事求是地处理、调整。

通过审查后，对审查中发现的问题和偏差，按照单项、单位工程的顺序，先按设备费、安装费、建筑费和工程建设其他费用分类整理；然后按照静态投资部分、动态投资部分和铺底流动资金三大类，汇总核增或核减的项目及其投资额；最后将具体审核数据，按照“原编”、“审核结果”、“增减投资”、“增减幅度”四栏列表，并按照原总概算表汇总顺序，将增减项目逐一列出，相应调整所属项目投资合计数，再依次汇总审核后的总投资及增减投资额。对于差错较多、问题较大或不能满足要求的，责成按会审意见修改返工后，重新报批；对于无重大原则问题，深度基本满足要求，投资增减不多的，当场核定概算投资额，并提交审批部门复核后，正式下达审批概算。

第二节　建筑电气工程施工图预算编制

施工图预算是指在施工图纸已设计完成后，设计单位根据施工图纸计算的工程量，施工组织设计和现行的建筑工程预算定额、单位估价表及各项费用的取费标准，基础单价，国家及地方有关规定，进行编制的反映单位工程或单项工程建设费用的经济文件。施工图预算应在已批准的初步设计概算控制下进行编制。

一、施工图预算的作用

(1)施工图预算是确定单位工程造价的依据。施工图预算比主要起控制造价作用的概算更为具体和详细，因而可以起到确定造价的作用。

(2)施工图预算是进一步考核设计经济合理性的依据。施工图预算的成果，因其更详尽和切合实际，可以进一步作为考核设计方案技术先进性和经济合理程度。施工图预算也是编制固定资产的依据。

(3)施工图预算是签订工程承包合同，实行投资包干和办理工程价款结算的依据。因预算确定的投资较概算准确，故对于不进行招投标的特殊或紧急工程项目，常采用预算包干。按照规定程序，经过工程量增减，价差调整后的预算可以作为结算依据。

(4)施工图预算是施工企业内部进行经济核算和考核工程成本的依据。施工图预算确定的工程造价，是工程项目的预算成本，其与实际成本的差额即为施工利润，是企业利润总额的主要组成部分。这就促使施工企业必须加强经济核算，提高经济管理水平，以降低成本，提高经济效益。

关键细节8　施工图预算与设计概算编制的区别

施工图预算与设计概算的项目划分、编制程序、费用构成、计算方法都基本相同。施工图是工程实施的蓝图，所以据此编制的施工图预算比概算编制要精细，具体表现在以下几点：

(1)主体工程。施工图预算与概算都采用工程量乘以单价的方法计算投资，但深度不同。概算根据概算定额和初步设计工程量编制，而施工图预算根据预算定额中按个部分划分为更详细的项目，分别计算单价。

(2)非主体工程。设计概算中的非主体工程以及主体工程中的细部结构采用综合指标或百分率乘二级项目工程量的方法估算投资，而预算则均要求按三级项目工程单价的方法计算投资。

(3)造价文件的结构。设计概算是初步设计报告的组成部分，与初步设计阶段一次完成，概算完整地反映整个建设项目所需要的投资；施工图预算通常以单位工程为单位编制的，各单项工程单独成册，最后汇总成总预算。

二、施工图预算的编制依据

(1)国家、行业、地方政府发布的计价依据、有关法律法规或规定。

(2)建设项目有关文件、合同、协议等。

(3)批准的设计概算。

(4)批准的施工图设计图纸及相关标准图集和规范。

(5)相应预算定额和地区单位估价表。

(6)合理的施工组织设计和施工方案等文件。

(7)项目有关的设备、材料供应合同、价格及相关说明书。

(8)项目所在地区有关的气候、水文、地质地貌等的自然条件。

(9)项目的技术复杂程度，以及新技术、专利使用情况等。

(10)项目所在地区有关的经济、人文等社会条件。

三、施工图预算文件编制形式

施工图预算根据建设工程实际情况可采用三级预算编制或二级预算编制形式。当建设项目有多个单项工程时，应采用三级预算编制形式，由建设项目施工图总预算、单项工程综合预算、单位工程施工图预算组成。当建设项目只有一个单项工程时，应采用二级预算编制形式，由建设工程施工图总预算和单位工程施工图预算组成。

关键细节9 三级预算编制形式施工图预算文件组成

(1)封面、签署页及目录。

(2)编制说明。

(3)总预算表。

(4)综合预算表。

(5)单位工程预算表。

(6)附件。

关键细节10 二级预算编制形式施工图预算文件组成

(1)封面、签署页及目录。

(2)编制说明。

(3)总预算表。

(4)单位工程预算表。

(5)附件。

四、施工图预算编制步骤与方法

(一)单位工程预算编制

单位工程预算的编制应根据施工图设计文件、预算定额(或综合单价)以及人工、材料及施工机械台班等价格资料进行编制。其主要编制方法有单价法和实物量法,其中单价法分为定额单价法和工程量清单单价法。

1. 定额单价法

定额单价法是用事先编制好的分项工程的单位估价表来编制施工图预算的方法。定额单价法编制施工图预算的基本步骤如下:

(1)编制前的准备工作。编制施工图预算的过程是具体确定建筑安装工程预算造价的过程。编制施工图预算,不仅应严格遵守国家计价法规、政策,严格按图纸计量,还应考虑施工现场条件因素,是一项复杂而细致的工作,也是一项政策性和技术性都很强的工作,因此,必须事前做好充分准备。准备工作主要包括两个方面:一是组织准备;二是资料的收集和现场情况的调查。

(2)熟悉图纸和预算定额以及单位估价表。图纸是编制施工图预算的基本依据。熟悉图纸不但要弄清图纸的内容,还应对图纸进行审核:图纸间相关尺寸是否有误,设备与材料表上的规格、数量是否与图示相符,详图、说明、尺寸和其他符号是否正确等,若发现错误应及时纠正。另外,还要熟悉标准图以及设计更改通知(或类似文件),这些都是图纸的组成部分,不可遗漏。通过对图纸的熟悉,要了解工程的性质、系统的组成、设备和材料的规格型号和品种,以及有无新材料、新工艺的采用。

预算定额和单位估价表是编制施工图预算的计价标准,对其适用范围及定额系数等都要充分了解,做到心中有数,这样才能使预算编制准确、迅速。

(3)了解施工组织设计和施工现场情况。编制施工图预算前,应了解施工组织设计中影响工程造价的有关内容。例如,各分部分项工程的施工方法,土方工程中余土外运使用的工具、运距,施工平面图对建筑材料、构件等堆放点到施工操作地点的距离等,以便能正确计算工程量和正确套用或确定某些分项工程的基价。这对于正确计算工程造价、提高施工图预算质量,具有重要意义。

(4)划分工程项目和计算工程量。

1)划分工程项目。划分的工程项目必须和定额规定的项目一致,这样才能正确地套用定额。不能重复列项计算,也不能漏项少算。

2)计算并整理工程量。必须按现行国家计量规范规定的工程量计算规则进行计算,该扣除部分要扣除,不该扣除的部分不能扣除。当按照工程项目装饰工程量全部计算完以后,要对工程项目和工程量进行整理,即合并同类项和按序排列,为套用定额、计算分部分项和进行工料分析打下基础。

(5)套单价(计算定额基价),即将定额子项中的基价填于预算表单价栏内,并将单价乘以工程量得出合价,将结果填入合价栏。

(6)工料分析。工料分析即按分项工程项目,依据定额或单位估价表,计算人工和各种材料的实物耗量,并将主要材料汇总成表。工料分析的方法,首先从定额项目表中分别将各分项工程消耗的每项材料和人工的定额消耗量查出；再分别乘以该工程项目的工程量，得到分项工程工料消耗量，最后将各分项工程工料消耗量加以汇总，得出单位工程人工、材料的消耗数量。

(7)计算主材费(未计价材料费)。因为许多定额项目基价为不完全价格，即未包括主材费用在内。计算所在地定额基价(基价合计)之后，还应计算出主材费，以便计算工程造价。

(8)按费用定额取费，即按有关规定计取措施项目费和其他项目费，以及按相关取费规定计取规费和税金等。

(9)计算汇总工程造价。将分部分项工程费、措施项目费、其他项目费、规费和税金相加即为工程预算造价。

2. 工程量清单单价法

工程量清单单价法是指招标人按照设计图纸和国家统一的工程量计算规则提供工程数量，采用综合单价的形式计算工程造价的方法。该综合单价是指完成一个规定计量单位的分部分项工程清单项目或措施清单项目所需的人工费、材料费、施工机具使用费和企业管理费与利润，以及一定范围内的风险费用。

3. 实物量法

实物量法是依据施工图纸和预算定额的项目划分及工程量计算规则，先计算出分部分项工程量，然后套用预算定额(实物量定额)来编制施工图预算的方法。实物量法的优点是能比较及时地反映各种材料、人工、机械的当时当地市场单价计入预算价格，不需调价，反映当时当地的工程价格水平。

(二)综合预算和总预算编制

(1)综合预算造价由组成该单项工程的各个单位工程预算造价汇总而成。

(2)总预算造价由组成该建设项目的各个单项工程综合预算以及经计算的工程建设其他费、预备费、建设期贷款利息、固定资产投资方向调节税汇总而成。

(三)建筑工程预算编制

(1)建筑工程预算费用内容及组成，应符合《建筑安装工程费用项目组成》(建标[2013]44号)的有关规定(参见本书第二章第三节相关内容)。

(2)建筑工程预算采用“建筑工程预算表”，按构成单位工程的分部分项工程编制，根据设计施工图纸计算各分部分项工程量，按工程所在省(自治区、直辖市)或行业颁发的预算定额或单位估价表，以及建筑安装工程费用定额进行编制。

(四)安装工程预算编制

(1)安装工程预算费用组成应符合《建筑安装工程费用项目组成》(建标[2013]44号)的有关规定(参见本书第二章第三节相关内容)。

(2)安装工程预算采用“设备及安装工程预算表”，按构成单位工程的分部分项工程编制，根据设计施工图计算各分部分项工程工程量，按工程所在省(省治区、直辖市)或行业颁发的预算定额或单位估价表，以及建筑安装工程费用定额进行编制计算。

(五)调整预算编制

(1)工程预算批准后，一般情况下不得调整。由于重大设计变更、政策性调整及不可抗力等原因造成的可以调整。

(2)调整预算编制深度与要求、文件组成及表格形式同原施工图预算。调整预算还应对工程预算调整的原因做详尽分析说明，所调整的内容在调整预算总说明中要逐项与原批准预算对比，并编制调整前后预算对比表，分析主要变更原因。在上报调整预算时，应同时提供有关文件和调整依据。

五、施工图预算审查

1. 施工图预算审查的作用

(1)对降低工程造价具有现实意义。

(2)有利于节约工程建设资金。

(3)有利于发挥领导层、银行的监督作用。

(4)有利于积累和分析各项技术经济指标。

2. 施工图预算审查的内容

审查施工图预算的重点是：工程量计算是否准确；分部、分项单价套用是否正确；各项取费标准是否符合现行规定等方面。

(1)审查定额或单价的套用。

1)预算中所列各分项工程单价是否与预算定额的预算单价相符；其名称、规格、计量单位和所包括的工程内容是否与预算定额一致。

2)有单价换算时应审查换算的分项工程是否符合定额规定及换算是否正确。

3)对补充定额和单位计价表的使用应审查补充定额是否符合编制原则、单位计价表计算是否正确。

(2)审查其他有关费用。其他有关费用包括的内容各地不同，具体审查时应注意是否符合当地规定和定额的要求。

(3)利润和税金的审查，重点应放在计取基础和费率是否符合当地有关部门的现行规定、有无多算或重算方面。

3. 施工图预算审查的方法

施工图预算审查的方法有逐项法、标准预算审查法、分组计算审查法、对比审查法、重点审查法。

关键细节 11　如何利用逐项审查法审核施工图预算

逐项审查法又叫全面审查法，就是按预算定额顺序或施工的先后顺序，逐一地全部进行审查的方法。其具体计算方法和审查过程与编制施工图预算基本相同。该方法的优点是全面、细致，经审查的工程预算差错比较少，质量比较高；缺点是工作量大。因而，在一些工程量比较小、工艺比较简单的工程，编制工程预算的技术力量又比较薄弱的，采用全面审查法的相对较多。

关键细节 12　如何利用标准预算审查法审核施工图预算

标准预算审查法就是对利用标准图纸或通用图纸施工的工程，先集中力量编制标准预算，以此为准来审查工程预算的一种方法。按标准设计图纸或通用图纸施工的工程，一般做法相同，只是根据情况不同，对某些部分做局部改变。凡这样的工程，以标准预算为准，对局部修改部分单独审查即可，不需逐一详细审查。该方法的优点是时间短、效果好、易定案；其缺点是适用范围小，仅适用于采用标准图纸的工程。

关键细节 13　如何利用分组计算审查法审核施工图预算

分组计算审查法就是把预算中有关项目按类别划分若干组，利用同组中的一组数据审查分项工程量的一种方法。该方法首先将若干分部分项工程按相邻且有一定内在联系的项目进行编组，利用同组分项工程间具有相同或相近计算基数的关系，审查一个分项工程数量，由此判断同组中其他几个分项工程的准确程度。该方法的特点是审查速度快、工作量小。

关键细节 14　如何利用对比审查法审核施工图预算

对比审查法是当工程条件相同时，用已完工程的预算或未完但已经过审查修正的工程预算对比审查拟建工程的同类工程预算的一种方法。对比审查法，一般有以下几种情况，应根据工程的不同条件，区别对待：

(1)两个工程采用同一个施工图，但基础部分和现场条件不同。其新建工程基础以上部分可采用对比审查法；不同部分可分别采用相应的审查方法进行审查。

(2)两个工程设计相同，但建筑面积不同。根据两个工程建筑面积之比与两个工程分部分项工程量之比例基本一致的特点，可审查新建工程各分部分项工程的工程量。或者用两个工程每平方米建筑面积造价以及每平方米建筑面积的各分部分项工程量，进行对比审查，如果基本相同时，说明新建工程预算是正确的；反之，说明新建工程预算有问题，找出差错原因，加以更正。

(3)两个工程的面积相同，但设计图纸不完全相同时，可把相同的部分进行工程量的对比审查，不能对比的分部分项工程按图纸计算。

关键细节 15　如何利用重点审查法审核施工图预算

重点审查法就是抓住工程预算中的重点进行审核的方法。审查的重点一般是工程量大或者造价较高的各种工程、补充定额、计取的各项费用(计取基础、取费标准)等。重点审查法的优点是突出重点、审查时间短、效果好。

第三节　建筑电气工程竣工结算与决算

一、竣工结算

1. 竣工结算的概念

竣工结算是建设工程承包方在单位工程竣工后，根据合同、设计变更、技术核定单、现场费用签证等竣工资料，编制的确定工程竣工结算造价的经济文件。竣工结算是工程承包方与发包方办理工程竣工结算的重要依据。

2. 竣工结算的编制依据

(1)工程竣工报告、竣工验收单和竣工图。

(2)工程承包合同和已经审核的原施工图预算。

(3)图纸会审纪要、设计变更通知书、施工签证单或施工记录。

(4)业主与承包商共同认可的有关特殊材料预算价格或价差。

(5)现行预算定额和费用定额以及政府行政主管部门出台的调价调差文件。

3. 竣工结算的编制内容

竣工结算按单位工程编制。一般内容如下:

(1)竣工结算书封面。封面形式与施工图预算书封面相同,要求填写业主、承包商名称、工程名称、结构类型、建筑面积、工程造价等内容。

(2)竣工结算书编制说明。主要说明施工合同有关规定、有关文件和变更内容以及编制依据等。

(3)结算造价汇总计算表。竣工结算表形式与施工图预算表形式相同。

(4)结算造价汇总表附表。主要包括工程增减变更计算表、材料价差计算表、业主供料及退款结算明细表。

(5)工程竣工资料。包括竣工图、工程竣工验收单、各类签证、工程量增补核定单、设计变更通知书等。

4. 竣工结算的编制方法

竣工结算的编制方法取决于合同对计价方法及对合同种类的选定。

(1)固定合同总价结算的编制方法。该类型结算价计算公式如下:

$$\text{竣工结算总价}=\text{合同总价}\pm\text{设计变更增减价}\pm\text{工程以外的技术经济签证}+\text{批准的索赔额}\pm\text{工期质量奖励与罚金}$$

一般,固定价合同主要对物价上涨因素进行控制,风险由施工单位承担,价款不因物价变动而变化。但设计变更变化了合同的范围,需要调整,发生了由业主承担的风险损失,承包企业应当按照索赔程序对增加的费用和损失向业主提出索赔。

(2)固定合同单价结算的编制方法。目前,推行的清单计价,大部分为固定单价合同,这里的单价以中标单位所报的工程量清单综合单价为合同单价。该类型结算价计算公式如下:

$$\text{竣工结算总价}=\sum(\text{分部分项(核实)工程量}\times\text{分部分项工程综合单价})+\text{措施项目费}+\sum(\text{据实核定的})\text{其他项目金额}+\text{规费}+\text{税金}$$

其中,承包合同范围内的工程的措施项目费为包干费用。当有新增减工程涉及措施费的按价格比例或工程量比例进行增减,方法应在合同中事先约定。业主风险导致措施费用增加按索赔程序进行费用索赔。变更价款、索赔、经济签证可作为预备金支出的实际发生额,计入其他项目金额。与人工有关的签证,应以零星用工合同综合单价乘以核定的人工用量计算。

固定单价合同与固定总价合同,若在风险规定一致时,它们的差异在于对工程量风险划定的不同。固定总价合同工程量风险归施工单位,而固定单价合同工程量风险由业主承担,即工程量清单计算疏漏的工程量按实结算。所以也可以用固定总价结算公式,再加上范围内工程的工程量出入增减额，得到这一结算的总价。此时的追加合同部分应分别计取规费和税金。其计算公式为：

竣工结算总价＝合同总价±设计变更增减价±工程以外的技术经济签证＋批准的索赔额±工期质量奖励与罚金±（增减工程范围内工程量错误量×综合单价＋相应规费＋相应税金）

（3）可调价合同结算的编制方法。可调价合同主要是考虑人、材、机市场变动可能较大，难以预测。而对物价变动允许按合同约定调价方式进行调整。

（4）成本加酬金合同结算。目前，我国还较少使用，但随着劳务分包制度的建立与完善，项目管理实力强的业主，可选择运用成本加酬金的结算方式。

二、竣工决算

1. 竣工决算的概念

竣工决算是指以实物数量和货币指标为计量单位，综合反映竣工项目从筹建开始到项目竣工交付使用为止的全部建设费用、建设成果和财务情况的总结性文件，是竣工验收报告的重要组成部分。竣工决算是正确核定新增固定资产价值，考核分析投资效果，建立健全经济责任制的依据，是反映建设项目实际造价和投资效果的文件。

2. 竣工决算的作用

（1）竣工决算是采用货币指标、实物数量、建设工期和种种技术经济指标综合、全面地反映建设项目自开始建设到竣工为止的全部建设成果和财务状况，它是综合、全面地反映了竣工项目建设成果及财务情况的总结性文件。

（2）竣工决算是办理交付使用资产的依据，也是竣工验收报告的重要组成部分。建设单位与使用单位在办理交付资产的验收交接手续时，通过竣工决算反映了交付使用资产的全部价值，包括固定资产、流动资产、无形资产和递延资产的价值。同时，它还详细提供了交付使用资产的名称、规格、数量、型号和价值等明细资料，是使用单位确定各项新增资产价值并登记入账的依据。

（3）竣工决算是分析和检查设计概算的执行情况，考核投资效果的依据。竣工决算反映了竣工项目计划、实际的建设规模、建设工期以及设计和实际的生产能力，反映了概算总投资和实际的建设成本，同时，还反映了所达到的主要技术经济指标。通过对这些指标计划数、概算数与实际数进行对比分析，不仅可以全面掌握建设项目计划和概算执行情况，而且可以考核建设项目投资效果，为今后制定基建计划，降低建设成本，提高投资效果提供必要的资料。

3. 竣工决算的内容

竣工决算是建设工程从筹建到竣工投产全过程中发生的所有实际支出，包括设备工器具购置费、建筑安装工程费和其他费用等。竣工决算由竣工财务决算报表、竣工财务决算说明书、竣工工程平面示意图、工程造价比较分析四部分组成。其中，竣工财务决算报表和竣工财务决算说明书属于竣工财务决算的内容。竣工财务决算是竣工决算的组成部分，是正确核定新增资产价值、反映竣工项目建设成果的文件，是办理固定资产交付使用手续的依据。

(1)竣工财务决算说明书。竣工财务决算说明书主要反映竣工工程建设成果和经验，是对竣工决算报表进行分析和补充说明的文件，是全面考核分析工程投资与造价的书面总结，其内容主要包括：

1)建设项目概况，对工程总的评价。

2)资金来源及运用等财务分析。主要包括工程价款结算、会计账务的处理、财产物资情况及债权债务的清偿情况。

3)基本建设收入、投资包干结余、竣工结余资金的上交分配情况。通过对基本建设投资包干情况的分析，说明投资包干数、实际支用数和节约额、投资包干节余的有机构成和包干节余的分配情况。

4)各项经济技术指标的分析。概算执行情况分析，根据实际投资完成额与概算进行对比分析；新增生产能力的效益分析，说明支付使用财产占总投资额的比例、占支付使用财产的比例，不增加固定资产的造价占投资总额的比例，分析有机构成和成果。

5)工程建设的经验及项目管理和财务管理工作以及竣工财务决算中有待解决的问题。

6)需要说明的其他事项。

(2)竣工财务决算报表。建设项目竣工财务决算报表要根据大、中型建设项目和小型建设项目分别制定。大、中型建设项目竣工决算报表包括：建设项目竣工财务决算审批表，大、中型建设项目概况表，大、中型建设项目竣工财务决算表，大、中型建设项目交付使用资产总表；小型建设项目竣工财务决算报表包括：建设项目竣工财务决算审批表，竣工财务决算总表，建设项目交付使用资产明细表。

(3)工程造价比较分析。概算是考核建设项目造价的依据，分析时可将竣工决算报告表中所提供的实际数据和相关资料与批准的概算、预算指标进行对比，以确定竣工项目造价是超支还是节约。

为了考核概算执行情况，正确核实建设工程造价，财务部门首先要积累有关材料、设备、人工价差和费率的变化资料以及设计方案变化和设计变更资料；其次，要考查实际竣工造价节约或超支的数额。实际工作中，主要分析以下内容：

1)主要实物工程量。因概算编制的主要实物工程量的增减变化必然使概算造价和实际工程造价随之变化，因此，对比分析中应审查项目的规模、结构和标准是否符合设计文件的规定，变更部分是否按照规定的程序办理，对造价的影响如何等。

2)主要材料消耗量。在建筑安装工程投资中，材料费用所占的比例往往很大，因此，考核材料消耗和费用也是考核工程造价的重点。考核主要材料消耗量，要按照竣工决算报表中所列明的三大材料实际超概算的消耗量，查清在工程的哪一个环节超出量最大，再进一步查明超耗的原因。

3)考核建设单位管理费、建筑安装工程相关费用的取费标准。概算中对建设单位管理费列有投资控制额，对其进行考核，要根据竣工决算报表中所列实耗金额与概算中所列投资控制额进行比较，确定其节约或超支数额，并进一步查出节约或超支的原因。

对于建筑安装工程相关费用的取费标准，国家和各省、市、自治区都有明确规定。对突破概(预)算的各单位工程，必须查清是否有超标准计算甚至重算、多算现象。

第六章　建筑电气工程工程量清单计价

工程量清单计价是在建设工程招投标工作中，招标人或受其委托、具有相应资质的工程造价咨询人员依据国家统一的工程量计算规范编制招标工程量清单，由投标人依据招标工程量清单自主报价，并按照经评审合理低价中标的工程计价模式。

第一节　工程量清单概述

一、工程量清单的含义

工程量清单是载明建设工程分部分项工程项目、措施项目、其他项目的名称和相应数量以及规费、税金项目等内容的明细清单。其中，招标工程量清单是招标人依据国家标准、招标文件、设计文件以及施工现场实际情况编制的，随招标文件发布供投标报价的工程量清单，包括其说明和表格；已标价工程量清单是指构成合同文件组成部分的投标文件中已标明价格，经算术性错误修正(如有)且承包人已确认的工程量清单，包括其说明和表格。

二、工程量清单的特点

(1)招标工程量清单应由招标人负责编制，若招标人不具有编制工程量清单的能力，则可根据《工程造价咨询企业管理办法》(建设部第 149 号令)的规定，委托具有工程造价咨询性质的工程造价咨询人编制。

(2)招标工程量清单必须作为招标文件的组成部分，其准确性(数量不算错)和完整性(不缺项漏项)应由招标人负责。招标人应将工程量清单连同招标文件一起发(售)给投标人。投标人依据工程量清单进行投标报价时，对工程量清单不负有核实的义务，更不具有修改和调整的权力。如招标人委托工程造价咨询人编制工程量清单，其责任仍由招标人负责。

(3)招标工程量清单是工程量清单计价的基础，应作为编制招标控制价、投标报价、计算或调整工程量以及工程索赔等的依据之一。

(4)招标工程量清单应以单位(项)工程为单位编制，应由分部分项工程项目清单、措施项目清单、其他项目清单、规费和税金项目清单组成。

三、工程量清单的作用

工程量清单作为招标文件的组成部分，一个最基本的功能是作为信息的载体，为潜在的投标者提供必要的信息。除此之外，还具有以下作用：

(1)为投标者提供了一个公开、公平、公正的竞争环境。招标工程量清单由招标人统一提供，统一的工程量避免了由于计算不准确、项目不一致等人为因素造成的不公正影响，使投标者站在同一起跑线上，创造了一个公平的竞争环境。

(2)招标工程量清单是计价和评标的基础。招标工程量清单由招标人提供,无论是招标控制价还是企业投标报价的编制,都必须在招标工程量清单的基础上进行,同时,也为今后的评标奠定了基础。当然,如果发现清单有计算错误或是漏项,也可按招标文件的有关要求在中标后进行修正。

(3)为施工过程中支付工程进度款提供依据。与合同结合,已标价工程量清单为施工过程中的进度款支付提供依据。

(4)为办理工程结算、竣工结算及工程索赔提供了重要依据。

第二节　工程量清单计价方式与风险

一、计价方式

(1)使用国有资金投资的建设工程发承包,必须采用工程量清单计价。国有投资的资金包括国家融资资金、国有资金为主的投资资金。

1)国有资金投资的工程建设项目包括:

①使用各级财政预算资金的项目。

②使用纳入财政管理的各种政府性专项建设资金的项目。

③使用国有企事业单位自有资金,并且国有资产投资者实际拥有控制权的项目。

2)国家融资资金投资的工程建设项目包括:

①使用国家发行债券所筹资金的项目。

②使用国家对外借款或者担保所筹资金的项目。

③使用国家政策性贷款的项目。

④国家授权投资主体融资的项目。

⑤国家特许的融资项目。

3)国有资金为主的工程建设项目是指国有资金占投资总额50%以上,或虽不足50%但国有投资者实质上拥有控股权的工程建设项目。

(2)非国有资金投资的建设工程,《建设工程工程量清单计价规范》(GB 50500—2013)(简称"13计价规范",下同)鼓励采用工程量清单计价方式,但是否采用,由项目业主自主确定。

(3)不采用工程量清单计价的建设工程,应执行"13计价规范"中除工程量清单等专门性规定外的其他规定。

(4)实行工程量清单计价应采用综合单价法,不论分部分项工程项目、措施项目、其他项目,还是以单价形式或以总价形式表现的项目,其综合单价的组成内容均包括完成该项目所需的、除规费和税金以外的所有费用。

(5)根据《中华人民共和国安全生产法》、《中华人民共和国建筑法》、《建设工程安全生产管理条例》、《安全生产许可证条例》等法律、法规的规定,建设部办公厅印发了《建筑工程安全防护、文明施工措施费及使用管理规定》(建办[2005]89号),将安全文明施工费纳入国家强制性标准管理范围,其费用标准不予竞争,并规定"投标方安全防护、文明施工措施的报价,不得低于依据工程所在地工程造价管理机构测定费率计算所需费用总额的

90%”。2012年2月14日,财政部、国家安全生产监督管理总局印发《企业安全生产费用提取和使用管理办法》(财企[2012]16号)规定:“建设工程施工企业提取的安全费用列入工程造价,在竞标时,不得删减,列入标外管理”。

“13计价规范”规定措施项目清单中的安全文明施工费必须按国家或省级、行业建设主管部门的规定费用标准计算,招标人不得要求投标人对该项费用进行优惠,投标人也不得将该项费用参与市场竞争。此处的安全文明施工费包括《建筑安装工程费用项目组成》(建标[2013]44号)中措施费的文明施工费、环境保护费、临时设施费、安全施工费。

(6)根据住房和城乡建设部、财政部印发的《建筑安装工程费用项目组成》(建标[2013]44号)的规定,规费是政府和有关权力部门规定必须缴纳的费用。税金是国家按照税法预先规定的标准,强制地、无偿地要求纳税人缴纳的费用。两者都是工程造价的组成部分,但是其费用内容和计取标准都不是发、承包人能自主确定的,更不是由市场竞争决定的。因而,“13计价规范”规定:“规费和税金必须按国家或省级、行业建设主管部门的规定计算,不得作为竞争性费用”。

关键细节1 对发包人提供材料和机械设备的约定

《建设工程质量管理条例》第14条规定:“按照合同约定,由建设单位采购建筑材料、建筑构配件和设备的,建设单位应当保证建筑材料、建筑构配件和设备符合设计文件和合同要求”;《中华人民共和国合同法》第283条规定:“发包人未按照约定的时间和要求提供原材料、设备、场地、资金、技术资料的,承包人可以顺延工程日期,并有权要求赔偿停工、窝工等损失”。“13计价规范”根据上述法律条文对发包人提供材料和机械设备的情况进行了如下约定:

(1)发包人提供的材料和工程设备(以下简称甲供材料)应在招标文件中按照规定填写《发包人提供材料和工程设备一览表》,写明甲供材料的名称、规格、数量、单价、交货方式、交货地点等。承包人投标时,甲供材料价格应计入相应项目的综合单价中,签约后,发包人应按合同约定扣除甲供材料款,不予支付。

(2)承包人应根据合同工程进度计划的安排,向发包人提交甲供材料交货的日期计划。发包人应按计划提供。

(3)发包人提供的甲供材料如规格、数量或质量不符合合同要求,或由于发包人原因发生交货日期延误、交货地点及交货方式变更等情况的,发包人应承担由此增加的费用和(或)工期延误,并应向承包人支付合理利润。

(4)发承包双方对甲供材料的数量发生争议不能达成一致的,应按照相关工程的计价定额同类项目规定的材料消耗量计算。

(5)若发包人要求承包人采购已在招标文件中确定为甲供材料的,材料价格应由发承包双方根据市场调查确定,并应另行签订补充协议。

关键细节2 对承包人提供材料和工程设备的约定

《建设工程质量管理条例》第29条规定:“施工单位必须按照工程设计要求、施工技术标准和合同约定,对建筑材料、建筑构配件、设备和商品混凝土进行检验,检验应当有书面记录和专人签字;未经检验或者检验不合格的,不得使用”。“13计价规范”根据此法律条文对承包人提供材料和机械设备的情况进行了如下约定：

(1)除合同约定发包人提供的甲供材料外，合同工程所需的材料和工程设备应由承包人提供，承包人提供的材料和工程设备均应由承包人负责采购、运输和保管。

(2)承包人应按合同约定将采购材料和工程设备的供货人及品种、规格、数量和供货时间等提交发包人确认，并负责提供材料和工程设备的质量证明文件，满足合同约定的质量标准。

(3)对承包人提供的材料和工程设备经检测不符合合同约定的质量标准，发包人应立即要求承包人更换，由此增加的费用和(或)工期延误应由承包人承担。对发包人要求检测承包人已具有合格证明的材料、工程设备，但经检测证明该项材料、工程设备符合合同约定的质量标准，发包人应承担由此增加的费用和(或)工期延误，并向承包人支付合理利润。

二、计价风险

(1)建设工程发承包，必须在招标文件、合同中明确计价中的风险内容及其范围，不得采用无限风险、所有风险或类似语句规定计价中的风险内容及范围。

风险是一种客观存在的、会带来损失的、不确定的状态。它具有客观性、损失性、不确定性的特点，并且风险始终是与损失相联系的。工程施工发包是一种期货交易行为，工程建设本身又具有单件性和建设周期长的特点。在工程施工过程中影响工程施工及工程造价的风险因素很多，但并非所有的风险都是承包人能预测、能控制和应承担其造成损失的。

工程施工招标发包是工程建设交易方式之一，一个成熟的建设市场应是一个体现交易公平性的市场。在工程建设施工发包中实行风险共担和合理分摊原则是实现建设市场交易公平性的具体体现，是维护建设市场正常秩序的措施之一。其具体体现则是应在招标文件或合同中对发、承包双方各自应承担的风险内容及其风险范围或幅度进行界定和明确，而不能要求承包人承担所有风险或无限度风险。

根据我国工程建设特点，投标人应完全承担的风险是技术风险和管理风险，如管理费和利润；应有限度承担的是市场风险，如材料价格、施工机械使用费等的风险；应完全不承担的是法律、法规、规章和政策变化的风险。

(2)由于下列因素出现，影响合同价款调整的，应由发包人承担：

1)由于国家法律、法规、规章或有关政策出台导致工程税金、规费等发生变化的；

2)对于根据我国目前工程建设的实际情况，各省、自治区、直辖市建设行政主管部门均根据当地人力资源和社会保障行政主管部门的有关规定发布人工成本信息或人工费调整，对此关系职工切身利益的人工费进行调整的，但承包人对人工费或人工单价的报价高于发布的除外；

3)按照《中华人民共和国合同法》第63条规定："执行政府定价或者政府指导价的，在合同约定的交付期限内价格调整时，按照交付的价格计价。逾期交付标的物的，遇价格上涨时，按照原价格执行；价格下降时，按照新价格执行。逾期提取标的物或者逾期付款的，遇价格上涨时，按照新价格执行；价格下降时，按照原价格执行"。因此，对政府定价或政府指导价管理的原材料价格按照相关文件规定进行合同价款调整的。

因承包人原因导致工期延误的，应按"13计价规范"中"法律法规变化"和"物价变化"

中的有关规定进行处理。

(3)对于主要由市场价格波动导致的价格风险，如工程造价中的建筑材料、燃料等价格风险，应由发承包双方合理分摊，并按规定填写《承包人提供主要材料和工程设备一览表》作为合同附件；当合同中没有约定，发承包双方发生争议时，应按“13计价规范”的相关规定调整合同价款。

“13计价规范”中提出承包人所承担的材料价格的风险宜控制在5%以内，施工机械使用费的风险可控制在10%以内，超过者予以调整。

(4)由于承包人使用机械设备、施工技术以及组织管理水平等自身原因造成施工费用增加的，应由承包人全部承担。

(5)当不可抗力发生，影响合同价款时，应按“13计价规范”中“不可抗力”的相关规定处理。

第三节　工程计量

一、工程量计算的依据

建筑电气工程工程量计算，除应依据《通用安装工程工程量计算规范》(GB 50856—2013)的各项规定外，尚应依据以下规定：

(1)经审定通过的施工设计图纸及设计说明。设计施工图是计算工程量的基础资料，因为施工图纸反映工程的构造和各部位尺寸，是计算工程量的基本依据。在取得施工图和设计说明等资料后，必须全面、细致地熟悉和核对有关图纸和资料，检查图纸是否齐全、正确。如果发现设计图纸有错漏或相互间有矛盾，应及时向设计人员提出修正意见，予以更正。经过审核、修正后的施工图才能作为计算工程量的依据。

(2)经审定通过的施工组织设计或施工方案。计算工程量时，还必须参照施工组织设计或施工技术措施方案进行。例如计算土方工程量仅仅依据施工图是不够的，因为施工图上并未标明实际施工场地土壤的类别以及施工中是否采取放坡或是否用挡土板的方式进行。对这类问题就需要借助于施工组织设计或者施工技术措施予以解决。

计算工程量中有时还要结合施工现场的实际情况进行。

(3)经审定通过的其他有关技术经济文件。

二、工程计量规定

(1)正确的计量是发包人向承包人支付合同价款的前提和依据，因此“13计价规范”中规定：“工程量必须按照相关工程现行国家计量规范规定的工程量计算规则计算”。这就明确了不论采用何种计价方式，其工程量必须按照专业工程现行国家计量规范规定的工程量计算规则计算。采用统一的工程量计算规则，对于规范工程建设各方的计量计价行为，有效减少计量争议具有十分重要的意义。

(2)选择恰当的工程计量方式对于正确计量是十分必要的。由于工程建设具有投资大、周期长等特点，因而“13计价规范”中规定：“工程计量可选择按月或按工程形象进度分段计量，当采用分段结算方式时，应在合同中约定具体的工程分段划分界限”。按工程形象进度分段计量与按月计量相比，其计量结果更具稳定性，可以简化竣工结算。但应注意工程形象进度分段的时间应与按月计量保持一定关系，不应过长。

(3)因承包人原因造成的超出合同工程范围施工或返工的工程量，发包人不予计量。

(4)成本加酬金合同应按单价合同的规定计量。

(5)工程计量时每一项目汇总的有效位数应遵守下列规定：

1)以“t”为单位，应保留小数点后三位数字，第四位四舍五入。

2)以“m^3”、“m^2”、“m”、“kg”为单位，应保留小数点后两位数字，第三位小数四舍五入。

3)以“个”、“件”、“根”、“组”、“系统”为单位，应取整数。

(6)工程计量时，若《通用安装工程工程量计算规范》(GB 50856—2013)附录对电气设备安装工程项目的工作内容进行了规定，除另有规定和说明外，应视为已经包括完成该项目的全部工作内容，未列内容或未发生，不应另行计算；若《通用安装工程工程量计算规范》(GB 50856—2013)附录电气设备安装工程项目工作内容列出了主要施工内容，施工过程中必然发生的机械移动、材料运输等辅助内容虽然未列出，但应包括；对于《通用安装工程工程量计算规范》(GB 50856—2013)附录中以成品考虑的电气设备安装项目，如采用现场制作的，应包括制作的工作内容。

关键细节3 单价合同的工程计量规定

(1)招标工程量清单标明的工程量是招标人根据拟建工程设计文件预计的工程量，不能作为承包人在实际工作中应予完成的实际和准确的工程量。招标工程量清单所列的工程量，一方面是各投标人进行投标报价的共同基础；另一方面也是对各投标人的投标报价进行评审的共同平台，是招投标活动应当遵循公开、公平、公正和诚实、信用原则的具体体现。

发承包双方竣工结算的工程量应以承包人按照现行国家计量规范规定的工程量计算规则计算的实际完成应予计量的工程量确定，而非招标工程量清单所列的工程量。

(2)施工中进行工程计量，当发现招标工程量清单中出现缺项、工程量偏差，或因工程变更引起工程量增减时，应按承包人在履行合同义务中完成的工程量计算。

(3)承包人应当按照合同约定的计量周期和时间向发包人提交当期已完工程量报告。发包人应在收到报告后7天内核实，并将核实计量结果通知承包人。发包人未在约定时间内进行核实的，承包人提交的计量报告中所列的工程量应视为承包人实际完成的工程量。

(4)发包人认为需要进行现场计量核实时，应在计量前24h通知承包人，承包人应为计量提供便利条件并派人参加。当双方均同意核实结果时，双方应在上述记录上签字确认。承包人收到通知后不派人参加计量，视为认可发包人的计量核实结果。发包人不按照约定时间通知承包人，致使承包人未能派人参加计量，计量核实结果无效。

(5)当承包人认为发包人核实后的计量结果有误时，应在收到计量结果通知后的7天内向发包人提出书面意见，并应附上其认为正确的计量结果和详细的计算资料。发包人收到书面意见后，应在7天内对承包人的计量结果进行复核后通知承包人。承包人对复核计量结果仍有异议的，按照合同约定的争议解决办法处理。

(6)承包人完成已标价工程量清单中每个项目的工程量并经发包人核实无误后，发承包双方应对每个项目的历次计量报表进行汇总，以核实最终结算工程量，并应在汇总表上签字确认。

关键细节 4　总价合同的工程计量规定

(1)由于工程量是招标人提供的,招标人必须对其准确性和完整性负责,且工程量必须按照相关工程现行国家计量规范规定的工程量计算规则计算,因而,对于采用工程量清单方式形成的总价合同,若招标工程量清单中工程量与合同实施过程中的工程量存在差异时,都应按上述“单价合同的工程计量”中的相关规定进行调整。

(2)采用经审定批准的施工图纸及其预算方式发包形成的总价合同,由于承包人自行对施工图纸进行计量,因此,除按照工程变更规定引起的工程量增减外,总价合同各项目的工程量是承包人用于结算的最终工程量。

(3)总价合同约定的项目计量应以合同工程经审定批准的施工图纸为依据,发承包双方应在合同中约定工程计量的形象目标或时间节点进行计量。

(4)承包人应在合同约定的每个计量周期内对已完成的工程进行计量,并向发包人提交达到工程形象目标完成的工程量和有关计量资料的报告。

(5)发包人应在收到报告后 7 天内对承包人提交的上述资料进行复核,以确定实际完成的工程量和工程形象目标。对其有异议的,应通知承包人进行共同复核。

第四节　建筑电气工程工程量清单编制

一、一般规定

(1)招标工程量清单应由具有编制能力的招标人或受其委托、具有相应资质的工程造价咨询人编制。

(2)招标工程量清单必须作为招标文件的组成部分,其准确性和完整性应由招标人负责。

(3)招标工程量清单是工程量清单计价的基础,应作为编制招标控制从、投标报价、计算或调整工程量、索赔等的依据之一。

(4)招标工程量清单应以单位(项)工程为单位编制,应由分部分项工程项目清单、措施项目清单、其他项目清单、规费和税金项目清单组成。

(5)编制招标工程量清单应依据:

1)“13 计价规范”和相关工程的国家计量规范。

2)国家或省级、行业建设主管部门颁发的计价定额和办法。

3)建设工程设计文件及相关资料。

4)与建设工程有关的标准、规范、技术资料。

5)拟定的招标文件。

6)施工现场情况、地勘水文资料、工程特点及常规施工方案。

7)其他相关资料。

二、分部分项工程项目

1. 一般要求

(1)分部分项工程项目清单必须载明项目编码、项目名称、项目特征、计量单位和工程量。这是构成一个分部分项工程项目清单的五个要件，在分部分项工程项目清单的组成中缺一不可。

(2)分部分项工程项目清单必须根据专业工程现行国家计量规范规定的项目编码、项目名称、项目特征、计量单位和工程量计算规则进行编制。

2. 分部分项工程项目清单编制

分部分项工程是将建设工程物理肢解为单元产品的结果。分部分项工程项目的划分是以形成工程实体为原则，各相关工程现行国家计量规范附录中列出了各专业常规的分部分项工程项目。其中电气设备安装分部分项工程清单项目及工程量计算规则属于《通用安装工程工程量计算规范》(GB 50856—2013)附录D的内容。

电气设备安装分部分项工程项目清单是由清单编制人按照《通用安装工程工程量计算规范》(GB 50856－2013)附录D规定的项目编码、项目名称、项目特征、计量单位和工程量计算规则进行编制。所编制的清单应能反映影响工程造价的全部因素，以便投标人和招标控制价编制人对该项目有一个非常清楚的了解，从而达到能准确分析综合单价的目的。分部分项工程量清单编制有两部分内容，一是清单项目设置；二是清单工程量计算。

关键细节5　分部分项工程项目清单项目设置

分部分项工程项目清单项目设置的内容包括项目名称开列、项目编码套用和项目特征描述。项目名称是物理肢解工程项目的结果，项目编码是为了规范市场、方便查询，项目特征是对单元产品要求的描述。

项目名称应结合工程的实际情况，套用相关工程现行国家计量规范附录中的项目名称，也可以按照相关工程现行国家计量规范附录中的项目名称并结合某些项目特征确定。分部分项工程量清单的项目编码，应采用十二位阿拉伯数字表示。一至九位应按附录的规定设置，十至十二位应根据拟建工程的工程量清单项目名称设置，同一标段的招标工程项目编码不得有重码。项目特征是用来描述清单项目的，通过对项目特征的描述，反映出需求者对工程项目具体的要求。

关键细节6　分部分项工程项目清单工程量计算

工程量是工程数量的简称。工程量是以物理计量单位或自然计量单位表示的各个具体工程的数量。招标人计算的清单工程量是购货量，投标人计算的工程量则是加工量，它们具有不同的概念。需要注意的是，工程量的计算涉及计量单位和各项目之间的有关边界问题，不同的造价文件编制依据具有相应的工程量计算规则，如清单工程量计算规则、统一定额的工程量计算规则、企业定额的工程量计算规则均不同，不能混用。

在各专业工程现行国家计量规范附录中，每个清单项目均给出了计量单位和工程量计算规则，这是计算清单工程量的依据。清单工程量计算规则的总体思想是按照图示尺寸计算。

电气设备安装工程涉及的专业多，内容广泛、复杂，但各专业的工艺规律是用管线将各种设备连接为系统。因此，工程量的计算就可以归纳为设备(包括附件等)和管线的计算，设备工程量通常以自然计量单位计算，管线工程量通常以物理计量单位计算。计算工程量时，除了熟悉和了解相应的专业知识以外，为了方便工程量的计算，做到不重算、不漏项，将整个系统分解为各个小系统计算工程量是非常有效的，合理的系统分解常常可以达到事半功倍的效果。具体的分解方法根据实际工程的不同而不同，一般地，电气设备安装工程常按照回路分解系统。

关键细节7　分部分项工程项目清单编制程序

(1)根据设计要求，将拟建工程分解为各相关工程现行国家计量规范附录中对应的清单项目，套用项目名称，选取相应的项目编码(此为9位数)，根据符合该清单项目不同种类或规格的特征，按一定顺序补充后3位编码(一般自001开始)，共计12位数字。

(2)按照各专业工程现行国家计量规范附录中的计量单位和工程量计算规则计算清单工程量。

(3)完成上述工作后，即可填写分部分项工程项目清单。本书中项目名称直接套用规范，然后根据设计和使用要求，按照各相关工程现行国家计量规范附录中该清单项目中的"项目特征"进行项目的特征描述。

(4)工程量清单编制只须遵守计价规范即可，与定额无关。

关键细节8　分部分项工程项目清单编制注意事项

(1)提供综合单价分析的项目。对于某些造价较高、工程量较大或对本工程项目影响较大的清单项目，招标文件可以要求投标人对其综合单价提供分析数据，避免出现过多过滥的分析项目或分析表，造成既无重点，也无法分析比较情况。

(2)提供主要材料设备单价的项目。对于某些不是由招标人提供的主要材料设备，为了便于比较和分析，在编制分部分项工程量清单项目时，可以要求投标人提供"主要材料设备单价"。

(3)指定或暂定主要材料设备单价的项目。由招标人提供的主要材料设备，或因设计无法确定规格、品种、型号等要求而采用暂定单价的项目，在编制分部分项工程量清单项目时，可以列出指定或暂定的主要材料设备的名称与单价清单。指定或暂定单价的材料设备，招标文件中应说明其交接的地点与方式及投标人应完成的工作。

由招标人指定单价的部分(即招标人提供的材料设备)不宜过多，过多的指定单价项目将影响投标人的投标积极性。招标人供应材料设备(提供指定单价)，就必须承担相应的运输、仓储、保管等的责任，也必须保证其质量和数量，并按工程进度要求准时到达工地。因此，招标人不应一味追求表面利益，而不综合考虑上述因素。

三、措施项目

1. 一般规定

(1)措施项目清单必须根据相关工程现行国家计量规范的规定编制。

(2)由于工程建设施工特点和承包人组织施工生产的施工装备水平、施工方案及施工管理水平的差异，同一工程由不同承包人组织施工采用的施工技术措施也不完全相同，因此，措施项目清单应根据拟建工程的实际情况列项。

2. 措施项目清单的类别

措施项目费用的发生与使用时间、施工方法或者两个以上的工序相关，并与实际完成的实体工程量的大小关系不大，如大中型机械进出场及安拆、安全文明施工和安全防护、临时设施等，但是有些非实体项目则是可以计算工程量的项目，典型的是混凝土浇筑的模板工程，与完成的工程实体具有直接关系，并且是可以精确计量的项目，用分部分项工程项目清单的方式采用综合单价，更有利于措施费的确定和调整。措施项目中可以计算工程量的项目清单宜采用分部分项工程项目清单的方式编制，列出项目编码、项目名称、项目特征、计量单位和工程量计算规则；不能计算工程量的项目清单，以“项”为计量单位进行编制。

关键细节9 措施项目清单编制注意事项

(1)措施项目清单应体现招标人的要求。通常情况下招标人对工程项目的施工会有一定的要求。在市区内施工，招标人会对噪声控制、粉尘控制、夜间施工、安全保护等提出要求。又如有些项目的现场，地上地下管线较多、距周边建筑(构筑物)又较近，则招标人要确切知道投标人对地下地上管线的保护，对临近建筑(构筑物)的保护，对过往行人车辆的保护，甚至施工现场内主要通道行人、车辆的保护等所采取的措施等。招标人也可能为了体现工程项目的整体形象对文明工地提出要求，如工地围墙、大门(包括装饰、旗杆)、场内场地及道路的要求等。

(2)措施项目清单应表达招标人的需求。

(3)需投标人作分析的措施项目：措施项目一般为投标人包干，但如果某些项目有可能发生变化，或因其价值较大，招标人须了解其价格组成，因此，在措施项目清单中，应列明要求投标人作价格分析的项目。

招标人(招标代理机构)应根据工程特点，对有可能因各种情况变化而影响措施项目价格的项目，应提出计量单位并要求投标人填报综合单价，复杂者要求作综合单价分析；项目金额较大，报价组成复杂的，应要求其提供类似的工程量清单报价表。总之，不能简单以“项”作为计量单位要求投标人作报价。

措施项目清单被称为开口清单，允许投标人合理增加项目，但是招标文件应当规定这些增加的项目需要在技术标中给予足够的说明。措施项目费一经报出，即被认为是包括了所有应该发生的措施项目的全部费用。如果在措施项目清单报价表中没有列项，且施工中又必须发生的项目，招标人有权认为其已经综合在分部分项工程量清单的综合单价中。

四、其他项目

其他项目清单是指分部分项工程量清单、措施项目清单所包含的内容以外，因招标人的特殊要求而发生的与拟建工程有关的其他费用项目和相应数量的清单。

(1)其他项目清单宜按照下列内容列项：

1)暂列金额。暂列金额是招标人在工程量清单中暂定并包括在合同价款中的一笔款项。清单计价规范中明确规定暂列金额用于施工合同签订时，尚未确定或者不可预见的所需材料、设备、服务的采购，施工中可能发生的工程变更、合同约定调整因素出现时的工程价款调整以及发生的索赔、现场签证确认等的费用。

不管采用何种合同形式，工程造价理想的标准是，一份合同的价格就是其最终的竣工结算价格，或者至少两者应尽可能接近。我国规定对政府投资工程实行概算管理，经项目审批部门批复的设计概算是工程投资控制的刚性指标，即使商业性开发项目也有成本的预先控制问题；否则，无法相对准确预测投资的收益和科学合理地进行投资控制。但工程建设自身的特性决定了工程的设计需要根据工程进展不断地进行优化和调整，业主需求可能会随工程建设进展出现变化，工程建设过程还会存在一些不能预见、不能确定的因素。消化这些因素必然会影响合同价格的调整，暂列金额正是为这类不可避免的价格调整而设立，以便达到合理确定和有效控制工程造价的目标。

另外，暂列金额列入合同价格不等于就属于承包人所有了，即使是总价包干合同，也不等于列入合同价格的所有金额就属于承包人，是否属于承包人应得金额取决于具体的合同约定，只有按照合同约定程序实际发生后，才能成为承包人的应得金额，纳入合同结算价款中。扣除实际发生金额后的暂列金额余额仍属于发包人所有。设立暂列金额并不能保证合同结算价格就不会再出现超过合同价格的情况，是否超出合同价格完全取决于工程量清单编制人暂列金额预测的准确性，以及工程建设过程是否出现了其他事先未预测到的事件。

例：某工程量清单中给出的暂列金额及拟用项目，见表 6-1。投标人只需要直接将工程量清单中所列的暂列金额纳入投标总价，并且不需要在工程量清单中所列的暂列金额以外再考虑任何其他费用。

表 6-1　　暂列金额明细表

工程名称：　　标段：　　第　页共　页

序号	项　目　名　称	计量单位	暂定金额(元)	备　注
1	图纸中已经标明可能位置，但未最终确定是否需要的主入口处的钢结构雨篷工程的安装工作	项	500000.00	此部分的设计图纸有待进一步完善
2	其他	项	60000.00	
3				
合　计			560000.00	—

2)暂估价。暂估价是指招标阶段直至签订合同协议时，招标人在招标文件中提供的用于支付必然发生，但暂时不能确定价格的材料以及专业工程的金额。暂估价包括材料暂估单价、工程设备暂估单价和专业工程暂估价。暂估价类似于 FIDIC 合同条款中的 Prime Cost Items，在招标阶段预见肯定要发生，只是因为标准不明确或者需要由专业承包人完成，暂时无法确定价格。暂估价数量和拟用项目应当结合工程量清单中的“暂估价表”予以补充说明。

为方便合同管理，需要纳入分部分项工程项目清单综合单价中的暂估价应只是材料费、工程设备费，以方便投标人组价。

专业工程的暂估价一般应是综合暂估价，应当包括除规费和税金以外的管理费、利润等取费。总承包招标时，专业工程设计深度往往是不够的，一般需要交由专业设计人设计，国际上，出于提高可建造性考虑，一般由专业承包人负责设计，以发挥其专业技能和专业施工经验的优势。这类专业工程交由专业分包人完成是国际工程的良好实践，目前在我国工程建设领域也已经比较普遍。公开透明地合理确定这类暂估价的实际开支金额的最佳途径，就是通过施工总承包人与工程建设项目招标人共同组织的招标。

例：某工程材料和专业工程暂估价项目及其暂估价清单见表6-2和表6-3。

表6-2　材料(工程设备)暂估单价及调整表

工程名称：　　　　　　　　　　标段：　　　　　　　　　　第　页共　页

序号	材料(工程设备)名称、规格、型号	计量单位	数量		暂估(元)		确认(元)		差额±(元)		备注
			暂估	确认	单价	合价	单价	合价	单价	合价	
2	低压开关柜(CGD190380/220V)	台	2		38000.00	76000.00					用于低压开关柜安装项目
2											
3											
合计						76000.00					

表6-3　专业工程暂估价及结算价表

工程名称：　　　　　　　　　　标段：　　　　　　　　　　第　页共　页

序号	工程名称	工程内容	暂估金额(元)	结算金额(元)	差额±(元)	备注
1	消防工程	合同图纸中标明的以及工程规范和技术说明中规定的各系统，包括但不限于消火栓系统、消防游泳池供水系统、水喷淋系统、火灾自动报警系统及消防联动系统中的设备、管道、阀门、线缆等的供应、安装和调试工作	760000.00			
合计			760000.00			

3)计日工。计日工是为解决现场发生的零星工作的计价而设立的，其为额外工作和变更的计价提供了一个方便快捷的途径。计日工适用的所谓零星工作一般是指合同约定之外的或者因变更而产生的、工程量清单中没有相应项目的额外工作，尤其是那些时间不允许事先商定价格的额外工作。计日工以完成零星工作所消耗的人工工时、材料数量、机械台班进行计量，并按照计日工表中填报的适用项目的单价进行计价支付。

国际上常见的标准合同条款中，大多数都设立了计日工(Daywork)计价机制。但在我国以往的工程量清单计价实践中，由于计日工项目的单价水平一般要高于工程量清单项目的单价水平，因而经常被忽略。从理论上讲，由于计日工往往是用于一些突发性的额外工作,缺少计划性,承包人在调动施工生产资源方面难免不影响已经计划好的工作,生产资源的使用效率也有一定的降低,客观上造成超出常规的额外投入。另外,其他项目清单中计日工往往是一个暂定的数量,其无法纳入有效的竞争。所以合理的计日工单价水平一定是要高于工程量清单的价格水平的。为获得合理的计日工单价,发包人在其他项目清单中对计日工一定要给出暂定数量,并需要根据经验尽可能估算一个较接近实际的数量。

4)总承包服务费。总承包服务费是为了解决招标人在法律、法规允许的条件下进行专业工程发包,以及自行供应材料、设备,并需要总承包人对发包的专业工程提供协调和配合服务,对供应的材料、设备提供收、发和保管服务以及进行施工现场管理时发生,并向总承包人支付的费用。招标人应预计该项费用并按投标人的投标报价向投标人支付该项费用。

(2)为保证工程施工建设的顺利实施,投标人在编制招标工程量清单时应对施工过程中可能出现的各种不确定因素对工程造价的影响进行估算,列出一笔暂列金额。暂列金额可根据工程的复杂程度、设计深度、工程环境条件(包括地质、水文、气候条件等)进行估算,一般可按分部分项工程费的10%～15%作为参考。

(3)暂估价中的材料、工程设备暂估单价应根据工程造价信息或参照市场价格估算,列出明细表;专业工程暂估价应分不同专业,按有关计价规定估算,列出明细表。

(4)计日工应列出项目名称、计量单位和暂估数量。

(5)总承包服务费应列出服务项目及其内容等。

(6)出现上述第(1)条中未列的项目,应根据工程实际情况补充。如办理竣工结算时就需将索赔及现场鉴证列入其他项目中。

关键细节10　其他项目清单编制注意事项

工程建设项目建设标准的高低、工程的复杂程度、工期长短、组成内容等直接影响其他项目清单中的具体内容。其他项目清单中由招标人填写的内容随招标文件发至投标人或招标控制价编制人,其项目、数量、金额等不得随意改动。由投标人填写的部分必须进行报价,如果不报价,招标人有权认为投标人就未报价内容将无偿为自己服务。当投标人认为招标人列项不全时,投标人可自行增加列项并确定本项目的工程数量及报价。

其他项目清单中的总承包服务费与工程分包及发包人供应材料具有密切关系,招标文件应全面明示这些情况。另外,在使用我国现行施工合同示范文本,如果对通用合同条款有关"费用"条款进行修改,将其调整纳入投标报价范围,这一调整应在其他项目清单中体现。

五、规费

1. 规费的含义

规费是根据省级政府或省级有关权力部门规定必须缴纳的,应计入建筑安装工程造价的费用。根据住房和城乡建设部、财政部"关于印发《建筑安装工程费用项目组成》的通知"(建标[2013]44号)的规定,规费主要包括社会保险费、住房公积金、工程排污费,其中社会保险费包括养老保险费、医疗保险费、失业保险费、工伤保险费和生育保险费;税金主要包括营业税、城市维护建设税、教育费附加和地方教育附加。规费作为政府和有关权力部门规定必须缴纳的费用,政府和有关权力部门可根据形势发展的需要,对规费项目进行调整，因此，清单编制人对《建筑安装工程费用项目组成》中未包括的规费项目，在编制规费项目清单时应根据省级政府或省级有关权力部门的规定列项。

2. 规费列项

规费项目清单应按照下列内容列项：

(1)社会保险费：包括养老保险费、失业保险费、医疗保险费、工伤保险费、生育保险费。

(2)住房公积金。

(3)工程排污费。

3. 规费项目调整

相对于《建设工程工程量清单计价规范》(GB 50500—2008)(简称"08计价规范"，下同)，"13计价规范"对规费项目清单进行了以下调整：

(1)根据《中华人民共和国社会保险法》的规定，将"08计价规范"使用的"社会保障费"更名为"社会保险费"，将"工伤保险费、生育保险费"列入社会保险费。

(2)根据十一届全国人大常委会第20次会议将《中华人民共和国建筑法》第四十八条由"建筑施工企业必须为从事危险作业的职工办理意外伤害保险，支付保险费"修改为"建筑施工企业应当依法为职工参加工伤保险缴纳工伤保险费。鼓励企业为从事危险作业的职工办理意外伤害保险，支付保险费"。由于《建筑法》将意外伤害保险由强制改为鼓励，因此，"13计价规范"中规费项目增加了工伤保险费，删除了意外伤害保险，将其列入企业管理费中列支。

(3)根据《财政部、国家发展改革委关于公布取消和停止征收100项行政事业性收费项目的通知》(财综[2008]78号)的规定，工程定额测定费从2009年1月1日起取消，停止征收。因此，"13计价规范"中规费项目取消了工程定额测定费。

六、税金

根据住房和城乡建设部、财政部"关于印发《建筑安装工程费用项目组成》的通知"(建标[2013]44号)的规定，目前我国税法规定应计入建筑安装工程造价的税种包括营业税、城市建设维护税、教育费附加和地方教育附加。如国家税法发生变化，税务部门依据职权增加了税种，应对税金项目清单进行补充。

税金项目清单应按下列内容列项：

(1)营业税。

(2)城市维护建设税。

(3)教育费附加。

(4)地方教育附加。

根据《财政部关于统一地方教育政策有关内容的通知》(财综[2011]98号)的有关规定，"13计价规范"相对于"08计价规范"，在税金项目增列了地方教育附加项目。

第五节　建筑电气工程清单计价编制

一、招标控制价编制

招标控制价是招标人根据国家或省级、行业建设主管部门颁发的有关计价依据和办法，按设计施工图纸计算的，对招标工程限定的最高工程造价。国有资金投资的工程建设项目必须实行工程量清单招标，并必须编制招标控制价。

1. 招标控制价的作用

(1)我国对国有资金投资项目的是投资控制实行的投资概算审批制度，国有资金投资的工程原则上不能超过批准的投资概算。因此，在工程招标发包时，当编制的招标控制价超过批准的概算，招标人应当将其报原概算审批部门重新审核。

(2)国有资金投资的工程进行招标，根据《中华人民共和国招标投标法》的规定，招标人可以设标底。当招标人不设标底时，为有利于客观、合理的评审投标报价和避免哄抬标价，造成国有资产流失，招标人必须编制招标控制价。

(3)国有资金投资的工程，招标人编制并公布的招标控制价相当于招标人的采购预算，同时要求其不能超过批准的概算，因此，招标控制价是招标人在工程招标时能接受投标人报价的最高限价。

2. 招标控制价编制人员

招标控制价应由具有编制能力的招标人编制，当招标人不具有编制招标控制价的能力时，可委托具有相应资质的工程造价咨询人编制。工程造价咨询人接受招标人委托编制招标控制价，不得再就同一工程接受投标人委托编制投标报价。

所谓具有相应工程造价咨询资质的工程造价咨询人是指根据《工程造价咨询企业管理办法》(建设部令第149号)的规定，依法取得工程造价咨询企业资质，并在其资质许可的范围内接受招标人的委托，编制招标控制价的工程造价咨询企业。即取得甲级工程造价咨询资质的咨询人可承担各类建设项目的招标控制价编制，取得乙级(包括乙级暂定)工程造价咨询资质的咨询人，则只能承担5000万元以下的招标控制价的编制。

3. 招标控制价编制规定

(1)招标控制价的作用决定了招标控制价不同于标底，无须保密。为体现招标的公平、公正，防止招标人有意抬高或压低工程造价，招标人应在招标文件中如实公布招标控制价，不得对所编制的招标控制价进行上浮或下调。招标人在招标文件中公布招标控制价时，应公布招标控制价各组成部分的详细内容，不得只公布招标控制价总价。

(2)招标人应将招标控制价及有关资料报送工程所在地或有该工程管辖权的行业管理部门工程造价管理机构备查。

4. 招标控制价编制依据

(1)“13计价规范”。

(2)国家或省级、行业建设主管部门颁发的计价定额和计价办法。

(3)建设工程设计文件及相关资料。

(4)拟定的招标文件及招标工程量清单。

(5)与建设项目相关的标准、规范、技术资料。

(6)施工现场情况、工程特点及常规施工方案。

(7)工程造价管理机构发布的工程造价信息，当工程造价信息没有发布时，参照市场价。

(8)其他的相关资料。

按上述依据进行招标控制价编制，应注意以下事项：

(1)使用的计价标准、计价政策应是国家或省、自治区、直辖市建设行政主管部门或行业建设主管部门颁布的计价定额和计价方法；

(2)采用的材料价格应是工程造价管理机构通过工程造价信息发布的材料单价，工程造价信息未发布材料单价的材料，其材料价格应通过市场调查确定；

(3)国家或省、自治区、直辖市建设行政主管部门或行业建设主管部门对工程造价计价中费用或费用标准有规定的，应按规定执行。

关键细节11 招标控制价的编制方法

(1)综合单价中应包括招标文件中划分的应由投标人承担的风险范围及其费用。招标文件中没有明确的，如是工程造价咨询人编制，应提请招标人明确；如是招标人编制，应予明确。

(2)分部分项工程和措施项目中的单价项目，应根据拟定的招标文件和招标工程量清单项目中的特征描述及有关要求确定综合单价计算。招标文件中提供了暂估单价的材料，按暂估的单价计入综合单价。

(3)措施项目中的总价项目应根据拟定的招标文件和常规施工方案采用综合单价计价。措施项目中的安全文明施工费必须按国家或省级、行业建设主管部门的规定计算，不得作为竞争性费用。

(4)其他项目费应按下列规定计价：

1)暂列金额。暂列金额应按招标工程量清单中列出的金额填写。

2)暂估价。暂估价包括材料暂估单价、工程设备暂估单价和专业工程暂估价。暂估价中的材料、工程设备单价应根据招标工程量清单列出的单价计入综合单价。

3)计日工。计日工包括计日工人工、材料和施工机械。在编制招标控制价时，对计日工中的人工单价和施工机械台班单价应按省级、行业建设主管部门或其授权的工程造价管理机构公布的单价计算；材料应按工程造价管理机构发布的工程造价信息中的材料单价计算，工程造价信息未发布材料单价的材料，其价格应按市场调查确定的单价计算。

4)总承包服务费。招标人编制招标控制价时，总承包服务费应根据招标文件中列出的内容和向总承包人提出的要求，按照省级或行业建设主管部门的规定或参照下列标准计算：

①招标人仅要求对分包的专业工程进行总承包管理和协调时，按分包的专业工程估算造价的1.5%计算。

②招标人要求对分包的专业工程进行总承包管理和协调，并同时要求提供配合服务时，根据招标文件中列出的配合服务内容和提出的要求，按分包的专业工程估算造价的3%～5%计算。

③招标人自行供应材料的，按招标人供应材料价值的1%计算。

(5)招标控制价的规费和税金必须按国家或省级、行业建设主管部门的规定计算。

关键细节12 招标控制价的投诉与处理

(1)投标人经复核认为招标人公布的招标控制价未按照“13计价规范”的规定进行编

制的，应在招标控制价公布后5天内向招投标监督机构和工程造价管理机构投诉。

(2)投诉人投诉时，应当提交由单位盖章和法定代表人或其委托人签名或盖章的书面投诉书。投诉书应包括下列内容：

1)投诉人与被投诉人的名称、地址及有效联系方式。

2)投诉的招标工程名称、具体事项及理由。

3)投诉依据及有关证明材料。

4)相关的请求及主张。

(3)投诉人不得进行虚假、恶意投诉，阻碍招投标活动的正常进行。

(4)工程造价管理机构在接到投诉书后应在2个工作日内进行审查，对有下列情况之一的，不予受理：

1)投诉人不是所投诉招标工程招标文件的收受人。

2)投诉书提交的时间不符合上述第(1)条规定的。

3)投诉书不符合上述第(2)条规定的。

4)投诉事项已进入行政复议或行政诉讼程序的。

(5)工程造价管理机构应在不迟于结束审查的次日将是否受理投诉的决定书面通知投诉人、被投诉人，以及负责该工程招投标监督的招投标管理机构。

(6)工程造价管理机构受理投诉后，应立即对招标控制价进行复查，组织投诉人、被投诉人或其委托的招标控制价编制人等单位人员对投诉问题逐一核对。有关当事人应当予以配合，并应保证所提供资料的真实性。

(7)工程造价管理机构应当在受理投诉的10天内完成复查，特殊情况下可适当延长，并做出书面结论通知投诉人、被投诉人及负责该工程招投标监督的招投标管理机构。

(8)当招标控制价复查结论与原公布的招标控制价误差大于±3%时，应当责成招标人改正。

(9)招标人根据招标控制价复查结论需要重新公布招标控制价的，其最终公布的时间至招标文件要求提交投标文件截止时间不足15天的，应相应延长投标文件的截止时间。

二、投标报价编制

1. 一般规定

(1)投标价应由投标人或受其委托具有相应资质的工程造价咨询人编制。

(2)投标价中除"13计价规范"中规定的规费、税金及措施项目清单中的安全文明施工费应按国家或省级、行业建设主管部门的规定计价，不得作为竞争性费用外，其他项目的投标报价由投标人自主决定。

(3)投标人的投标报价不得低于工程成本。《中华人民共和国反不正当竞争法》第11条规定："经营者不得以排挤竞争对手为目的，以低于成本的价格销售商品"。《中华人民共和国招标投标法》第41规定："中标人的投标应当符合下列条件……(二)能够满足招标文件的实质性要求，并且经评审的投标价格最低；但是投标价格低于成本的除外"。《评标委员会和评标方法暂行规定》(国家计委等七部委第12号令)第21条规定："在评标过程中，评标委员会发现投标人的报价明显低于其他投标报价或者在设有标底时明显低于标底的，使得其投标报价可能低于其个别成本的，应当要求该投标人做出书面说明并提供相关证明材料。投标人不能合理说明或者不能提供相关证明材料的，由评标委员会认定该投标人以低于成本报价竞标，其投标应作废标处理”。

(4)实行工程量清单招标，招标人在招标文件中提供工程量清单，其目的是使各投标人在投标报价中具有共同的竞争平台。因此，要求投标人必须按招标工程量清单填报价格，工程量清单的项目编码、项目名称、项目特征、计量单位、工程数量必须与招标人招标文件中提供的招标工程量清单一致。

(5)根据《中华人民共和国政府采购法》第36条规定：“在招标采购中，出现下列情形之一的，应予废标……(三)投标人的报价均超过了采购预算，采购人不能支付的”。《中华人民共和国招标投标法实施条例》第51条规定：“有下列情形之一者，评标委员会应当否决其投标：……(五)投标报价低于成本或者高于招标文件设定的最高投标限价”。对于国有资金投资的工程，其招标控制价相当于政府采购中的采购预算，且其定义就是最高投标限价，因此投标人的投标报价不能高于招标控制价；否则，应予废标。

2. 投标报价的编制依据

(1)“13计价规范”。

(2)国家或省级、行业建设主管部门颁发的计价办法。

(3)企业定额，国家或省级、行业建设主管部门颁发的计价定额和计价办法。

(4)招标文件、招标工程量清单及其补充通知、答疑纪要。

(5)建设工程设计文件及相关资料。

(6)施工现场情况、工程特点及投标时拟定的施工组织设计或施工方案。

(7)与建设项目相关的标准、规范等技术资料。

(8)市场价格信息或工程造价管理机构发布的工程造价信息。

(9)其他的相关资料。

关键细节13 投标报价的编制方法

(1)综合单价中应考虑招标文件中要求投标人承担的风险内容及其范围(幅度)产生的风险费用，招标文件中没有明确的，应提请招标人明确。在施工过程中，当出现的风险内容及其范围(幅度)在合同约定的范围内时，合同价款不作调整。

(2)分部分项工程和措施项目中的单价项目，应根据招标文件和招标工程量清单项目中的特征描述确定综合单价。招标工程量清单的项目特征描述是确定分部分项工程和措施项目中的单价的重要依据之一，投标人投标报价时应依据招标工程量清单项目的特征描述确定清单项目的综合单价。招投标过程中，当出现招标工程量清单项目特征描述与设计图纸不符时，投标人应以招标工程量清单的项目特征描述为准，确定投标报价的综合单价。当施工中施工图纸或设计变更与招标工程量清单的项目特征描述不一致时，发承包双方应按实际施工的项目特征，依据合同约定重新确定综合单价。

招标文件中提供了暂估单价的材料，应按暂估的单价计入综合单价；综合单价中应考虑招标文件中要求投标人承担的风险内容及其范围(幅度)产生的风险费用。在施工过程中，当出现的风险内容及其范围(幅度)在合同约定的范围内时，工程价款不做调整。

(3)投标人可根据工程实际情况并结合施工组织设计,对招标人所列的措施项目进行增补。由于各投标人拥有的施工装备、技术水平和采用的施工方法有所差异,招标人提出的措施项目清单是根据一般情况确定的,没有考虑不同投标人的"个性",投标人投标时应根据自身编制的投标施工组织设计或施工方案确定措施项目,对招标人提供的措施项目进行调整。投标人根据投标施工组织设计或施工方案调整和确定的措施项目应通过评标委员会的评审。

措施项目中的总价项目应采用综合单价计价。其中安全文明施工费应按国家或省级、行业建设主管部门的规定确定,且不得作为竞争性费用。

(4)其他项目应按下列规定报价:

1)暂列金额应按招标工程量清单中列出的金额填写,不得变动。

2)材料、工程设备暂估价应按招标工程量清单中列出的单价计入综合单价,不得变动和更改。

3)专业工程暂估价应按招标工程量清单中列出的金额填写,不得变动和更改。

4)计日工应按招标工程量清单中列出的项目和数量,自主确定综合单价并计算计日工金额。

5)总承包服务费应依据招标工程量清单中列出的专业工程暂估价内容和供应材料、设备情况,按照招标人提出协调、配合与服务要求和施工现场管理需要自主确定。

(5)规费和税金应按国家或省级、行业建设主管部门的规定计算,不得作为竞争性费用。规费和税金的计取标准是依据有关法律、法规和政策规定制定的,具有强制性。投标人是法律、法规和政策的执行者,不能改变,更不能制定,而必须按照法律、法规、政策的有关规定执行。

(6)招标工程量清单与计价表中列明的所有需要填写单价和合价的项目,投标人均应填写且只允许有一个报价。未填写单价和合价的项目,可视为此项费用已包含在已标价工程量清单中其他项目的单价和合价之中。当竣工结算时,此项目不得重新组价予以调整。

(7)实行工程量清单招标,投标人的投标总价应当与组成已标价工程量清单的分部分项工程费、措施项目费、其他项目费和规费、税金的合计金额相一致,即投标人在投标报价时,不能进行投标总价优惠(或降价、让利),投标人对招标人的任何优惠(或降价、让利)均应反映在相应清单项目的综合单价中。

三、竣工结算编制

1. 一般规定

(1)工程完工后,发承包双方必须在合同约定时间内办理工程竣工结算。合同中没有约定或约定不清的,按"13 计价规范"中有关规定处理。

(2)工程竣工结算应由承包人或受其委托具有相应资质的工程造价咨询人编制,并应由发包人或受其委托具有相应资质的工程造价咨询人核对。实行总承包的工程,由总承包人对竣工结算的编制负总责。

(3)当发承包双方或一方对工程造价咨询人出具的竣工结算文件有异议时,可向工程造价管理机构投诉，申请对其进行执业质量鉴定。

(4)工程造价管理机构对投诉的竣工结算文件进行质量鉴定，宜按本章第五节的相关规定进行。

(5)根据《中华人民共和国建筑法》第61条规定："交付竣工验收的建筑工程，必须符合规定的建筑工程质量标准，有完整的工程技术经济资料和经签署的工程保修书，并具备国家规定的其他竣工条件"，由于竣工结算是反映工程造价计价规定执行情况的最终文件，竣工结算办理完毕，发包人应将竣工结算文件报送工程所在地或有该工程管辖权的行业管理部门的工程造价管理机构备案。竣工结算文件应作为工程竣工验收备案、交付使用的必备文件。

2. 竣工结算编制与复核

(1)工程竣工结算应根据下列依据编制和复核：

1)"13计价规范"。

2)工程合同。

3)发承包双方实施过程中已确认的工程量及其结算的合同价款。

4)发承包双方实施过程中已确认调整后追加(减)的合同价款。

5)建设工程设计文件及相关资料。

6)投标文件。

7)其他依据。

(2)分部分项工程和措施项目中的单价项目应依据发承包双方确认的工程量与已标价工程量清单的综合单价计算；发生调整的，应以发承包双方确认调整的综合单价计算。

(3)措施项目中的总价项目应依据已标价工程量清单的项目和金额计算；发生调整的，应以发承包双方确认调整的金额计算，其中，安全文明施工费应按照国家或省级、行业建设主管部门的规定计算。施工过程中，国家或省级、行业建设主管部门对安全文明施工费进行了调整的，措施项目费中和安全文明施工费应作相应调整。

(4)办理竣工结算时，其他项目费的计算应按以下要求进行计价：

1)计日工的费用应按发包人实际签证确认的数量和合同约定的相应项目综合单价计算。

2)当暂估价中的材料、工程设备是招标采购的，其单价按中标价在综合单价中调整。当暂估价中的材料、设备为非招标采购的，其单价按发承包双方最终确认的单价在综合单价中调整。当暂估价中的专业工程是招标发包的，其专业工程费按中标价计算。当暂估价中的专业工程为非招标发包的，其专业工程费按发承包双方与分包人最终确认的金额计算。

3)总承包服务费应依据已标价工程量清单金额计算，发承包双方依据合同约定对总承包服务进行了调整，应按调整后的金额计算。

4)索赔事件产生的费用在办理竣工结算时应在其他项目费中反映。索赔费用的金额应依据发承包双方确认的索赔事项和金额计算。

5)现场签证发生的费用在办理竣工结算时应在其他项目费中反映。现场签证费用金额依据发承包双方签证资料确认的金额计算。

6)合同价款中的暂列金额在用于各项价款调整、索赔与现场签证后，若有余额，则余额归发包人,若出现差额,则由发包人补足并反映在相应的工程价款中。

(5)规费和税金应按国家或省级、行业建设主管部门对规费和税金的计取标准计算。规费中的工程排污费应按工程所在地环境保护部门规定的标准缴纳后按实列入。

(6)由于竣工结算与合同工程实施过程中的工程计量及其价款结算、进度款支付、合同价款调整等具有内在联系,因此,发承包双方在合同工程实施过程中已经确认的工程计量结果和合同价款,在竣工结算办理中应直接进入结算,从而简化结算流程。

关键细节 14　竣工结算编制与核对注意事项

竣工结算的编制与核对是工程造价计价中发承包双方应共同完成的重要工作。按照交易的一般原则,任何交易结束,都应做到钱、货两清,工程建设也不例外。工程施工的发承包活动作为期货交易行为,当工程竣工验收合格后,承包人将工程移交给发包人时,发承包双方应将工程价款结算清楚,即竣工结算办理完毕。

(1)合同工程完工后,承包人应在经发承包双方确认的合同工程期中价款结算的基础上汇总编制完成竣工结算文件,应在提交竣工验收申请的同时向发包人提交竣工结算文件。

承包人未在合同约定的时间内提交竣工结算文件,经发包人催告后 14 天内仍未提交或没有明确答复的,发包人有权根据已有资料编制竣工结算文件,作为办理竣工结算和支付结算款的依据,承包人应予以认可。

因承包人无正当理由在约定时间内未递交竣工结算书,造成工程结算价款延期支付的,责任由承包人承担。

(2)发包人应在收到承包人提交的竣工结算文件后的 28 天内核对。发包人经核实,认为承包人还应进一步补充资料和修改结算文件,应在上述时限内向承包人提出核实意见,承包人在收到核实意见后的 28 天内应按照发包人提出的合理要求补充资料,修改竣工结算文件,并应再次提交给发包人复核后批准。

(3)发包人应在收到承包人再次提交的竣工结算文件后的 28 天内予以复核,将复核结果通知承包人,并应遵守下列规定:

1)发承包人对复核结果无异议的,应在 7 天内在竣工结算文件上签字确认,竣工结算办理完毕。

2)发包人或承包人对复核结果认为有误的,无异议部分按照本条第 1)款规定办理不完全竣工结算;有异议部分由发承包双方协商解决;协商不成的,应按照合同约定的争议解决方式处理。

(4)《最高人民法院关于审理建设工程施工合同纠纷案件适用法律问题的解释》(法释[2004]14 号)第二十条规定:"当事人约定,发包人收到竣工结算文件后,在约定期限内不予答复,视为认可竣工结算文件的,按照约定处理。承包人请求按照竣工结算文件结算工程价款的,应予支持"。根据这一规定,要求发承包双方不仅应在合同中约定竣工结算的核对时间,并应约定发包人在约定时间内对竣工结算不予答复,视为认可承包人递交的竣工结算。"13 计价规范"对发包人未在竣工结算中履行核对责任的后果进行了规定,即:发包人在收到承包人竣工结算文件后的 28 天内,不核对竣工结算或未提出核对意见的,应视为承包人提交的竣工结算文件已被发包人认可,竣工结算办理完毕。

(5)承包人在收到发包人提出的核实意见后的28天内,不确认也未提出异议的,应视为发包人提出的核实意见已被承包人认可,竣工结算办理完毕。

(6)发包人委托工程造价咨询人核对竣工结算的,工程造价咨询人应在28天内核对完毕,核对结论与承包人竣工结算文件不一致的,应提交给承包人复核;承包人应在14天内将同意核对结论或不同意见的说明提交工程造价咨询人。工程造价咨询人收到承包人提出的异议后,应再次复核,复核无异议的,应在7天内在竣工结算文件上签字确认,竣工结算办理完毕;复核后仍有异议的,对于无异议部分按照规定办理不完全竣工结算;有异议部分由发承包双方协商解决;协商不成的,应按照合同约定的争议解决方式处理。

承包人逾期未提出书面异议的,应视为工程造价咨询人核对的竣工结算文件已经承包人认可。

(7)对发包人或发包人委托的工程造价咨询人指派的专业人员与承包人指派的专业人员经核对后无异议并签名确认的竣工结算文件,除非发承包人能提出具体、详细的不同意见,发承包人都应在竣工结算文件上签名确认,如其中一方拒不签认的,按下列规定办理:

1)若发包人拒不签认的,承包人可不提供竣工验收备案资料,并有权拒绝与发包人或其上级部门委托的工程造价咨询人重新核对竣工结算文件。

2)若承包人拒不签认的,发包人要求办理竣工验收备案的,承包人不得拒绝提供竣工验收资料;否则,由此造成的损失,承包人应承担相应责任。

(8)合同工程竣工结算核对完成,发承包双方签字确认后,发包人不得要求承包人与另一个或多个工程造价咨询人重复核对竣工结算。这可以有效地解决了工程竣工结算中存在的一审再审、以审代拖、久审不结的现象。

(9)发包人对工程质量有异议,拒绝办理工程竣工结算的,已竣工验收或已竣工未验收但实际投入使用的工程,其质量争议应按该工程保修合同执行,竣工结算应按合同约定办理;已竣工未验收且未实际投入使用的工程以及停工、停建工程的质量争议,双方应就有争议的部分委托有资质的检测鉴定机构进行检测,并应根据检测结果确定解决方案,或按工程质量监督机构的处理决定执行后办理竣工结算,无争议部分的竣工结算应按合同约定办理。

四、工程造价鉴定

发承包双方在履行施工合同过程中,由于不同的利益诉求,有一些施工合同纠纷需要采用仲裁、诉讼的方式解决,工程造价鉴定在一些施工合同纠纷案件处理中就成了判决的主要依据。

(1)在工程合同价款纠纷案件处理中,需做工程造价司法鉴定的,应根据《工程造价咨询企业管理办法》(建设部令第149号)第20条的规定,委托具有相应资质的工程造价咨询人进行。

(2)工程造价咨询人接受委托时提供工程造价司法鉴定服务,不仅应符合建设工程造价方面的规定,还应按仲裁、诉讼程序和要求进行,并应符合国家关于司法鉴定的规定。

(3)按照《注册造价工程师管理办法》(建设部令第150号)的规定,工程计价活动应由造价工程师担任。《建设部关于对工程造价司法鉴定有关问题的复函》(建办标函[2005]155号)第2条:"从事工程造价司法鉴定的人员,必须具备注册造价工程师执业资格,并只得在其注册的机构从事工程造价司法鉴定工作,否则不具有在该机构的工程造价成果文件上签字的权力"。鉴于进人司法程序的工程造价鉴定的难度一般较大,因此,工程造价咨询人进行工程造价司法鉴定时,应指派专业对口、经验丰富的注册造价工程师承担鉴定工作。

(4)工程造价咨询人应在收到工程造价司法鉴定资料后10天内,根据自身专业能力和证据资料判断能否胜任该项委托,如不能,应辞去该项委托。工程造价咨询人不得在鉴定期满后以上述理由不做出鉴定结论,影响案件处理。

(5)为保证工程造价司法鉴定的公正进行,接受工程造价司法鉴定委托的工程造价咨询人或造价工程师如是鉴定项目一方当事人的近亲属或代理人、咨询人以及其他关系可能影响鉴定公正的,应当自行回避;未自行回避,鉴定项目委托人以该理由要求其回避的,必须回避。

(6)《最高人民法院关于民事诉讼证据的若干规定》(法释[2001]33号)第59条规定:"鉴定人应当出庭接受当事人质询",因此,工程造价咨询人应当依法出庭接受鉴定项目当事人对工程造价司法鉴定意见书的质询。如确因特殊原因无法出庭的,经审理该鉴定项目的仲裁机关或人民法院准许,可以书面形式答复当事人的质询。

关键细节15　如何做好工程造价鉴定的取证工作

(1)工程造价的确定与当时的法律法规、标准定额以及各种要素价格具有密切关系,为做好一些基础资料不完备的工程鉴定,工程造价咨询人进行工程造价鉴定工作,应自行收集以下(但不限于)鉴定资料:

1)适用于鉴定项目的法律、法规、规章、规范性文件以及规范、标准、定额。

2)鉴定项目同时期同类型工程的技术经济指标及其各类要素价格等。

(2)真实、完整、合法的鉴定依据是做好鉴定项目工程造价司法工作鉴定的前提。工程造价咨询人收集鉴定项目的鉴定依据时,应向鉴定项目委托人提出具体书面要求,其内容包括:

1)与鉴定项目相关的合同、协议及其附件。

2)相应的施工图纸等技术经济文件。

3)施工过程中的施工组织、质量、工期和造价等工程资料。

4)存在争议的事实及各方当事人的理由。

5)其他有关资料。

(3)根据最高人民法院规定"证据应当在法庭上出示,由当事人质证。未经质证的证据,不能作为认定案件事实的依据(法释[2001]33号)",工程造价咨询人在鉴定过程中要求鉴定项目当事人对缺陷资料进行补充的,应征得鉴定项目委托人同意,或者协调鉴定项目各方当事人共同签认。

(4)根据鉴定工作需要现场勘验的,工程造价咨询人应提请鉴定项目委托人组织各方当事人对被鉴定项目所涉及的实物标的进行现场勘验。

(5)勘验现场应制作勘验记录、笔录或勘验图表,记录勘验的时间、地点、勘验人、在场人、勘验经过、结果，由勘验人、在场人签名或者盖章确认。绘制的现场图应注明绘制的时间、测绘人姓名、身份等内容。必要时应采取拍照或摄像取证，留下影像资料。

(6)鉴定项目当事人未对现场勘验图表或勘验笔录等签字确认的，工程造价咨询人应提请鉴定项目委托人决定处理意见，并在鉴定意见书中做出表述。

关键细节16 如何做好工程造价鉴定工作

(1)《最高人民法院关于审理建设工程施工合同纠纷案件适用法律问题的解释》(法释[2004]14号)第16条其中一款规定："当事人对建设工程的计价标准或者计价方法有约定的，按照约定结算工程价款"，因此，如鉴定项目委托人明确告之合同有效，工程造价咨询人就必须依据合同约定进行鉴定，不得随意改变发承包双方合法的合意，不能以专业技术方面的惯例来否定合同的约定。

(2)工程造价咨询人在鉴定项目合同无效或合同条款约定不明确的情况下应根据法律法规、相关国家标准和"13计价规范"的规定，选择相应专业工程的计价依据和方法进行鉴定。

(3)为保证工程造价鉴定的质量，尽可能将当事人之间的分歧缩小直至化解，为司法调解、裁决或判决提供科学合理的依据，工程造价咨询人出具正式鉴定意见书之前，可报请鉴定项目委托人向鉴定项目各方当事人发出鉴定意见书征求意见稿，并指明应书面答复的期限及其不答复的相应法律责任。

(4)工程造价咨询人收到鉴定项目各方当事人对鉴定意见书征求意见稿的书面复函后，应对不同意见认真复核，修改完善后再出具正式鉴定意见书。

(5)工程造价咨询人出具的工程造价鉴定书应包括下列内容：

1)鉴定项目委托人名称、委托鉴定的内容。

2)委托鉴定的证据材料。

3)鉴定的依据及使用的专业技术手段。

4)对鉴定过程的说明。

5)明确的鉴定结论。

6)其他需说明的事宜。

7)工程造价咨询人盖章及注册造价工程师签名盖执业专用章。

(6)进入仲裁或诉讼的施工合同纠纷案件，一般都有明确的结案时限，为避免影响案件的处理，工程造价咨询人应在委托鉴定项目的鉴定期限内完成鉴定工作，如确因特殊原因不能在原定期限内完成鉴定工作时，应按照相应法规提前向鉴定项目委托人申请延长鉴定期限，并应在此期限内完成鉴定工作。

经鉴定项目委托人同意等待鉴定项目当事人提交、补充证据的，质证所用的时间不应计入鉴定期限。

(7)对于已经出具的正式鉴定意见书中有部分缺陷的鉴定结论，工程造价咨询人应通过补充鉴定做出补充结论。

第七章　建筑电气工程工程量计算

第一节　变压器安装

一、变压器概述

变压器是用来变换电压等级的电气设备。变配电系统中使用的变压器一般为三相电力变压器。由于电力变压器容量大,工作温升高,因此,要采用不同的结构方式加强散热。图 7-1 为单相变压器,它由一个闭合铁芯和两个绕在铁芯上的线圈组成。一个线圈跟电源相连,叫原绕组(也叫初级绕组);另一线圈跟负载连接,叫副绕组(也叫次级绕组)。两个绕组都用绝缘导线绕制而成,铁芯由涂有绝缘漆的硅钢片叠合而成。

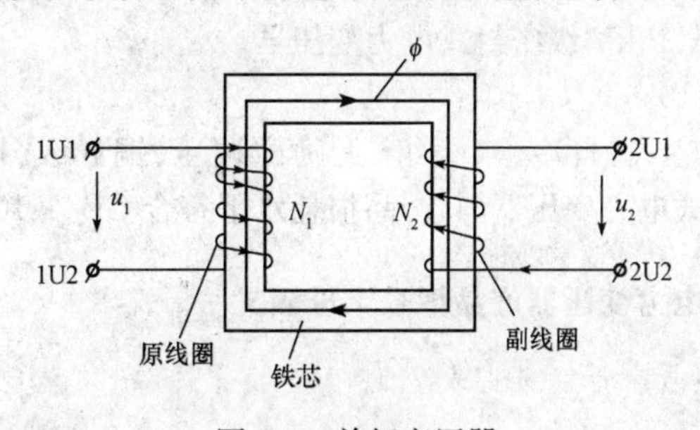

图 7-1　单相变压器

电力变压器产品型号的组成形式如图 7-2 所示。

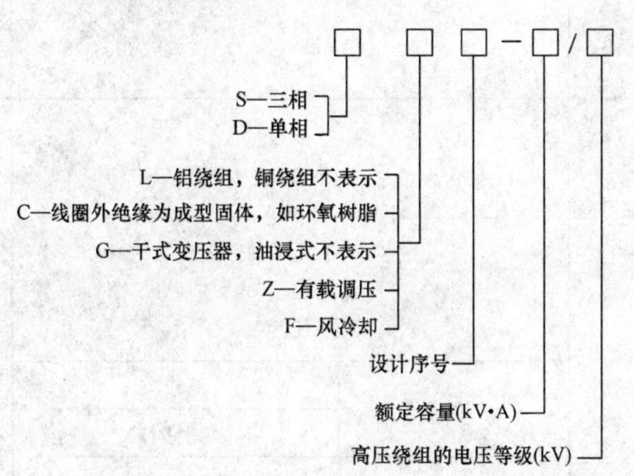

图 7-2　电力变压器产品型号的组成形式

产品型号应采用汉语拼音大写字母(采用代表对象的第一个、第二个或某一个汉字的第一个拼音字母,必要时,也可采用其他的拼音字母)来表示产品的主要特征。为避免混淆重复,也可采用其他合适字母来表示产品的主要特征。型号字母后面可用阿拉伯数字、符号等来表示产品的损耗水平代号、设计序号或规格代号等。损耗水平代号是代表变压器产品损耗水平的数码。设计序号是指当同种类型产品改型设计时,在不涉及产品型号字母改变的情况下,为区别原设计,而在原产品型号字母的基础上加注的顺序号。损耗水平代号或设计序号的字体应与产品型号字母的字体一致。

示例1:SF9—20000/110

表示一台三相、油浸、风冷、双绕组、无励磁调压、铜导线、20000kV·A、110kV级电力变压器(其产品损耗水平符合GB/T 6451—2008)。

示例2:SSPZ9—360000/220

表示一台三相、油浸、水冷、强迫油循环、双绕组、有载调压、铜导线、360000kV·A、220kV级电力变压器(其产品损耗水平符合GB/T 6451—2008)。

示例3:S10—M,R—200/10

表示一台三相、油浸、自冷、双绕组、无励磁调压、铜导线、一般卷铁芯结构、损耗水平代号为“10”、200kV·A、10kV级密封式电力变压器。

示例4:SC9—500/10

表示一台三相、浇注式、自冷、双绕组、无励磁调压、铜导线、损耗水平代号为“9”、500kV·A、10kV级干式电力变压器(其产品损耗水平符合GB/T 10228—2008)。

关键细节1 电力变压器产品型号字母涵义

电力变压器产品型号字母涵义见表7-1。

表7-1 电力变压器产品型号字母涵义

序号	项目	涵义		代表字母
1	绕组耦合方式	独立		—
		自“耦”		O
2	相数	“单”相		D
		“三”相		S
3	绕组外绝缘介质	变压器油		—
		空气(“干”式)		G
		“气”体		Q
		“成”型固体	浇注式	C
			包“绕”式	CR
		高“燃”点油		R
		植“物”油		W

（续一）

序号	分类	涵义		代表字母
4	绝缘耐热等级①	油浸式	A级	—
			E级	E
			B级	B
			F级	F
			H级	H
			绝缘系统温度为200℃	D
			绝缘系统温度为220℃	C
		干式	E级	E
			B级	B
			F级	—
			H级	H
			绝缘系统温度为200℃	D
			绝缘系统温度为220℃	C
5	冷却装置种类	自然循环冷却装置 “风”冷却器 “水”冷却器		— F S
6	油循环方式	自然循环 强“迫”油循环		— P
7	绕组数	双绕组 “三”绕组 “分”裂绕组		— S F
8	调压方式	无励磁调压 有“载”调压		— Z
9	线圈导线材质②	铜线 铜“箔” “铝”线 “铝箔” “铜铝”复合③ “电缆”		— B L LB TL DL
10	铁芯材质	电工钢片 非晶“合”金		— H

（续二）

序号	分类	涵 义		代表字母
11	特殊用途或特殊结构④	“密”封式⑤		M
		“起”动用		Q
		防雷“保”护用		B
		“调”容用		T
		电“缆”引出		L
		“隔”离用		G
		电“容补”偿用		RB
		“油”田动力照明用		Y
		发电“厂”和变电所用		CY
		全“绝”缘⑥		J
		同步电机“励磁”用		LC
		“地”下用		D
		“风”力发电用		F
		三相组“合”式⑦		H
		“解体”运输		JT
		卷（“绕”）铁芯	一般结构	R
			“立”体结构	RL

①“绝缘耐热等级”的字母表示应用括号括上（混合绝缘应用字母“M”连同所采用的最高绝缘耐热等级所对应的字母共同表示）。

② 如要调压线圈或调压段的导线材质为铜、其他导线材质为铝时表示铝。

③“铜铝”复合是指采用铜铝复合导线或采用铜铝复合线圈（如：高压线圈或低压线圈采用铜包铝复合导线的；高压线圈采用铜线、低压线圈采用铝线或低压线圈采用铜线、高压线圈采用铝线）的产品。

④ 对于同时具有两种及以上特殊用途或特殊结构的产品，其字母之间用“·”隔开。

⑤“密”封式只适用于标称系统电压为35kV及以上的产品。

⑥ 全“绝”缘只适用于标称系统电压为110kV及以上的产品。

⑦ 三相组“合”式只适用于标称系统电压为110kV及以上的三相产品。

关键细节2 三相油浸式电力变压器损耗水平代号的确定

三相油浸式电力变压器损耗水平代号见表7-2。

表7-2 三相油浸式电力变压器损耗水平代号

损耗水平代号	标称系统电压(kV)	空载损耗	负载损耗
9	6、10、35、66、110、220	符合《油浸式电力变压器技术参数和要求》(GB/T 6451—2008)	
10	6、10（无励磁调压配电变压器）	符合《变压器类产品型号编制方法》(JB/T 3837—2010)表B.2	
	6、10（有载调压配电变压器及无励磁调压电力变压器）	比《油浸式电力变压器技术参数和要求》(GB/T 6451—2008)下降10%	比《油浸式电力变压器技术参数和要求》(GB/T 6451—2008)下降5%
	35、66、110、220		

续表

损耗水平代号	标称系统电压(kV)	空载损耗	负载损耗
11	6、10(无励磁调压配电变压器)	符合《变压器类产品型号编制方法》(JB/T 3837—2010)表 B.3	
	6、10(有载调压配电变压器及无励磁调压电力变压器)	比《油浸式电力变压器技术参数和要求》(GB/T 6451—2008)下降 20%	比《油浸式电力变压器技术参数和要求》(GB/T 6451—2008)下降 5%
	35、66、110、220		
12	6、10(无励磁调压配电变压器)	符合《变压器类产品型号编制方法》(JB/T 3837—2010)表 B.4	
13	6、10(无励磁调压配电变压器)	符合《变压器类产品型号编制方法》(JB/T 3837—2010)表 B.5	
15	6、10(无励磁调压配电变压器)	—	

注:1. 确定产品损耗水平代号时,其损耗值与规定值的偏差应符合《变压器类产品型号注册管理办法》的规定。

2. 损耗水平代号“15”只适用于非晶合金铁芯无励磁调压配电变压器。

关键细节 3　单相油浸式无励磁调压配电变压器损耗水平代号的确定

单相油浸式无励磁调压配电变压器损耗水平代号见表 7-3。

表 7-3　单相油浸式无励磁调压配电变压器损耗水平代号

损耗水平代号	标称系统电压(kV)	空载损耗	负载损耗
9	6、10	符合《单相油浸式配电变压器技术参数和要求》(JB/T 10317—2002)	
10		比《单相油浸式配电变压器技术参数和要求》(JB/T 10317—2002)下降 10%	比《单相油浸式配电变压器技术参数和要求》(JB/T 10317—2002)下降 10%
11		比《单相油浸式配电变压器技术参数和要求》(JB/T 10317—2002)下降 20%	
15		符合《单相油浸式配电变压器技术参数和要求》(JB/T 10318—2002)	

注:1. 确定产品损耗水平代号时,其损耗值与规定值的偏差应符合《变压器类产品型号注册管理办法》的规定。

2. 损耗水平代号“15”只适用于非晶合金铁芯无励磁调压配电变压器。

关键细节 4　干式电力变压器损耗水平代号的确定

干式电力变压器损耗水平代号见表 7-4。

表 7-4　干式电力变压器损耗水平代号

损耗水平代号	标称系统电压(kV)	空载损耗	负载损耗
9	6、10、20、35	符合《干式变压器技术参数和要求》(GB/T 10228—2008)	
10	6、10(无励磁调压配电变压器)	符合《变压器类产品型号编制方法》(JB/T 3837—2010)表B.8	
	6、10(有载调压配电变压器及无励磁调压电力变压器)	比《干式变压器技术参数和要求》(GB/T 10228—2008)下降10%	比《干式变压器技术参数和要求》(GB/T 10228—2008)下降5%
	20、35		
15	6、10(无励磁调压配电变压器)	符合《变压器类产品型号编制方法》(JB/T 3837—2010)表B.9	

注:1. 确定产品损耗水平代号时,其损耗值与规定值的偏差应符合《变压器类产品型号注册管理办法》的规定。
2. 损耗水平代号"15"只适用于非晶合金铁芯无励磁调压配电变压器(《干式非晶合金铁芯配电变压器技术参数和要求》国家标准正在制定中)。

关键细节5　变压器特殊使用环境代号的确定

(1)热带地区用代表符号按下列规定:

1)热带地区为"TA";

2)湿热带地区为"TH";

3)干、湿热带地区通用为"T"。

(2)高原地区用代表符号为"GY"。

(3)污秽地区用代表符号按表7-5规定。

表 7-5　污秽地区用代表符号

污秽等级	代表符号
0(无)	—
Ⅰ(轻)	—
Ⅱ(中)	W1
Ⅲ(重)	W2
Ⅳ(严重)	W3

(4)防腐蚀地区用代表符号按表7-6规定。

表 7-6　防腐蚀地区用代表符号

防护类型	户外型			户内型	
	防轻腐蚀	防中腐蚀	防强腐蚀	防中腐蚀	防强腐蚀
代表符号	W	WF1	WF2	F1	F2

当特殊使用环境代号占两项及以上时,字母排列按以上的列项顺序。例如:高原及Ⅱ级污秽地区用,表示为GYW1:Ⅲ级污秽及湿热带地区用,表示为THW2。

二、变压器安装要求

1. 变压器安装基本要求

(1)与变压器安装有关的建筑工程施工应达到下列要求:

1)与变压器安装有关的建筑物、构筑物的建筑工程质量,应符合国家现行的建筑工程施工质量验收规范中的有关规定。当设备及设计有特殊要求时,还须符合有关要求;

2)安装前,建筑工程应具备下列条件:

①屋顶、楼板、门窗等均已施工完毕,并且无渗漏。有可能损坏设备与屏柜、安装后不能再进行施工的装饰工作应全部结束;

②室内地面的基层施工完毕,并在墙上标出地面标高;

③混凝土基础及构架达到允许安装的强度,焊接构件的质量符合要求;

④预埋件及预留孔符合设计要求,预埋件设置牢固;

⑤模板及施工设施拆除,场地清理干净;

⑥具有足够的施工用场地,道路畅通。

(2)施工图纸齐备,并已经过图纸会审、设计交底。施工方案(包括吊芯检查方案、干燥方案等)已经审批。

(3)设备已到达现场,并检查其包装及密封状况良好;开箱清点,规格符合设计要求;附件、备件齐全;主材基本到齐,辅材应能满足施工进度的需要。加工件已安排加工且能保证施工的正常进行。常用的施工机具及测试仪表已齐备。

2. 电力变压器安装前的器身检查

变压器、电抗器到达现场后,应进行器身检查。器身检查可分为吊罩(或吊器身)或不吊罩直接进入油箱内进行。当满足下列条件之一时,可不必进行器身检查:

(1)制造厂规定可不作器身检查者。

(2)容量为1000kV·A及以下、运输过程中无异常情况者。

(3)就地生产仅作短途运输的变压器、电抗器,如果事先参加了制造厂的器身总装,质量符合要求,且在运输过程中进行了有效的监督,无紧急制动、剧烈震动、冲撞或严重颠簸等异常情况者。

关键细节6　变压器器身检查要求

(1)周围空气温度不宜低于0℃,变压器器身温度不宜低于周围空气温度。当器身温度低于周围空气温度时,应加热器身,宜使其温度高于周围空气温度10℃。

(2)当空气相对湿度小于75%时,器身暴露在空气中的时间不得超过16h。

(3)调压切换装置吊出检查、调整时,暴露在空气中的时间应符合表7-7规定。

表7-7　调压切换装置露空时间

环境温度(℃)	>0	>0	>0	<0
空气相对湿度(%)	<65	65~75	75~85	不控制
持续时间(h)	≤24	≤16	≤10	≤8

(4)时间计算规定:带油运输的变压器、电抗器,由开始放油时算起;不带油运输的变压器、电抗器,由揭开顶盖或打开任一堵塞算起,到开始抽真空或注油为止。空气相对湿度或露空时间超过规定时,必须采取相应的可靠措施。

(5)器身检查时,场地四周应清洁和有防尘措施;雨雪天或雾天,不应在室外进行。

3. 变压器的安装方法

(1)与电力变压器、电抗器、互感器安装有关的建筑物、构筑物的建筑工程质量,应符合国家现行的建筑工程施工质量验收规范中的有关规定。当设备及设计有特殊要求时,还须符合设计要求。

(2)变压器、箱式变电所、高压电器及电瓷制品应符合下列规定:

1)查验合格证和随带技术文件,变压器有出厂试验记录。

2)外观检查:有铭牌,附件齐全,绝缘件无缺损、裂纹,充油部分不渗漏,充气高压设备气压指示正常,涂层完整。

3)油箱及所有附件均齐全,无锈蚀及机械损伤,密封状态良好。

4)油箱箱盖、钟罩法兰及封板的连接螺栓齐全,紧固良好,无渗漏;浸油运输的附件,其油箱无渗漏。

5)充油套管的油位正常,无渗油,瓷体无损伤。

6)充气(氮)运输的变压器、电抗器,油箱油应为正压,其压力为 0.01～0.03MPa。

(3)设备已到达现场,并检查其包装及密封状况良好;开箱清点,规格符合设计要求;附件、备件齐全;主材基本到齐,辅材应能满足施工进度的需要。加工件已安排加工且能保证施工的正常进行。

关键细节 7　室内变压器的安装方式

在电力负荷比较集中的用电场所,如工厂的车间,常把变压器放在室内,即车间变电所。由于高压电源引入及低压引出的方向不同,变压器在室内布置的方式很多,如图 7-3 所示为其中常用的两种。

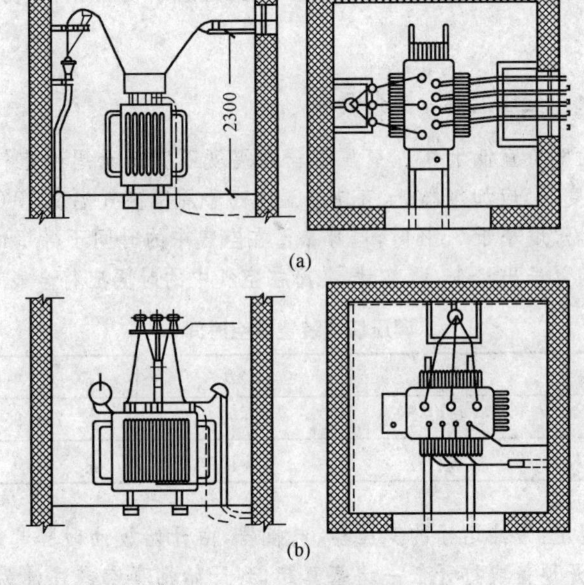

图 7-3　变压器布置示意图

(a)窄面推进;(b)宽面推进

关键细节 8　室外变压器的安装方式

室外变压器安装方式有杆上和地上两种，如图 7-4 所示。无论是杆上安装还是地上安装，变压器的周围均应在明显部位悬挂警告牌。地上变压器周围应装设围栏，高度不低于 1.7m，并与变压器台保持一定的距离。柱上（杆上）变压器的所有高低压引线均使用绝缘导线（低压也可使用裸母线作引线）；所用的铁件均需镀锌。

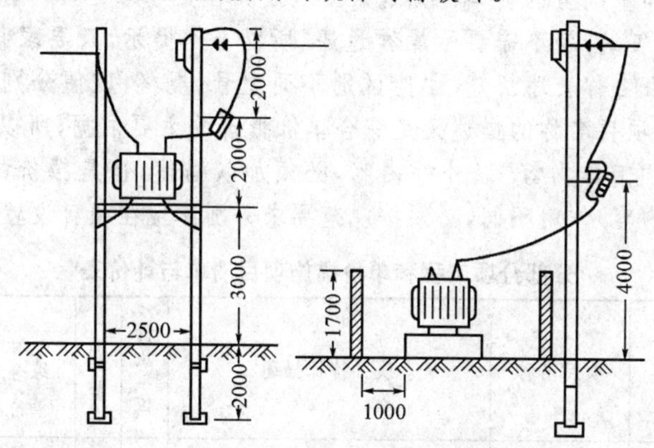

图 7-4　室外变压器安装示意图

地上变压器安装的高度根据需要决定，一般使用情况是 500mm。变压器台用砖砌成或用混凝土构筑，并用 1∶2 水泥砂浆抹面，台面上以扁钢或槽钢做变压器的轨道。轨道应水平，轨距与轮距应配合。

三、变压器安装清单工程量计算

（一）一般规定

变压器安装清单项目适用于油浸电力变压器、干式变压器、整流变压器、自耦变压器、有载调压变压器、电炉变压器及弧线圈安装。

关键细节 9　变压器安装工程量清单项目设置注意事项

（1）变压器如需试验、化验、色谱分析，应按《通用安装工程工程量计算规范》（GB 50856—2013）附录 N 措施项目相关项目编码列项。

（2）变压器清单项目设置时，首先要区别所要安装的变压器的种类，即名称、型号，再按其容量来设置项目。名称、型号、容量完全一样的，数量相加后，设置一个项目即可。型号、容量不一样的，应分别编码。

例：某工程的设计图示需要安装四台变压器，其中：

一台油浸式电力变压器　SL1－1000kV·A/10kV

一台油浸式电力变压器　SL1－500kV·A/10kV

两台干式变压器　SG－100kV·A/10kV－0.4kV

SL1－1000kV·A/10kV 需做干燥处理，其绝缘油要过滤。

关于项目的设置，这里提到两个概念，一是表述，二是描述。这是为了区别项目特征和工作内容的作用。项目特征是为了表示项目名称，它是实体自身的特征。而工作内容是与完成该实体相关的工程。表7-8中序号1的油浸电力变压器安装，名称、型号和容量是其自身的特征，最能体现该清单项目；而干燥、过滤、基础型钢制作、安装不是其自身特征，所以设置项目名称时不相关。但由于项目是包括全部内容的，即完成该变压器的安装还要求干燥、过滤和基础型钢制作、安装，需提示报价者要考虑这些内容。表7-8中序号2的油浸电力变压器安装，就不需要干燥和过滤，所以不作提示，只要求报价人考虑型钢制作、安装。可见项目名称表述清楚，才能区别不同型号、规格，以便分别编码和设置项目。而依据工作内容对项目名称的描述又是综合单价报价的主要依据，所以，设计如果有要求或施工中将要发生“工作内容”以外的内容，必须加以描述，也是报价的依据之一。两者(项目特征和工作内容)作用不同，必须按规范要求分别体现在项目设置和描述上。

表7-8　　分部分项工程和单价措施项目清单与计价表

序号	项目编码	项目名称	项目特征描述	计量单位	工程量	金额(元)		
						综合单价	合价	其中
								暂估价
1	030401001001	油浸电力变压器	油浸式电力变压器安装 SL1－1000kV·A/10kV (1)变压器需作干燥处理； (2)绝缘油需过滤； (3)基础型钢制作安装	台	1			
2	030401001002	油浸电力变压器	油浸式电力变压器安装 SL1－500kV·A/10kV 基础型钢制作、安装	台	1			
3	030401002001	干式变压器	干式变压器安装 SG—100kV·A/10kV—0.4kV 基础型钢制作、安装	台	2			

关键细节10　变压器安装清单计价应注意的问题

工程量清单项目计量时均指形成实体部分的计量，而且只规定了该部分的计量单位和计算规定。关于需在综合单价中考虑的“工作内容”中的项目，因为它不体现在清单项目表上，其计量单位和计算规则不作具体规定。在计价时，其数量应与该清单项目的实体量相匹配，可参照《消耗量定额》及其计算规则计算在综合单价中。

(二)油浸电力变压器

油浸式电力变压器是将绕组和铁芯浸泡在油中，用油作介质散热。一般升压站的主变压器都是油浸式的，变比为20kV/500kV，或20kV/220kV，一般发电厂用于带动带自身负载(如磨煤机、引风机、送风机、循环水泵等)的厂用变压器也是油浸式变压器，它的变比是 20kV/6kV。

由于容量和工作环境不同，油浸式电力变压器可以分为自然风冷式、强迫风冷式和强迫油循环风冷式等。油浸式电力变压器的外形与结构，如图 7-5 所示。

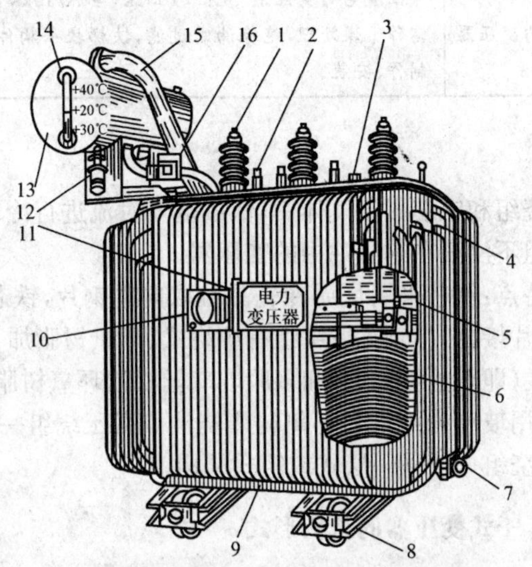

图 7-5 油浸式电力变压器外形与结构示意图

1—高压套管；2—低压套管；3—分接开关；4—油箱；5—铁芯；6—绕组及绝缘层；7—放油阀门；8—小车；9—接地螺栓；10—信号式温度计；11—铭牌；12—吸湿器；13—储油柜（油枕）；14—油位计；15—安全气道；16—气体继电器

所有油浸式（密封式除外）电力变压器均应装储油柜，其结构应便于清洗内部。储油柜应有放油和注油装置。1000kV · A 及以上电力变压器的储油柜底部应设油样活门：100kV · A 及以上带有储油柜的变压器，除了有充氮保护的装置之外，均应加装带有油封的吸湿器。

关键细节 11 油浸电力变压器清单工程量计算

油浸电力变压器清单项目工作内容包括：本体安装；基础型钢制作、安装；油过滤；干燥；接地；网门、保护门制作、安装；补刷（喷）油漆。其清单项目特征应描述的内容包括：①名称；②型号；③容量（kV · A）；④电压（kV）；⑤油过滤要求；⑥干燥要求；⑦基础型钢形式、规格；⑧网门、保护门材质、规格；⑨温控箱型号、规格。

油浸电力变压器清单项目编码为 030401001，其工程量按设计图示数量计算，以“台”为计量单位。

【例 7-1】 安装油浸电力变压器 SL1—1000kV · A/10kV 一台，变压器需作干燥处理，绝缘油需过滤，铁梯扶手构件制作、安装，试计算其工程量。

解：工程量计算结果见表 7-9。

表 7-9　　工程量计算表

项目编码	项目名称	项目特征描述	计量单位	工程量
030401001001	油浸电力变压器	油浸电力变压器 SL1－1000kV·A/10kV，需作干燥处理，绝缘油需过滤，铁梯扶手构件制作、安装	台	1

(三)干式变压器

干式变压器是把绕组和铁芯置于气体中，依靠空气对流进行冷却。简单地说，干式变压器就是指铁芯和绕组不浸渍在绝缘油中的变压器。

干式变压器结构特点：铁芯采用优质冷轧晶粒取向硅钢片，铁芯硅钢片采用45°全斜接缝，使磁通沿着硅钢片接缝方向通过；绕组有缠绕式、环氧树脂加石英砂填充浇注、玻璃纤维增强环氧树脂浇注（即薄绝缘结构）和多股玻璃丝浸渍环氧树脂缠绕式。为使铁芯和绕组结构更稳固，常采用玻璃纤维增强环氧树脂浇注。高压绕组一般采用多层圆筒式或多层分段式结构；低压绕组一般采用层式或箔式结构。

关键细节 12　干式变压器的结构形式

干式变压器形式有开启式、封闭式和浇注式三种。

开启式是一种常用的形式，其器身与大气直接接触，适应于比较干燥而洁净的室内（环境温度20℃时，相对湿度不应超过85%），一般有空气自冷和风冷两种冷却方式；封闭式变压器身处在封闭的外壳内，与大气不直接接触（由于密封，散热条件差，主要用于矿山，它属于是防爆型的）；浇注式用环氧树脂或其他树脂浇注作为主绝缘，它结构简单，体积小，适用于较小容量的变压器。由于干式电力变压器具有无油、难燃、无污染、智能化、损耗低、安全、防爆、免维护、体积小、重量轻，可直接深入负荷中心进行供电的特点，可广泛用于商业中心、高层建筑、机场、港口、油库、指挥中心等重要场所。

另外，结构干式变压器可分为固体绝缘包封绕组和不包封绕组两种类型。

关键细节 13　干式变压器清单工程量计算

干式变压器安装清单项目工作内容包括：本体安装；基础型钢制作、安装；温控箱安装；接地；网门、保护门制作、安装；补刷（喷）油漆。其清单项目特征应描述的内容包括：①名称；②型号；③容量（kV·A）；④电压（kV）；⑤油过滤要求；⑥干燥要求；⑦基础型钢形式、规格；⑧网门、保护门材质、规格；⑨温控箱型号、规格。

干式电力变压器清单项目编码为030401002，其工程量按设计图示数量计算，以“台”为计量单位。

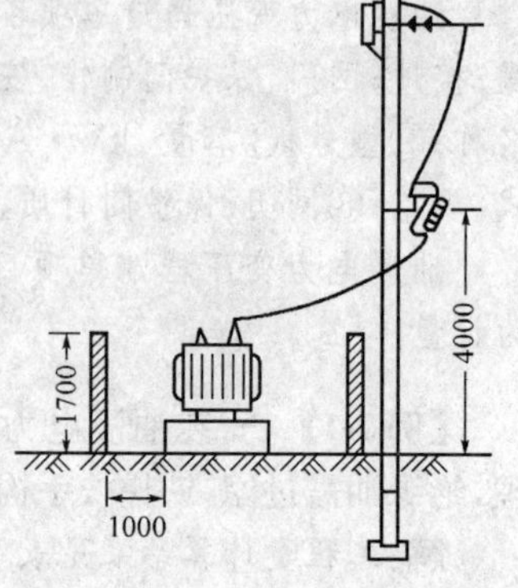

图 7-6　室外变压器安装示意图

【例 7-2】　如图7-6所示，安装干式电力变压器3台，型号为SG—100kV·A/10—0.4，铁构件制作、安装。试计算其工程量。

解:工程量计算结果见表7-10。

表7-10　　工程量计算表

项目编码	项目名称	项目特征描述	计量单位	工程量
030401002001	干式变压器	干式电力变压器,SG—100kV·A/10—0.4	台	3

(四)整流变压器、自耦变压器、有载调压变压器

1. 整流变压器

整流变压器是整流设备的电源变压器,其功能为供给整流系统适当的电压,减少因整流系统造成的波形畸变对电网的污染。整流变压器的变流形式有整流和逆变两种。整流的用途最为广泛。工业用直流电源大部分是由交流电网经过整流而得到。整流变压器与相应装置组成整流设备。

关键细节14　整流变压器的应用条件

(1)环境温度(周围气温自然变化值):最高气温+40℃,最高日平均气温+30℃,最高年平均气温+20℃,最低气温-30℃。

(2)海拔高度:变压器安装地点的海拔高度不超过1000m。

(3)空气最大相对湿度:当空气温度为+25℃时,相对湿度不超过90%。

(4)安装场所无严重影响变压器绝缘的气体、蒸汽、化学性沉积、灰尘、污垢及其他爆炸性和侵蚀性介质。

(5)安装场所无严重的振动和颠簸。

2. 自耦变压器

自耦变压器是指它的绕组一部分是高压边和低压边共同的,另一部分只属于高压边。自耦变压器与普通变压器工作原理相同。当一次绕组两端接上交流电压时,绕组线圈中通过电流,在铁芯中产生交变磁通,因而在一、二次绕组中产生感应电动势。

如果将自耦变压器二次绕组的分接点做成滑动的触头,就可以改变二次绕组的匝数,方便地得到不同的输出电压。因此,自耦变压器常作为调压器使用。自耦变压器使用时,必须注意一、二次绕组不得接错。在接电源前,应先将手柄旋转到零位,接通电源后再转动手柄,使输出电压从零平滑地调到所需要的电压值。由于一、二次绕组有电的直接联系,必须注意过电压保护。在需要调节三相电压时,可将三个单相自耦调压器组装成三相自耦调压器。自耦式变压器的技术参数:

(1)容量:单相25V·A~100kV·A;三相10kV·A~800kV·A。

(2)输入电压:1⊄220V,3⊄380V(可按客户的要求定做)。

(3)输出电压:按客户要求的电压。

(4)频率:50~60Hz(可选)。

(5)效率:≥98%。

(6)绝缘等级:B级。

(7)过载能力:1.2倍额定负载2h。

(8)冷却方式:风冷。

(9)噪声:≤60dB。

(10)温升:≤65℃。

(11)环境温湿度:温度−20～+40℃,湿度93%。

关键细节15 自耦式变压器的接法

通常在实验室中广泛使用单相自耦变压器,输入电压为220V,输出电压可在0～250V之间调整。使用时,要求把原、副边的公用端接零线,这样比较安全,如图7-7(a)所示。如果接成图7-7(b)所示的公用端接相线,副边输出电压为零时,对地仍有220V的电压,容易发生电击事故。

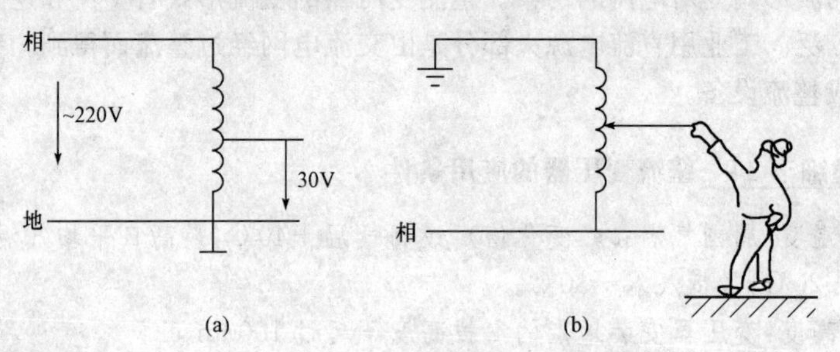

图7-7 自耦变压器的接法
(a)正确接法;(b)错误接法

自耦变压器也可以制成三相的,如图7-8所示。三相自耦变压器可作为三相鼠笼型异步电动机的启动设备,称为启动补偿器。

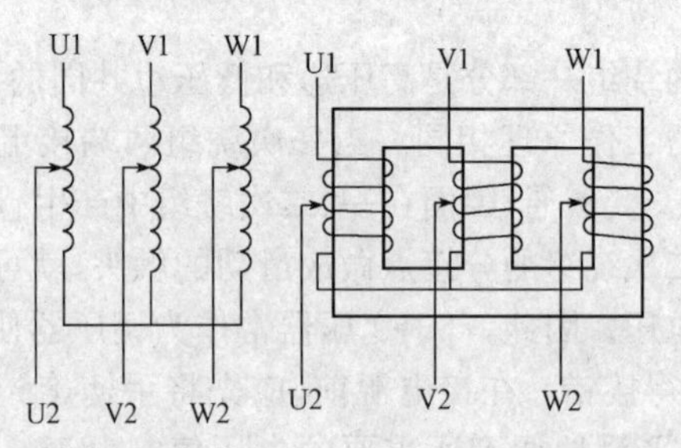

图7-8 三相自耦变压器电气原理图

3. 有载调压变压器

变压器在负载运行中能完成分接电压切换的称为有载调压变压器。变压器存在阻抗,在功率传输中,将产生电压降,并随着用户侧负荷的变化而变化。系统电压的波动加上用户侧负荷的变化将引起电压较大的变动。在实现无功功率就地平衡的前提下,当电压变动超过定值时,有载调压变压器在一定的延时后会动作,对电压进行调整,并保持电压的稳定。

关键细节16　整流变压器、自耦变压器、有载调压变压器清单工程量计算

整流变压器、自耦变压器、有载调压变压器清单项目工作内容包括：本体安装；基础型钢制作、安装；油过滤；干燥；网门、保护门制作、安装；补刷（喷）油漆。其清单项目特征应描述的内容包括：①名称；②型号；③容量(kV·A)；④电压(kV)；⑤油过滤要求；⑥干燥要求；⑦基础型钢形式、规格；⑧网门、保护门材质、规格。

整流变压器、自耦变压器、有载调压变压器清单项目编码分别为030401003、030401004、030401005，其工程量按设计图示数量计算，以“台”为计量单位。

(五)电炉变压器

电炉变压器是作为各种电炉的电源用的变压器。电炉变压器按不同用途可分为电弧炉变压器、工频感应器、工频感应炉变压器、电阻炉变压器、矿热炉变压器、盐浴炉变压器。电炉变压器具有损耗低、噪声小、维护简便、节能效果显著等特点。

其容量一般为1800～12500kV·A。

关键细节17　电炉变压器清单工程量计算

电炉变压器清单项目工作内容包括：本体安装；基础型钢制作、安装；网门、保护门制作、安装；补刷（喷）油漆。其清单项目特征应描述的内容包括：①名称；②型号；③容量(kV·A)；④电压(kV)；⑤基础型钢形式、规格；⑥网门、保护门材质、规格。

电炉变压器清单项目编码为030401006，其工程量按设计图示数量计算，以“台”为计量单位。

(六)消弧线圈

消弧线圈是一种绕组带有多个分接头、铁芯带有气隙的电抗器。消弧线圈的作用是当电网发生单相接地故障后，提供一电感电流，补偿接地电容电流，使接地电流减小，也使故障相接地电弧两端的电压恢复速度降低，达到熄灭电弧的目的。当消弧线圈正确调谐时，不仅可以有效地减少产生弧光接地过电压的概率，还可以有效地抑制过电压的辐值，同时，也最大限度地减小了故障点热破坏作用及接地网的电压等。

消弧线圈用于60kV及以下电压的中性点不接地电力网络中，供补偿电容电流用。

关键细节18　消弧线圈清单工程量计算

消弧线圈清单项目工作内容包括：本体安装；基础型钢制作、安装；油过滤；干燥；补刷（喷）油漆。其清单项目特征应描述的内容包括：①名称；②型号；③容量(kV·A)；④电压(kV)；⑤油过滤要求；⑥干燥要求；⑦基础型钢形式、规格。

消弧线圈清单项目编码为030401007，其工程量按设计图示数量计算，以“台”为计量单位。

四、全统定额关于变压器安装工程的内容

变压器安装定额计价工作内容包括油浸电力变压器安装、干式变压器安装、消弧线圈安装、电力变压器器干燥、变压器油过滤。

关键细节 19 变压器安装全统定额相关说明

(1)油浸电力变压器安装定额同样适用于自耦式变压器、带负荷调压变压器及并联电抗器的安装。电炉变压器按同容量电力变压器定额乘以系数2.0,整流变压器执行同容量电力变压器定额乘以系数1.60。

(2)变压器的器身检查:4000kV·A以下是按吊芯检查考虑,4000kV·A以上是按吊钟罩考虑;如果4000kV·A以上的变压器需吊芯检查时,定额机械乘以系数2.0。

(3)干式变压器如果带有保护外罩,人工和机械乘以系数1.2。

(4)整流变压器、消弧线圈、并联电抗器的干燥,执行同容量变压器干燥定额。电力变压器执行同容量变压器干燥定额乘以系数2.0。

(5)变压器油是按设备带来考虑的,但施工中变压器油的过滤损耗及操作损耗已包括在有关定额中。

(6)变压器安装过程中放注油、油过滤所使用的油罐,已摊入油过滤定额中。

关键细节 20 变压器安装全统定额未包括的工作内容

(1)变压器干燥棚的搭拆工作,若发生时可按实计算。

(2)变压器铁梯及母线铁构件的制作、安装,另执行铁构件制作、安装定额。

(3)瓦斯继电器的检查及试验已列入变压器系统调整试验定额内。

(4)端子箱、控制箱的制作、安装,执行相应定额。

(5)二次喷漆发生时按相应定额执行。

关键细节 21 变压器安装全统定额工程量计算规则

(1)变压器安装,按不同容量以“台”为计量单位。

(2)干式变压器如果带有保护罩时,其定额人工和机械乘以系数1.2。

(3)变压器通过试验,判定绝缘受潮时才需进行干燥,所以,只有需要干燥的变压器才能计取此项费用(编制施工图预算时可列此项,工程结算时根据实际情况再作处理),以“台”为计量单位。

(4)消弧线圈的干燥按同容量电力变压器干燥定额执行,以“台”为计量单位。

(5)变压器油过滤不论过滤多少次,直到过滤合格为止,以“t”为计量单位,其具体计算方法如下:

1)变压器安装定额未包括绝缘油的过滤,需要过滤时,可按制造厂提供的油量计算。

2)油断路器及其他充油设备的绝缘油过滤,可按制造厂规定的充油量计算。

第二节 配电装置安装

一、配电装置概述

1. 配电装置组成

用来接受和分配电能的电气设备称为配电装置,有高压配电装置和低压配电装置之分。高压配电装置包括开关设备、测量设备、保护设备、连接母线、控制设备及端子箱等；低压配电装置包括线路控制设备、测量仪器仪表、保护设备、母线及二次线、配电箱(盘)等。

2. 配电网络

通常，把电力系统中二次降压变电所低压侧直接或降压后向用户供电的网络称为配电网络。它由架空或电缆配电线路、配电所或柱上降压变压器直接接入用户构成。从电厂直接以发电机电压向用户供电的则称为直配电网。

目前，配电网络的布置特点主要体现在以下几个方面：

(1)常深入城市中心和居民密集点。

(2)功率和距离一般不大。

(3)供电容量、用户性质、供电质量和可靠性要求等千差万别，各不相同。

(4)在工程设计、施工和运行管理方面都有特殊要求。

关键细节 22　配电网络的电压

1kV 以上的称为高压配电，额定电压有 35kV、6～10kV 和 3kV 等；不足 1kV 的称为低压配电，通常额定电压有单相 220V 和三相 380V。

高压配电一般采用 10kV，若 6kV 用电设备的总容量较大，技术经济上合理，则可采用 6kV。近年来由于负荷集中、用电量大，对供电可靠性要求更高，随着 SF_6 全封闭组合电器和电缆线路的推广应用，配电电压有向 35kV 以上更高等级发展的趋势。

二、配电装置安装清单工程量计算

(一)一般规定

配电装置安装清单项目包括各种断路器、隔离开关、负荷开关、互感器、电抗器、电容器、滤波装置、高压成套配电柜、组合型成套箱式变电站等安装，其工程量计算适用于各配电装置的工程量清单项目设置与计量。

关键细节 23　配电装置安装清单项目设置注意事项

(1)空气断路器的储气罐及储气罐至断路器的管路应按《通用安装工程工程量计算规范》(GB 50856—2013)附录 H 工业管道工程相关项目编码列项。

(2)干式电抗器项目适用于混凝土电抗器、铁芯干式电抗器、空心干式电抗器等。

(3)设备安装未包括地脚螺栓、浇注(二次灌浆、抹面)，如需安装应按现行国家标准《房屋建筑与装饰工程工程量计算规范》(GB 50854—2013)相关项目编码列项。

关键细节 24　配电装置安装清单计价应注意的问题

(1)配电装置包括各种配电设备安装工程的清单项目，但其项目特征大部分是一样的，即设备名称、型号、规格(容量)，它们的组合就是该清单项目的名称，但在项目特征中，有一特征为“质量”，该“质量”是规范对“重量”的规范用语，它不表示设备质量的优或合格，而指设备的重量，如电抗器、电容器安装时，均以重量划类区别，所以，其项目特征栏中就有“质量”二字。

(2)油断路的 SF_6 断路器清单项目描述时，一定要说明绝缘油，SF_6 气体是否设备带有，以便计价时确定是否计算此部分费用。

(3)设备安装如有地脚螺栓，清单中应注明是由土建预埋还是由安装者浇注，以便确定是否计算二次灌浆费用(包括抹面)。

(4)绝缘油过滤的描述和过滤油量的计算参照本章第一节中绝缘油过滤的相关内容。

(5)高压设备的安装没有综合绝缘台安装。如果设计有此要求，其内容一定要表述清楚，避免漏项。

(二)断路器

断路器是电力系统保护和操作的重要电气装置，能承载、关合和开断运行线路的正常电流，也能在规定时间内承载、关合和开断规定的异常电流。断路器从其基本结构来讲，包括通断元件、中间传动机构、支撑绝缘件、操作机构和基座五个部分，如图7-9所示。断路器的特征都是通过型号表示出来的。其型号的具体表示如图7-10所示。

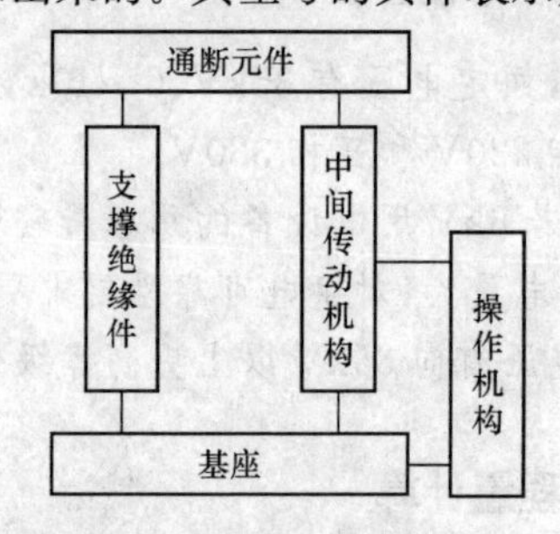

图7-9　高压断路器基本组成

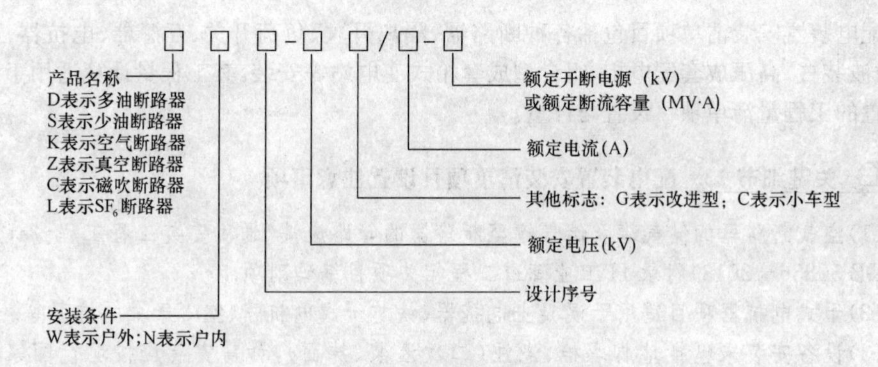

图7-10　断路器的型号表示

断路器根据工作电压的不同，可分为高压断路器和低压断路器。按其用的灭弧介质不同，大致可分为油断路器、真空断路器、SF_6断路器、空气断路器。

(1)油断路器。油断路器分为多油断路器和少油断路器两类。多油断路器油量多，油的作用有灭弧、绝缘作用。多油断路器是早期设计产品，由于体积大，用油量多而难以维护，目前基本不再使用。少油断路器用油量少，并且具有体积小、机构简单、防爆防火、使用安全等特点，其中油只作灭弧介质，不作绝缘介质。在10kV供电系统中使用较多的是少油断路器。

(2)真空断路器。真空断路器是指触头在高度真空灭弧室中切断电路的断路器。真空断路器采用的绝缘介质和灭弧介质是高度真空空气。真空断路器在电路中作接通、分断和承载额定工作电流和短路、过载等故障电流，并能在线路和负载发生过载、短路、欠压等情况下，迅速分断电路，进行可靠的保护。真空断路器的动、静触头及触杆设计形式多样，但提高断路器的分断能力是主要目的。目前，利用一定的触头结构，限制分断时短路电流峰值的限流原理，对提高断路器的分断能力有明显的作用而被广泛采用。

真空断路器具有触点开距小，动作快；燃弧时间短，灭弧快；体积小，重量轻，防火防爆；操作噪声小，适用于频繁操作等优点。

(3)SF_6断路器。SF_6断路器是利用SF_6气体作灭弧和绝缘介质的断路器。SF_6断路器采用具有优良灭弧能力和绝缘能力的SF_6气体作为灭弧介质，具有开断能力强、动作快、体积小等优点，但金属消耗多，价格较贵。近几年来，断路器的发展速度很快，电压等级也在不断提高。

(4)空气断路器。空气断路器属于他能式断路器，靠压缩空气吹动电弧使之冷却，在电弧达到零值时，迅速将弧道中的离子吹走或使之复合而实现灭弧。空气断路器开断能力强，开断时间短，但结构复杂，工艺要求高，有色金属消耗多，因此，空气断路器一般应用在110kV及以上的电力系统中。

关键细节25 断路器清单工程量计算

断路器安装包括油断路器、真空断路器、SF_6断路器和空气断路器等清单项目。

(1)油断路器清单项目工作内容包括：本体安装、调试；基础型钢制作、安装；油过滤；补刷(喷)油漆；接地。

(2)真空断路器、SF_6断路器、空气断路器清单项目工作内容包括：本体安装、调试；基础型钢制作、安装；补刷(喷)油漆；接地。

油断路器、真空断路器、SF_6断路器清单项目应描述的项目特征包括：①名称；②型号；③容量(A)；④电压等级(kV)；⑤安装条件；⑥操作机构名称及型号；⑦基础型钢规格；⑧接线材质、规格；⑨安装部位；⑩油过滤要求。空气断路器清单项目应描述的项目特征包括：①名称；②型号；③容量(A)；④电压等级(kV)；⑤安装条件；⑥操作机构名称及型号；⑦接线材质、规格；⑧安装部位。

油断路器、真空断路器、SF_6断路器和空气断路器清单项目编码分别为030402001、030402002、030402003、030402004，其工程量均按设计图示数量计算，以"台"为计量单位。

【例7-3】 安装真空断路器一台，电流容量4000A，试计算其工程量。

解：工程量计算结果见表7-11。

表7-11 工程量计算表

项目编码	项目名称	项目特征描述	计量单位	工程量
030402002001	真空断路器	真空断路器，电流容量4000A	台	1

(三)真空接触器

1. 接触器组成

真空接触器的组成部分与一般空气接触器相似,不同的是真空接触器的触头密封在真空灭弧中,其特点是接通和分断电流大,额定操作电压较高。

真空接触器用于交流50Hz,主回路额定工作电压1140V、660V、380V的配电系统。供频繁操作较大的负荷电流用,在工业企业被广泛选用,特别适用于环境恶劣和易燃易爆危险场所。

2. 接触器检查

(1)一般性检查。

1)接触器各零、部件应完整。

2)衔铁等可动部分动作灵活,不得有卡住或闭合时有滞缓现象,开放或断电后,可动部分应完全回到原位,当动接点与静接点及可动铁芯与静铁芯相互接触(闭合)时,应吻合,不得歪斜。

3)铁芯与衔铁的接触表面平整清洁,如涂有防锈黄油应予以清除。

4)接触器在分闸时,动、静触头间的空气距离,以及合闸时动触头的压力,触头压力弹簧的压缩度和压缩后的剩余间隙,应符合产品技术条件的规定。

5)用万用表或电桥测量接触器线圈的电阻,应与铭牌上电阻值相符。用摇表测量线圈及接点等导电部分对地之间的绝缘电阻应良好。

(2)接触器的动作试验。

1)接触器线圈两端接上可调电源,调升电压到衔铁完全吸合时,所测电压即为吸合电压。其值一般不应低于85%线圈额定电压(交流),最好不要高于该最大相电压数值。

2)将电源电压下降到线圈额定电压的35%以下时,衔铁应能释放。

3)最后调升电压到线圈额定电压,测量线圈中流过的电流,计算线圈在正常工作时所需要的功率。同时,衔铁不应产生强烈的振动和噪声(当铁芯接触不严密时,不许用锉锉铁芯接触面,应调整其机构,将铁芯找正,并检查短路环是否完整,弹簧的松紧程度是否合适)。

关键细节26 真空接触器的类型

真空接触器按不同分类方式可分为以下几类:

(1)按驱动力的不同,分为电磁式、气动式和液压式三种。

(2)按真空接触器主触点通过电流种类,分为交流接触器和直流接触器两种。

(3)按冷却方式,分为自然空气冷却、油冷和水冷三种。

(4)按其主触点的极数,分为单极、双极、三极、四极和五极等几种。

关键细节27 真空接触器清单工程量计算

真空接触器清单项目工作内容包括:本体安装、调试;补刷(喷)油漆;接地。其应描述的清单项目特征包括:①名称;②型号;③容量(A);④电压等级(kV);⑤安装条件;⑥操作机构名称及型号;⑦接线材质、规格;⑧安装部位。

真空接触器清单项目编码为 030402005，其工程量按设计图示数量计算，以“台”为计量单位。

(四)隔离开关、负荷开关

1. 隔离开关

隔离开关是将电气设备与电源进行电气隔离或连接的设备。隔离开关中设有专门的灭弧装置，在分闸状态下具有明显断口(包括直接和间接可见)的开关电器。在配电装置中它的容量通常是断路器的 2～4 倍。

(1)隔离开关的作用。

1)为设备和线路检修与分段进行电气隔离；

2)在断口两端接近等电位条件下，倒换母线改变接线方式；

3)分、合一定长度母线或电缆、绝缘套管和断路器的并联均压电容器中通过的小电流；

4)分、合一定容量的空载变压器和电压互感器。

(2)隔离开关的安装要求。

1)开关无论垂直或水平安装，刀片应垂直板面上；在混凝土基础上时，刀片底部与基础间应有不小于 50mm 的距离。

2)开关动触片与两侧压板的距离应调整均匀。合闸后，接触面应充分压紧，刀片不得摆动。

3)刀片与母线直接连接时，母线固定端必须牢固。

(3)隔离开关安装前，按下列要求进行检查：

1)开关型号、规格应符合设计要求。

2)接线端子及载流部分应清洁，且接触良好，触头镀银层无脱落。

3)绝缘子表面应清洁，无裂纹、破损、焊接残留斑点等缺陷；瓷体与铁件粘合应牢固。

4)隔离开关的底座转动部分应灵活，并应涂以适合当地气候条件的润滑脂。

5)操动机构的零部件应齐全，所有固定连接部分应紧固，转动部分应涂以适合当地气候条件的润滑脂。

关键细节 28 隔离开关的组装

(1)隔离开关的相间距离与设计要求之差不应大于 10mm；相间连杆应在同一水平线上。

(2)支柱绝缘子应垂直于底座平面(V 形隔离开关除外)，且连接牢固；同一绝缘子柱的各绝缘子中心线应在同一垂直线上；同相各绝缘子柱的中心线应在同一垂直平面内。

(3)隔离开关的各支柱绝缘子间应连接牢固；安装时，可用金属垫片校正其水平或垂直偏差，使触头相互对准、接触良好；其缝隙应用腻子抹平后涂以油漆。

(4)均压环(罩)和屏蔽环(罩)应安装牢固、平正。

2. 负荷开关

负荷开关是一种介于隔离开关与断路器之间的电气设备，负荷开关比普通隔离开关多了一套灭弧装置和快速分断机构。

(1)负荷开关的安装要求。

1)手柄向上合闸,不得倒装或平装,以防止闸刀在切断电流时,刀片和夹座间产生电弧。

2)接线时,应把电源接在开关的上方进线接线座上,电动机的引线接下方的出线座。

3)安装时,应使刀片和夹座成直线接触,并应接触紧密,支座应有足够压力,刀片或夹座不应歪扭。

(2)负荷开关的安装调试。负荷开关的安装调整应符合下列规定:

1)在负荷开关合闸时,主固定触头应可靠地与主刀刃接触;分闸时,三相的灭弧刀片应同时跳离固定灭弧触头。

2)灭弧筒内产生气体的有机绝缘物应完整无裂纹,灭弧触头与灭弧筒的间隙应符合要求。

3)负荷开关三相触头接触的同期性和分闸状态时触头间净距及拉开角度,应符合产品的技术规定。

4)带油的负荷开关的外露部分及油箱应清理干净,油箱内应注入合格油并无渗漏。

5)所有传动部分应涂以适合当地气候条件的润滑脂。

关键细节29 负荷开关的类型

负荷开关有户内及户外两种类型,配用手动操作机构工作。

(1)FN型户内高压负荷开关。当前此类型产品主要有FN2、FN3、FN4等型号。FN2型和FN3型负荷开关利用分闸动作带动汽缸中的活塞去压缩空气,使空气从喷嘴中喷向电弧,有较好灭弧能力。FN4型为真空式负荷开关。

(2)FW型户外产气式负荷开关。FW型户外产气式负荷开关主要用于10kV配电线路中,可安装在电杆上,用绝缘棒或绳索操作。分断时,有明显断路间隙,可起隔离作用。

选用负荷开关时为确保安全,不仅应注意环境条件和额定值,而且要进行动、热稳定和断流容量校验,带熔断器的负荷开关要选好熔体管的额定电流值。户内型开关要选好配套操作机构。

关键细节30 隔离开关、负荷开关清单工程量计算

隔离开关、负荷开关清单项目工作内容包括:本体安装、调试;补刷(喷)油漆;接地。其应描述的清单项目特征包括:①名称;②型号;③容量(A);④电压等级(kV);⑤安装条件;⑥操作机构名称及型号;⑦接线材质、规格;⑧安装部位。

隔离开关、负荷开关清单项目编码分别为030402006、030402007,其工程量均按设计图示数量计算,以“组”为计量单位。

【例7-4】 如图7-11所示,在墙上安装1组10kV户外交流高压负荷开关,其型号为FW1—10,试计算其工程量。

解:工程量计算结果见表7-12。

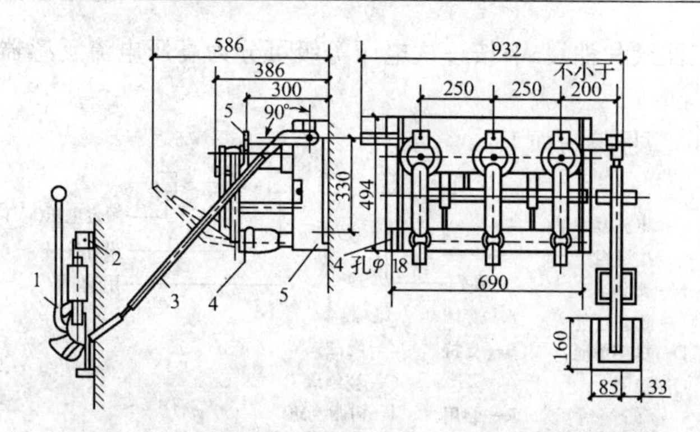

图 7-11　在墙上安装 10kV 户外交流高压负荷开关图

1—操动机构;2—辅助开关;3—连杆;4—接线板;5—负荷开关

表 7-12　　工程量计算表

项目编码	项目名称	项目特征描述	计量单位	工程量
030402007001	负荷开关	户外交流高压负荷开关,FW1－10,10kV	组	1

(五)互感器

互感器是一种特殊的变压器,被广泛应用于供电系统中,向测量仪表和继电器的电压线圈或电流线圈供电,互感器可分为电压互感器和电流互感器。

(1)电压互感器是将一次侧的高电压降到线电压为 100V 的低电压,供给仪表或继电器用电的专用设备。在环氧树脂浇注绝缘的干式电压互感器中,应用最广泛的是单相干式电压互感器。

电压互感器的型号编写如下:

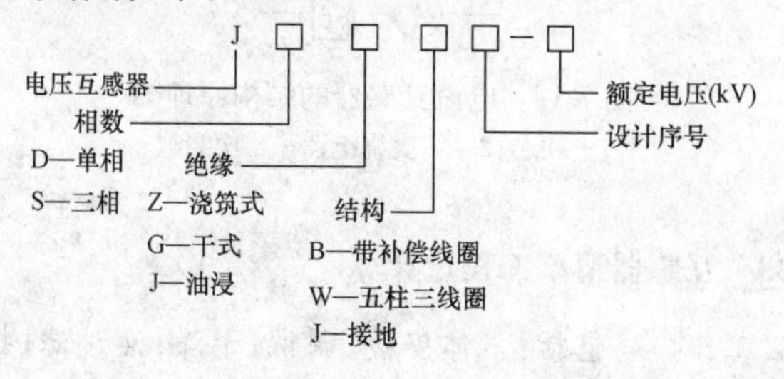

关键细节 31　电压互感器的分类

电压互感器按安装地点分为屋内和屋外式;按相数分为单相和三相式,只有 20kV 以下才有三相式;按绕组数分为双绕组和三绕组;按绝缘分为浇注式和油浸式,浇注式用于 3～35kV,油浸式主要用于 110kV 及以上的电压互感器。

(2)电流互感器。电流互感器是指一次侧的大电流,按比例变为适合通过仪表或继电器使用的、额定电流为 5A 的低压小电流的设备。电流互感器均为单相式,按一次绕组匝数可分为单匝式(母线式、芯柱式、套管式)和多匝式(线圈式、线环式、串级式);按绝缘类型可分为干式、浇注式和油浸式；按一次电压等级可分为高压电流互感器和低压电流互感器等。

电流互感器的型号编写如下：

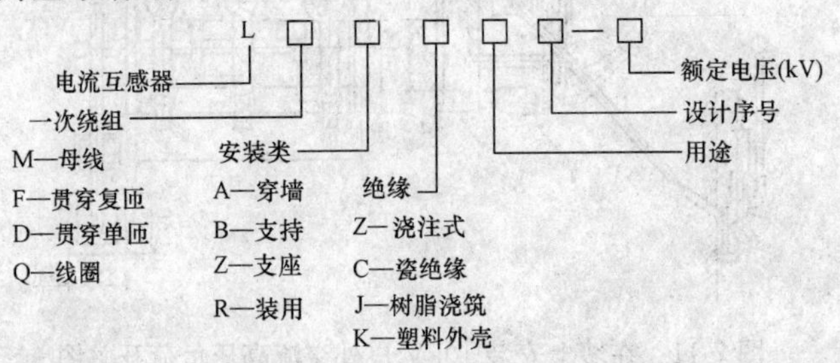

关键细节32 电流互感器的结构原理

如图7-12所示，电流互感器的二次绕组匝数很多，较一次绕组的细，一次绕组匝数很少，有的直接穿过铁芯，只有一匝，导体相当粗。在工作时，二次绕组与仪表、继电器的电流线圈串联，形成一个闭合回路，一次绕组则串联在一次回路中，电流互感器工作时，二次回路几乎处于短路状态，它的额定电流一般为5A，是因为这些电流线圈的阻抗很小。

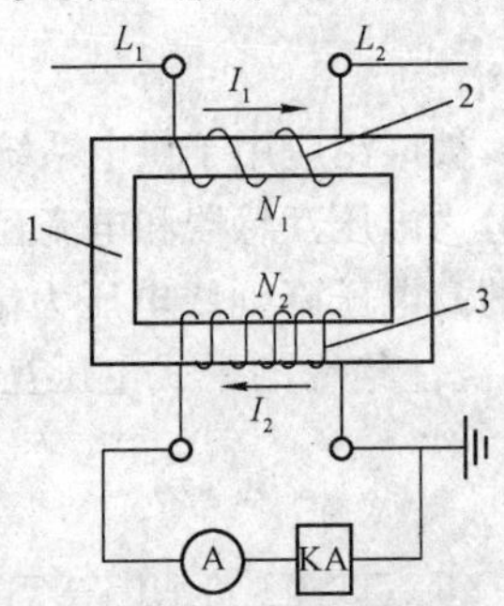

图7-12 电流互感器的结构原理图

1—铁芯；2——一次绕组；3—二次绕组

关键细节33 互感器清单工程量计算

互感器清单项目工作内容包括：本体安装、调试；干燥；油过滤；接地。其应描述的清单项目特征包括：①名称；②型号；③规格；④类型；⑤油过滤要求。

互感器清单项目编码为030402008，其工程量按设计图示数量计算，以“台”为计量单位。

(六)高压熔断器

高压熔断器主要是利用熔体电流超过一定值时，熔体本身产生的热量自动地将熔体熔断从而切断电路的一种保护设备，与高压负荷开关配合使用时，既能通断正常负载电流，又能起到对电力系统和电力变压器的过载和短路保护作用。

高压熔断器的型号编写如下：

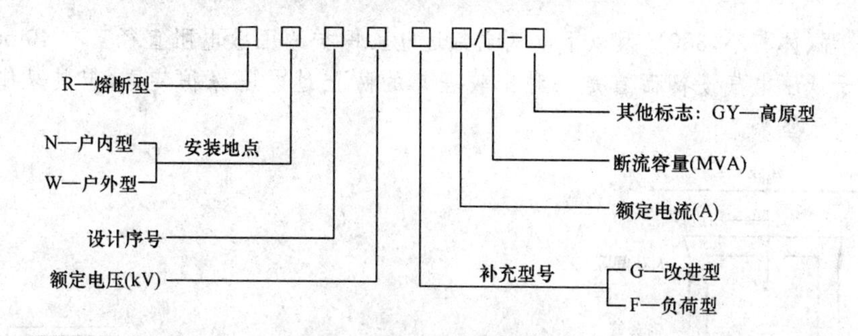

关键细节 34　高压熔断器的类型

高压熔断器分为户内型和户外型两类。

(1)RW系列户内高压熔断器。该类型熔断器熔体管内除有熔丝外，还装有石英砂。当熔丝熔断时(由于过载或短路电流)，石英砂将游离气体降温而去游离，从而迫使电流过零时熄灭。

(2)RW系列户外高压跌落式熔断器。该类型熔断器主要是由绝缘瓷件和熔体管组成的跌落机构、锁紧机构、上下固定触头、端部接线螺钉及安装用紧固板组成。

关键细节 35　高压熔断器清单工程量计算

高压熔断器清单项目工作内容包括：本体安装、调试；接地。其应描述的清单项目特征包括：①名称；②型号；③规格；④安装部位。

高压熔断器清单项目编码为030402009，其工程量按设计图示数量计算，以“组”为计量单位。

(七)避雷器

避雷器是能释放雷电或兼能释放电力系统操作过电压能量，保护电工设备免受瞬时过电压危害，又能截断续流，不致引起系统接地短路的电器装置。避雷器通常接于带电导线与地之间，且与被保护设备并联。当过电压值达到规定的动作电压时，避雷器立即工作，流过电荷，限制过电压幅值，保护设备绝缘；电压值正常后，避雷器又迅速恢复原状，以保证系统正常供电。

关键细节 36　避雷器的类型

避雷器主要分为阀型避雷器、管型避雷器和压敏电阻避雷器三种类型。

(1)阀型避雷器。阀型避雷器如图7-13所示。它的上端接于线路，下端接地，装在密封的磁套管内，基本组成元件有火花间隙和非线性电阻片(称为阀片)。

(2)管型避雷器。管型避雷器是一个具有灭弧能力的保护间隙。管型避雷器又称为排气式避雷器，由产气管、内部间隙和外部间隙三部分组成。其结构如图7-14所示。

(3)压敏电阻避雷器。近年来，国内外已开始使用压敏电阻避雷器，压敏电阻是由氧化锌、氧化铋等金属氧化物烧结而成的多晶半导体陶瓷非线性元件。其非线性系数很小($\alpha=0.05$)，具有很好的伏安特性，工频下呈现极大电阻，能迅速抑制工频续流，另外其通流能力较强、体积小，380V及以下电气设备过电压保护的压敏电阻直径只有40mm左右，因而，对于低压电气设备而言是一种比较理想的防止过电压保护装置，但其只能用于室内，不能用于室外。

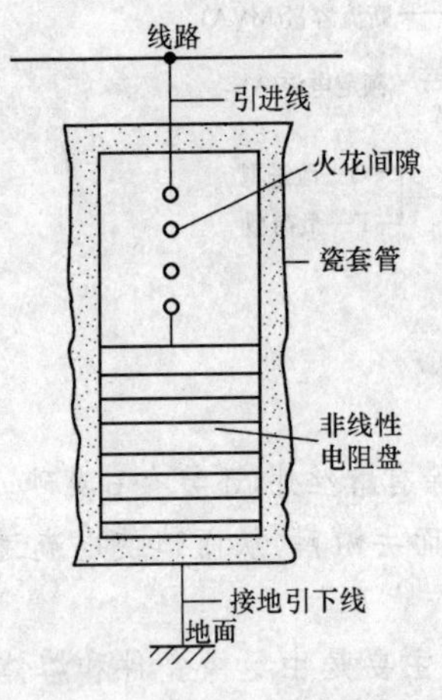

图7-13　阀型避雷器结构图

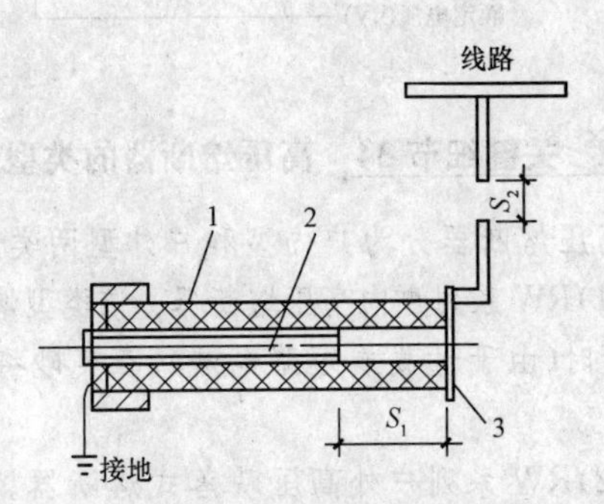

7-14　管型避雷器结构图

1—产气管；2—内部电极；3—外部电极；

S_1—内部间隙；S_2—外部间隙

关键细节37　避雷器清单工程量计算

避雷器清单项目工作内容包括：本体安装；接地。其应描述的清单项目特征包括：①名称；②型号；③规格；④电压等级；⑤安装部位。

避雷器清单项目编码为030402010，其工程量按设计图示数量计算，以“组”为计量单位。

(八)电抗器

电抗器主要包括通常所说的电阻器、电容器和电感器。电抗器的作用主要有：

(1)轻空载或轻负荷线路上的电容效应，以降低工频暂态过电压。

(2)改善长输电线路上的电压分布。

(3)使轻负荷时线路中的无功功率尽可能就地平衡，防止无功功率不合理流动，同时，也减轻了线路上的功率损失。

(4)在大机组与系统并列时，降低高压母线上工频稳态电压，便于发电机同期并列。

(5)防止发电机带长线路可能出现的自励磁谐振现象。

(6)当采用电抗器中性点经小电抗器接地装置时，还可用小电抗器补偿线路相间及相地电容，以加速潜供电流自动熄灭，便于采用。

电抗器按是否油浸，可分为干式电抗器和油浸电抗器。干式电抗器是绕组和铁芯(如果有)不浸于液体绝缘介质中的电抗器；油浸电抗器是绕组和铁芯(如果有)均浸渍于液体绝缘介质中的电抗器。

关键细节 38　电抗器清单工程量计算

干式电抗器清单项目工作内容包括:本体安装;干燥。其应描述的清单项目特征包括:①名称;②型号;③规格;④质量;⑤安装部位;⑥干燥要求。

油浸电抗器清单项目工作内容包括:本体安装;油过滤;干燥。其应描述的清单项目特征包括:①名称;②型号;③规格;④容量(kV·A);⑤油过滤要求;⑥干燥要求。

干式电抗器清单项目编码为030402011,其工程量按设计图示数量计算,以“组”为计量单位。

油浸电抗器清单项目编码为030402012,其工程量按设计图示数量计算,以“台”为计量单位。

(九)电容器

电容器由外壳和芯子组成,外壳用薄钢板密封焊接而成,外壳盖上装有出线瓷套,在两侧壁上焊有供安装的吊耳,一侧吊耳上装有接地螺栓,芯子由若干个元件和绝缘件叠压而成。

1. 安装前检查

(1)套管芯棒应无弯曲或滑扣现象。

(2)引出线端连接用的螺母、垫圈应齐全。

(3)外壳应无凹凸缺陷,所有接缝不应有裂纹和渗油现象。当有损伤、缺陷或漏油、渗油时,应送回修理或更换。在检查过程中不得拆开电容器油箱。

(4)电容器的型号规格应符合设计要求。

2. 电容器的种类

电容器的种类很多,如串联电容器与集合式并联电容器等。串联电容器是串联于电力线路中,主要用来补偿电力线路感抗的电容器;集合式并联电容器是将电容器单元集装于一个容器(或油箱)中的电容器。

关键细节 39　电容器安装的环境要求

(1)电容器应安装在无腐蚀性气体及无蒸汽,没有剧烈振动、冲击及易爆易燃等场所。电容器室的防火等级应按二级考虑。电容器装置的构架应采用非燃烧材料。电容器室地面应采用水泥砂浆抹面并压光,也可铺砂。

(2)装于户外的电容器应有防止日光直接照射的设施,如遮阳棚。地面应用水泥砂浆抹面,也可铺碎石。

(3)电容器室的环境温度应满足制造厂家规定的要求,一般不准超过+40℃。

(4)电容器室应首先考虑自然通风,当其不满足排热要求时,可采用自然进风、机械排风的通风方式。进、排风口应有防止雨雪和小动物进入的措施。

(5)电容器室不宜设置采光玻璃,可采用自然采光或人工照明。电容器室的门应向外开启。电容器室屋顶应采取隔热措施。

(6)电容器也可安装在电容器屏内。电容器屏可单独安装,亦可和其他配电柜并列安装,其安装方法可参照成套配电柜的安装方法。工矿企业内采用电容器屏进行无功补偿用得很多，并可根据需要自动或手动投切和改变电容器投入数量，满足补偿要求。

关键细节40 电容器清单工程量计算

移相及串联电容器、集合式并联电容器清单项目工作内容包括：本体安装；接地。其应描述的清单项目特征包括：①名称；②型号；③规格；④质量；⑤安装部位。

移相及串联电容器、集合式并联电容器清单项目编码分别为030402013、030402014，其工程量均按设计图示数量计算，以“个”为计量单位。

(十)并联补偿电容器组架、交流滤波装置组架

1. 并联补偿电容器组架

并联补偿电容器组架一般以金属薄膜为电极，绝缘纸或其他绝缘材料制成的薄膜为介质，再由多个电容元件串联和并联组成的电容部件。

并联电容器是一种无功补偿设备。一般(集中补偿式)接在变电站的低压母线上，其主要作用是补偿系统的无功功率，提高功率因数，从而降低电能损耗、提高电压质量和设备利用率。通常与有载调压变压器配合使用。

2. 交流滤波装置组架

交流滤波装置组架由电感、电容和电阻适当组合而成。交流滤波装置组架用来滤除电源里除50Hz交流电之外其他频率的杂波、尖峰、浪涌干扰，使下游设备得到较纯净的50Hz交流电。

关键细节41 并联补偿电容器组架、交流滤波装置组架清单工程量计算

并联补偿电容器组架、交流滤波装置组架清单项目工作内容包括：本体安装；接地。并联补偿电容器组架清单项目应描述的项目特征包括：①名称；②型号；③规格；④结构形式。交流滤波装置组架清单项目应描述的项目特征包括：①名称；②型号；③规格。

并联补偿电容器组架、交流滤波装置组架清单项目编码分别为030402015、030402016，其工程量均按设计图示数量计算，以“台”为计量单位。

(十一)高压成套配电柜

高压成套配电柜是指按电气主要接线的要求，按一定顺序将电气设备成套布置在一个或多个金属柜内的配电装置。成套配电柜安装应注意以下事项：

(1)柜(盘)安装在震动场所，应采取防震措施(如开防震沟、加弹性垫等)。

(2)柜(盘)本体及柜(盘)内设备与各构件间连接应牢固。主控制柜、继电保护柜、自动装置柜等不宜与基础型钢焊死。

(3)端子箱安装应牢固，封闭良好，安装位置应便于检查；成列安装时，应排列整齐。

(4)柜(盘)的接地应牢固良好。装有电器的可开启的柜(盘)门，应以软导线与接地的金属构架可靠地连接。成套柜应装有供携带式接地线使用的固定设施(手车式配电柜

除外)。

(5)柜(盘)的漆层应完整、无损伤,固定电器的支架等应刷漆。安装于同一室内且经常监视的盘、柜,其盘面颜色宜和谐一致。

(6)直流回路中,具有水银接点的电器,应使电源正极接到水银侧接点的一端。

(7)在绝缘导线可能遭到油类污浊的地方,应采用耐油的绝缘导线,或采取防油措施。橡胶或塑料绝缘导线应防止日光直射。

(8)柜门、网门及门锁应调整得开闭灵活;检修灯要完好,有门开关的检修灯应能随着门的开闭而正常明灭。

关键细节 42　配电柜(盘)上的电器安装要点

(1)规格、型号应符合设计要求,外观应完整,且附件完全、排列整齐,固定可靠,密封良好。

(2)各电器应能单独拆装更换而不影响其他电器及导线束的固定。

(3)发热元件宜安装于柜顶。

(4)熔断器的熔体规格应符合设计要求。

(5)电流试验柱及切换压板装置应接触良好;相邻压板间应有足够距离,切换时不应碰及相邻的压板。

(6)信号装置回路应显示准确,工作可靠。

(7)柜(盘)上的小母线应采用直径不小于 6mm 的铜棒或铜管,小母线两侧应有标明其代号或名称的标志牌,字迹应清晰且不易脱色。

(8)柜(盘)上 1000V 及以下的交、直流母线及其分支线,其不同极的裸露载流部分之间及裸露载流部分与未经绝缘的金属体之间的电气间隙和漏电距离应符合表 7-13 的规定。

表 7-13　1000V 及以下柜(盘)裸露母线的电气间隙和漏电距离　mm

类　别	电气间隙	漏电距离
交直流低压盘、电容屏、动力箱	12	20
照明箱	10	15

关键细节 43　高压成套配电柜清单工程量计算

高压成套配电柜清单项目工作内容包括:本体安装;基础槽钢制作、安装;补刷(喷)油漆;接地。其应描述的清单项目特征包括:①名称;②型号;③规格;④母线设置方式;⑤种类;⑥基础型钢形式、规格。

高压成套配电柜清单项目编码为 030402017,其工程量按设计图示数量计算,以“台”为计量单位。

【例 7-5】　如图 7-15 所示,安装高压成套配电柜 2 台,其型号为 GFC－15(F),额定电压为 3～10kV,试计算其工程量。

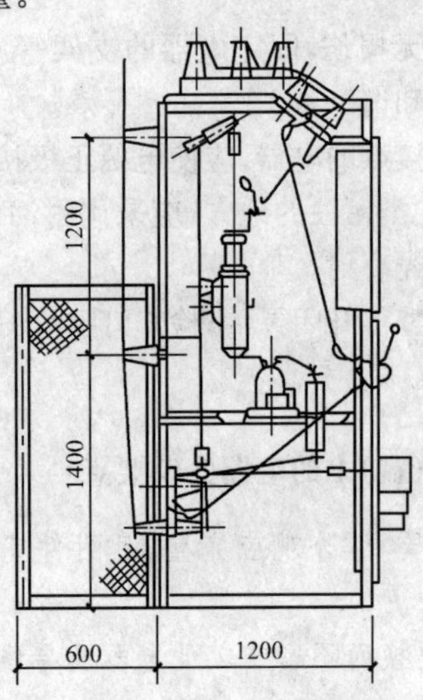

图 7-15　高压配电柜示意图

解:工程量计算结果见表 7-14。

表 7-14　　**工程量计算表**

项目编码	项目名称	项目特征描述	计量单位	工程量
030402017001	高压成套配电柜	高压成套配电柜,GFC－15(F),额定电压 3～10kV	台	2

(十二)组合型成套箱式变电站

组合型成套箱式变电站是把所有的电气设备按配电要求组成电路,集中装于一个或数个箱子内构成的变电站。

组合型成套箱式变电站主要由高压配电装置、电力变压器和低压配电装置三部分组成。具有结构紧凑,移动方便的特点,常用高压电压为 6～35kV,低压 0.23～0.4kV。要求箱体有足够的机械强度,在运输及安装中不应变形。箱壳内的高、低压室均有照明灯,箱体采用防雨、防晒、防锈、防尘、防潮、防结露等措施,高低压室的湿度不超过 90%(25℃)。

关键细节 44　组合型成套箱式变电站清单工程量计算

组合型成套箱式变电站清单项目工作内容包括:本体安装;基础浇筑;进箱母线安装;补刷(喷)油漆;接地。其应描述的清单项目特征包括:①名称;②型号;③容量(kV·A);④电压(kV);⑤组合形式;⑥基础规格、浇筑材质。

组合型成套箱式变电站清单项目编码为 030402018,其工程量按设计图示数量计算,以“台”为计量单位。

三、全统定额关于配电装置安装工程的内容

配电装置安装定额计价工作内容包括油断路器安装、真空断路器、SF_6断路器安装、大型空气断路器、真空接触器安装、隔离开关、负荷开关安装、互感器安装、熔断器、避雷器安装、电抗器安装、电抗器干燥、电力电容器安装、并联补偿电容器组架及交流滤波装置安装、高压成套配电柜安装、组合型成套箱式变电站安装。

关键细节 45 配电装置安装全统定额相关说明

(1)设备本体所需的绝缘油、SF_6气体、液压油等均按设备带有考虑。

(2)设备安装所需的地脚螺栓按土建预埋考虑,不包括二次灌浆。

(3)互感器安装定额按单相考虑,不包括抽芯及绝缘油过滤。特殊情况另作处理。

(4)电抗器安装定额按三相叠放、三相平放和二叠一平的安装方式综合考虑,不论何种安装方式,均不作换算,一律执行配电装置安装相关定额。干式电抗器安装定额适用于混凝土电抗器、铁芯干式电抗器和空心电抗器等干式电抗器的安装。

(5)高压成套配电柜安装定额是综合考虑的,不分容量大小,也不包括母线配制及设备干燥。

(6)低压无功补偿电容器屏(柜)安装列入定额的控制设备及低压电器中。

(7)组合型成套箱式变电站主要是指10kV以下的箱式变电站,一般布置形式为变压器在箱的中间,箱的一端为高压开关位置,另一端为低压开关位置。组合型低压成套配电装置,外形像一个大型集装箱,内装6～24台低压配电箱(屏),箱的两端开门,中间为通道,称为集装箱式低压配电室。该内容列入定额的控制设备及低压电器中。

关键细节 46 配电装置安装全统定额未包括的工作内容

配电设备安装定额不包括下列工作内容,需另执行相应定额:

(1)端子箱安装。

(2)设备支架制作及安装。

(3)绝缘油过滤。

(4)基础槽(角)钢安装。

关键细节 47 配电装置安装全统定额工程量计算规则

(1)断路器、电流互感器、电压互感器、油浸电抗器、电力电容器及电容器柜的安装以“台(个)”为计量单位。

(2)隔离开关、负荷开关、熔断器、避雷器、干式电抗器的安装以“组”为计量单位,每组按三相计算。

(3)交流滤波装置的安装以“台”为计量单位。每套滤波装置包括三台组架安装,不包括设备本身及铜母线的安装,其工程量应按相应定额另行计算。

(4)高压设备安装定额内均不包括绝缘台的安装,其工程量应按施工图设计执行相应定额。

(5)高压成套配电柜和箱式变电站的安装以“台”为计量单位,均未包括基础槽钢、母

线及引下线的配置安装。

(6)配电设备安装的支架、抱箍及延长轴、轴套、间隔板等，按施工图设计的需要量计算，执行铁构件制作安装定额或成品价。

(7)绝缘油、SF_6气体、液压油等均按设备带有考虑；电气设备以外的外压设备和附属管道的安装应按相应定额另行计算。

(8)配电设备的端子板外部接线，应按相应定额另行计算。

(9)设备安装用的地脚螺栓按土建预埋考虑，不包括二次灌浆。

第三节 母线安装

一、母线安装施工

母线是指高电导率的铜、铝质材料制成的，用于传输电能，具有汇集和分配电力的产品。

1. 施工准备

(1)母线装置安装前，应具备下列条件：

1)基础、构架符合电气设备的设计要求。

2)屋顶、楼板施工完毕，不得渗漏。

3)室内地面基层施工完毕，并在墙上标出抹平标高。

4)基础、构架达到允许安装的强度，焊接构件的质量符合设计要求，高层构架的走道板、栏杆、平台齐全牢固。

5)有可能损坏已安装母线装置或安装后不能再进行的装饰工程全部结束。

6)门窗安装完毕，施工用道路通畅。

7)母线装置的预留孔、预埋铁件应符合设计的要求。

(2)施工图纸齐备，并经过图纸会审、设计交底，且安装施工方案也已编制，并经审批。

(3)配电屏、柜安装完毕。

(4)母线桥架、支架、吊架应安装完毕，并符合设计和规范要求。

(5)母线、绝缘子及穿墙套管的瓷件等的材质查核后符合设计要求和相关规定，并具备出厂合格证。

(6)主材应基本到齐，辅材应能满足连续施工需要，常用机具应基本齐备。

2. 母线矫直

运到施工现场的母线往往不是很平直的，因此，安装前必须矫正平直。

关键细节48 母线矫直方法

矫直的方法有机械矫直和手工矫直两种。

(1)机械矫直。对于大截面短型母线多用机械矫直。矫正施工时，可将母线的不平整部分放在矫正机的平台上，然后转动操作圆盘，利用丝杠的压力将母线矫正平直。机械矫直较手工矫直更为简单便捷。

(2)手工矫直。手工矫直时，可将母线放在平台或平直的型钢上。对于铜、铝母线，应用硬质木槌直接敲打，而不能用铁锤直接敲打。如母线弯曲过大，可用木槌或垫块（铝、铜、木板）垫在母线上，再用铁锤间接敲打平直。敲打时，用力要适当，不能过猛，否则会引起母线再次变形。对于棒型母线，矫直时应先锤击弯曲部位，再沿长度轻轻地一面转动一面锤击，依靠视力来检查，直至呈直线为止。

3. 母线弯曲

将母线加工弯制成一定的形状，叫作弯曲。母线一般宜进行冷弯，但应尽量减少弯曲。如需热弯，对铜加热温度不宜超过 350℃，铝不宜超过 250℃，钢不宜超过 600℃。对于矩形母线，宜采用专用工具和各种规格的母线冷弯机进行冷弯，不得进行热弯；弯出圆角后，也不得进行热煨。

母线弯曲前，应按测好的尺寸，将矫正好的母线下料切断后，按测出的弯曲部位进行弯曲，其要求如下：

(1)母线开始弯曲处距最近绝缘子的母线支持夹板边缘不应大于 0.25L（L 为母线两支持点间的距离），但不得小于 50mm。

(2)母线开始弯曲处距母线连接位置不应小于 50mm。

(3)矩形母线应减少直角弯曲，弯曲处不得有裂纹及显著的起皱。

关键细节 49　母线弯曲形式

母线弯曲有以下四种形式：平弯（宽面方向弯曲）、立弯（窄面方向弯曲）、扭弯（麻花弯）、折弯（灯叉弯），如图 7-16 所示。

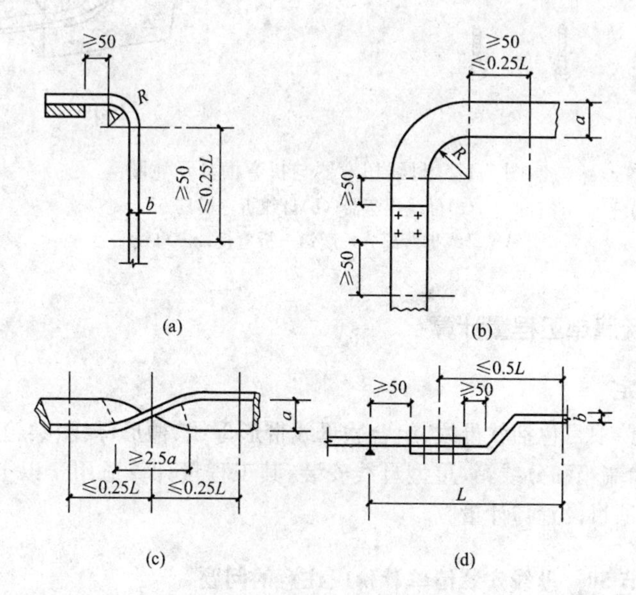

图 7-16　母线弯曲示意图

(a)平弯；(b)立弯；(c)扭弯；(d)折弯

a—母线宽度；b—母线厚度；L—母线两支持点间的距离

(1)平弯:先在母线要弯曲的部位画上记号,再将母线插入平弯机的滚轮内,需弯曲的部位放在滚轮下,校正无误后,拧紧压力丝杠,慢慢压下平弯机的手柄,使母线逐渐弯曲。

对于小型母线,可用台虎钳弯曲,但大型母线则需用母线弯曲机进行弯制。弯制时,先将母线扭弯部分的一端夹在台虎钳上,为避免钳口夹伤母线,钳口与母线接触处应垫以铝板或硬木。母线的另一端用扭弯器夹住,然后双手用力转动扭弯器的手柄,使母线弯曲达到需要形状为止。

(2)立弯:将母线需要弯曲的部位套在立弯机的夹板上,再装上弯头,拧紧夹板螺钉,校正无误后,操作千斤顶,使母线弯曲。

(3)扭弯:将母线扭弯部位的一端夹在虎钳上,钳口部分垫上薄铝皮或硬木片。在距钳口大于母线宽度2.5倍处,用母线扭弯器[图7-17(a)]夹住母线,用力扭转扭弯器手柄,使母线弯曲达到所需要的形状为止。这种方法适用于弯曲100mm×8mm以下的铝母线。超过这个范围就需将母线弯曲部分加热再行弯曲。

(4)折弯:可用于手工在虎钳上敲打成形,也可用母线折弯模具[图7-17(b)]压成。其方法是先将母线放在模子中间槽的钢框内,再用千斤顶加压。

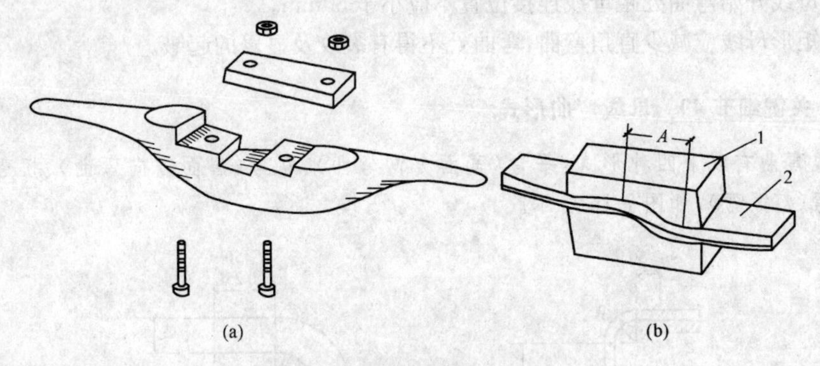

图7-17 母线扭弯器与折弯模具示意图

(a)母线扭弯器;(b)母线折弯模具

A—母线折弯部分长度;1—折弯模;2—母线

二、母线安装清单工程量计算

(一)一般规定

母线安装清单项目包括软母线、组合软母线带形母线、槽形母线、共箱母线、低压封闭式插接母线槽、始端箱和分线箱、重型母线安装,其工程量计算适用于以上各种母线安装工程工程量清单项目设置与计量。

关键细节50 母线安装清单计价应注意的问题

(1)软母线安装的预留长度见表7-15;硬母线安装的预留长度见表7-16。

(2)清单的工程量为实体的净值,其损耗量由报价人根据自身情况而定。招标人或受其委托具有相应资质的工程造价咨询人在编制招标控制价时,可参考定额的消耗量。

表 7-15　软母线安装预留长度　m/根

项　目	耐张	跳线	引下线、设备连接线
预留长度	2.5	0.8	0.6

表 7-16　硬母线配置安装预留长度　m/根

序　号	项　目	预留长度	说　明
1	带形、槽形母线终端	0.3	从最后一个支持点算起
2	带形、槽形母线与分支线连接	0.5	分支线预留
3	带形母线与设备连接	0.5	从设备端子接口算起
4	多片重型母线与设备连接	1.0	从设备端子接口算起
5	槽形母线与设备连接	0.5	从设备端子接口算起

(二)软母线及组合软母线

软母线是指在发电厂和变电所的各级电压配电装置中，将发动机、变压器与各种电器连接的导线。软母线一般用于室外，因空间大，导线有所摆动也不至于造成线间距离不够。软母线截面为圆形，容易弯曲，制作方便，造价低廉。

常用的软母线采用的是铝绞线(由很多铝丝缠绕而成)，有的为了加大强度，采用钢芯铝绞线。按软母线的截面面积分类，有 50mm、70mm、95mm、120mm、150mm、240mm 等。

关键细节 51　软母线及组合软母线清单工程量计算

软母线及组合软母线清单项目工作内容包括：母线安装；绝缘子耐压试验；跳线安装；绝缘子安装。其应描述的清单项目特征包括：①名称；②材质；③型号；④规格；⑤绝缘子类型、规格。

软母线及组合软母线清单项目编码分别为 030403001、030403002，其工程量均按设计图示尺寸以单相长度计算(含预留长度)，以“m”为计量单位。

【例 7-6】 某屋外变压器软母线安装，共计安装 LGJ－300/25 型母线 70m，LGJ－400/35 型母线 90m，2XLGJQT－1400 型母线 90m，所使用金具为螺栓型金具。试计算母线工程量。

解：根据题意，查表 7-15 可得：

LGJ－300/25 型母线工程量＝70＋2.5＝72.5m

LGJ－400/35 型母线工程量＝90＋2.5＝92.5m

2XLGJQT－1400 型母线工程量＝90＋2.5＝92.5m

工程量计算结果见表 7-17。

表 7-17 工程量计算表

项目编码	项目名称	项目特征描述	计量单位	工程量
030403001001	软母线	LGJ－300/25 型母线，螺栓型金具	m	72.5
030403001002	软母线	LGJ－400/35 型母线，螺栓型金具	m	92.5
030403001003	软母线	2XLGJQT－1400 型母线，螺栓型金具	m	92.5

(三)带形母线

带形母线散热条件较好，集肤效应较小，在容许发热温度下通过的允许工作电流大。

关键细节 52 带形母线清单工程量计算

带形母线清单项目工作内容包括：母线安装；穿通板制作、安装；支持绝缘子、穿墙套管的耐压试验、安装；引下线安装；伸缩节安装；过渡板安装；刷分相漆。其应描述的清单项目特征包括：①名称；②型号；③规格；④材质；⑤绝缘子类型、规格；⑥穿墙套管材质、规格；⑦穿通板材质、规格；⑧母线桥材质、规格；⑨引下线材质、规格；⑩伸缩节、过渡板材质、规格；⑪分相漆品种。

带形母线清单项目编码为 030403003，其工程量按设计图示尺寸以单相长度计算(含预留长度)，以“m”为计量单位。

(四)槽形母线

槽形母线机械强度较好，载流量较大，集肤效应系数也较小。槽形母线一般用于4000～8000A 的配电装置中。

关键细节 53 槽形母线清单工程量计算

槽形母线清单项目工作内容包括：母线制作、安装；与发电机、变压器连接；与断路器、隔离开关连接；刷分相漆。其应描述的清单项目特征包括：①名称；②型号；③规格；④材质；⑤连接设备名称、规格；⑥分相漆品种。

槽形母线清单项目编码为 030403004，其工程量按设计图示尺寸以单相长度计算(含预留长度)，以“m”为计量单位。

(五)共箱母线

共箱母线是指将多片标准型铝母线(铜母线)装设在支柱式绝缘子上，外用金属(一般为铝)薄板制成罩箱用于保护多相导体的一种电力传输装置。

关键细节 54 共箱母线清单工程量计算

共箱母线清单项目工作内容包括：母线安装；补刷(喷)油漆。其应描述的清单项目特征包括:①名称;②型号;③规格;④材质。

共箱母线清单项目编码为030403005,其工程量按设计图示尺寸以中心线长度计算,以“m”为计量单位。

(六)低压封闭式插接母线槽工程量计算

低压封闭式插接母线槽质量要求如下:

(1)每一相母线组件在外壳上应有明显标志,表明所属相段、编号及安装方向。

(2)母线和外壳不应有裂纹、裂口和严重锤痕和凹凸不平现象。

(3)母线与外壳的不同心度,允许偏差为±5mm。

(4)外壳法兰端面应与外壳轴线垂直,法兰盘不变形,法兰加工精度良好。

(5)螺栓连接的接触面加工后镀锡,锡层要求平整、均匀、光洁,不允许有麻面、起皮及未覆盖部分。

(6)外壳内表面及母线外表面涂无光泽黑漆,漆层应良好。需要现场焊接或螺栓连接的部分不涂。

关键细节55　低压封闭式插接母线槽清单工程量计算

低压封闭式插接母线槽清单项目工作内容包括:母线安装;补刷(喷)油漆。其应描述的清单项目特征包括:①名称;②型号;③规格;④容量(A);⑤线制;⑥安装部位。

低压封闭式插接母线槽清单项目编码为030403006,其工程量按设计图示尺寸以中心线长度计算,以“m”为计量单位。

【例7-7】 某安装工程中的“低压封闭式插接母线槽”安装,其型号为CFW－2－400,共200m,进、出分线箱400A,试计算其工程量。

解:工程量计算结果见表7-18。

表7-18　工程量计算表

项目编码	项目名称	项目特征描述	计量单位	工程数量
030403006001	低压封闭式插接母线槽	CFW－2－400低压封闭式插接母线槽,进、出分线箱400A	m	200

(七)始端箱、分线箱

母线始端箱就是插接母线的进线箱,是在插接母线的始端(电源进线起点)安装的母线插接进线箱。分线箱是插接母线的中间进行分线出线的母线分支插接箱。

关键细节56　始端箱、分线箱清单工程量计算

始端箱、分线箱清单项目工作内容包括:本体安装;补刷(喷)油漆。其应描述的清单项目特征包括:①名称;②型号;③规格;④容量(A)。

始端箱、分线箱清单项目编码为030403007,其工程量按设计图示数量计算,以“台”为计量单位。

(八)重型母线

重型母线安装应符合下列规定：

(1)母线与设备连接处宜采用软连接，连接线的截面不应小于母线截面。

(2)母线的紧固螺栓：铝母线宜用铝合金螺栓，铜母线宜用铜螺栓，紧固螺栓时应用力矩扳手。

(3)在运行温度高的场所，母线不应有铜铝过渡接头。

(4)母线在固定点的活动滚杆应无卡阻，部位的机械强度及绝缘电阻值应符合设计要求。

关键细节 57 重型母线清单工程量计算

重型母线清单项目工作内容包括：母线制作、安装；伸缩器及导板制作、安装；支承绝缘子安装；补刷(喷)油漆。其应描述的清单项目特征包括：①名称；②型号；③规格；④容量(A)；⑤材质；⑥绝缘子类型、规格；⑦伸缩器及导板规格。

重型母线清单项目编码为030403008，其工程量按设计图示尺寸以质量计算，以“t”为计量单位。

三、全统定额关于母线安装的内容

母线安装定额计价工作内容包括绝缘子安装，穿墙套管安装，软母线安装，软母线引下线、跳线及设备连接，组合软母线安装，带形母线安装，带形母线引下线安装，带形母线用绳索节头及铜过渡板安装，槽形母线安装，槽形母线与设备连接，共箱母线安装，低压封闭式插接母线槽安装，重型母线安装，重型母线绳索器及导板制作、安装，重型铝母线接触面加工。

关键细节 58 母线安装定额计价有关说明

(1)软母线安装定额是按单串绝缘子考虑的，如设计为双串绝缘子，其定额人工乘以系数1.08。

(2)软母线的引下线、跳线、设备连线均按导线截面分别执行定额。不区分引下线、跳线和设备连线。

(3)带形钢母线安装执行铜母线安装定额。

(4)带形母线伸缩节头和铜过渡板均按成品考虑，定额只考虑安装。

(5)高压共箱母线和低压封闭式插接母线槽均按制造厂供应的成品考虑，定额只包含现场安装。封闭式插接母线槽在竖井内安装时，人工和机械乘以系数2.0。

关键细节 59 母线安装全统定额未包括的工作内容

(1)母线安装定额不包括支架、铁构件的制作、安装，发生时执行相应定额。

(2)软母线、带形母线、槽形母线的安装定额内不包括母线、金具、绝缘子等主材，具体可按设计数量加损耗计算。

(3)组合软导线安装定额不包括两端铁构件制作、安装和支持瓷瓶、带形母线的安装，发生时应执行相应定额。其跨距是按标准跨距综合考虑的，实际跨距与定额不符时不作换算。

(4)带形母线、槽形母线安装均不包括支持瓷瓶安装和钢构件配置安装，其工程量应分别按设计成品数量执行相应定额。

关键细节60　母线安装全统定额工程量计算规则

(1)软母线安装是指直接由耐张绝缘子串悬挂部分，按软母线截面大小分别以“跨/三相”为计量单位。设计跨距不同时，不得调整。导线、绝缘子、线夹、弛度调节金具等均按施工图设计用量加定额规定的损耗率计算。

(2)软母线引下线是指由T形线夹或并沟线夹从软母线引向设备的连接线，以“组”为计量单位，每三相为一组；软母线经终端耐张线夹引下(不经T形线夹或并沟线夹引下)与设备连接的部分均执行引下线定额，不得换算。

(3)两跨软母线间的跳引线安装，以“组”为计量单位，每三相为一组。不论两端的耐张线夹是螺栓式或压接式，均执行软母线跳线定额，不得换算。

(4)设备连接线安装，指两设备间的连接部分。不论引下线、跳线、设备连接线，均应分别按导线截面、三相为一组计算工程量。

(5)组合软母线安装，按三相为一组计算，跨距(包括水平悬挂部分和两端引下部分之和)系以45m以内考虑，跨度的长与短不得调整。导线、绝缘子、线夹、金具按施工图设计用量加定额规定的耗损率计算。

(6)软母线安装预留长度按表7-15计算。

(7)带形母线安装及带形母线引下线安装包括铜排、铝排，分别以不同截面和片数以“m/单相”为计量单位。母线和固定母线的金具均按设计量加耗损率计算。

(8)钢带形母线安装，按同规格的铜母线定额执行，不得换算。

(9)母线伸缩接头及铜过渡板安装均以“个”为计量单位。

(10)槽形母线安装以“m/单相”为计量单位。槽形母线与设备连接，分别按连接不同的设备以“台”为计量单位。槽形母线及固定槽形母线的金具按设计用量加耗损率计算。壳的大小尺寸以“m”为计量单位，长度按设计共箱母线的轴线长度计算。

(11)低压(指380V以下)封闭式插接母线槽安装，分别按导体的额定电流大小以“m”为计量单位，长度按设计母线的轴线长度计算，分线箱以“台”为计量单位，分别以电流大小按设计数量计算。

(12)重型母线安装包括铜母线、铝母线，分别按截面大小以母线的成品质量以“t”为计量单位。

(13)重型铝母线接触面加工指铸造件需加工接触面时，可以按其接触面大小，分别以“片/单相”为计量单位。

(14)硬母线配置安装预留长度按表7-16的规定计算。

(15)带形母线、槽形母线安装均不包括支持瓷瓶安装和钢构件配置安装，其工程量应分别按设计成品数量执行相应定额。

第四节 控制设备及低压电器安装

一、控制设备与低压电器概述

1. 控制设备

在电气工程中，大量建筑电气设备是靠电动机拖动的，利用这些电气设备以实现工程上所要求的各种运行方式。对电动机以及其他用电设备都需要对其运行方式进行控制而形成了各种控制系统。控制设备是指对电能进行分配、控制和调节的控制系统。

在控制电路中，不仅要有控制元件，还应有保护元件和信号元件，以防止电路或电气设备发生故障以及保证人身安全。由各种控制元件、保护元件等组成，对电动机及其他用电设备和运行方式进行控制的线路图，称为电气控制电路图，习惯上称为电路图。

电路图是由图形符号绘制，并按其原理及功能布局，表示电路中设备、元件的连接关系，从而构成的一种易读的简图，便于工作人员分析和计算。电路图不考虑施工过程中的实际位置，可作为绘制接线图的依据。

在建筑设备电气控制中，为了满足生产工艺和生产的过程要求，就需要对电动机进行顺序启动、停止、正反转、调速和制动等电气控制，由此构成了很多基本环节（各种控制环节、各种保护环节、显示报警环节等）。电气控制系统无论其复杂与否，都是由一些基本环节即单元电路组成，而这些基本的单元电路又是由电气元件组成的。

2. 低压电器

低压电器用来接通或断开电路，同时，起到控制、保护、调节电动机的启/停、正/反转、调速和制动等作用的电气元件。

由低压电气（如刀开关、熔断器、控制按钮、接触器等）系统组成的，通常称为继电器接触器控制系统。这种系统通过机械触点的断续控制（开关动作，包括各种元件的断续闭合和断开）来控制目标。

低压电器按其使用系统分类，可分为电力拖动自动控制系统用电器和电力系统用电器两类。前者主要用于电力拖动自动控制系统；后者主要用于低压供配电系统。

二、控制设备及低压电器安装清单工程量计算

（一）一般规定

控制设备及低压电器安装清单项目适用于控制设备、各种控制屏、继电信号屏、模拟屏、配电屏、整流柜、电气屏（柜）、成套配电箱、控制箱、各种控制开关、控制器、接触器、启动器及现阶段大量使用的集装箱式配电室等的工程量清单项目设置与计量。

关键细节61 控制设备及低压电器安装清单计价应注意的问题

（1）清单项目描述时，对各种铁构件如需镀锌、镀锡、喷塑等，需予以描述，以便计价。

（2）凡导线进出屏、柜、箱、低压电器的，该清单项目描述时均应描述是否要焊（压）接线端子。而电缆进出屏、柜、箱、低压电器的，可不描述焊（压）接线端子。因为已综合在电

缆敷设的清单项目中。

(3)凡需做盘(屏、柜)配线的清单项目,必须予以描述。

(4)控制开关包括:自动空气开关、刀形开关、铁壳开关、胶盖刀闸开关、组合控制开关、万能转换开关、风机盘管三速开关、漏电保护开关等。

(5)小电器包括:按钮、电笛、电铃、水位电气信号装置、测量表计、继电器、电磁锁、屏上辅助设备、辅助电压互感器、小型安全变压器等。

(6)其他电器必须根据电器实际名称确定项目名称,明确描述工作内容、项目特征、计量单位、计算规则。

(7)盘、箱、柜的外部进出电线预留长度见表 7-19。

表 7-19　盘、箱、柜的外部进出线预留长度　m/根

序号	项目	预留长度	说明
1	各种箱、柜、盘、板、盒	高+宽	盘面尺寸
2	单独安装的铁壳开关、自动开关、刀开关、启动器、箱式电阻器、变阻器	0.5	从安装对象中心算起
3	继电器、控制开关、信号灯、按钮、熔断器等小电器	0.3	从安装对象中心算起
4	分支接头	0.2	分支线预留

(二)控制设备及低压电器安装

(1)控制屏。控制屏是装有控制和显示变电站运行或系统运行所需设备的屏。

(2)继电屏、信号屏。继电屏是一种当输入量(电、光、热、磁、声)达到一定值时,输出量将发生跳跃式变化的自动控制器件;信号屏分事故信号屏和预告信号屏两种,具有灯光、音响报警功能,有事故信号、预告信号的试验按钮和解除按钮。

(3)低压配电屏。低压配电屏主要是进行电力分配,配电屏内的多路出线分别送给各个楼层的配电箱,再由各个配电箱分送到各个房间和具体用户(电力先经配电屏分配后,再由配电屏内的开关送到各个配电箱)。

(4)箱式配电室。配电室是指交换电能的场所,装备有各种受、配电设备,但不装备变压器等变电设备。

(5)硅整流柜。硅整流柜是将交流电转化为直流电的装置,整流器装置的种类很多,现在较为先进的为硅整流装置和可控硅整流装置。

(6)可控硅整流柜。可控硅整流柜是一种大功率直流输出装置,可以用于给发电机的转子提供励磁电压和电流,其输出的直流电压和直流电流是可以调节的。其内部基本原理是将输入的交流电源经过由可控硅组成的全波桥式整流电路,通过移相触发改变可控硅导通角大小的方式控制输出的直流电的大小。可控硅柜内的可控硅整流器已由厂家安装好,其安装为整体吊装,可控硅整流柜的名字由其内装设备而得。

(7)低压电容器柜。低压电容器柜是在变压器的低压侧运行,一般受功率因数控制而自动运行。因所带负载的种类不同而确定电容的容量及电容组的数量,当供用电系统正常时,由控制器捕捉功率因数来控制投入的电容组的数量。

(8)自动调节励磁屏。自动调节励磁屏主要用于励磁机励磁回路中,用于对励磁调节

器的控制。励磁调节器其实就是一个滑动变阻器,用来改变回路中电阻的大小,从而改变回路的电流大小。

(9)励磁灭磁屏。励磁装置是指同步发电机的励磁系统中除励磁电源外的对励磁电流能起控制和调节作用的电气调控装置。励磁系统包括励磁电源和励磁装置,是电站设备中不可缺少的部分。其中,励磁电源的主体是励磁机或励磁变压器;励磁装置则根据不同的规格、型号和使用要求,分别由调节屏、控制屏、灭磁屏和整流屏等几部分组合而成。

(10)蓄电池屏(柜)。蓄电池屏(柜)采用反电势充电法实现其整流电功能。蓄电池屏(柜)的主要特性为:额定容量 50kV·A,输入三相交流,输出脉动直流,最大充电电流 100A,充电电压 250～350V、可调,具有缺相保护、输出短路保护、蓄电池充满转浮充限流等保护功能。

(11)直流馈电屏。直流馈电屏作为操作电源和信号显示报警,为较大、较复杂的高低压(高压更常用)配电系统的自动或电动操作提供电能源,还可以与中央信号屏综合设计在一起。直流馈电屏由交流电源、整流装置、充电(稳流+稳压)机、蓄电池组、直流配电系统组成。

(12)事故照明切换屏。事故照明切换屏是指当正常照明电源出现故障时,由事故照明电源来继续供电,以保证发电厂、变电所和配电室等重要部门的照明。因正常照明电源转换为事故照明电源的切换装置安装在一个屏内,故该屏被称为事故照明切换屏。

(13)控制台。控制台是一种专为监控室内摆放设备及清理线路的机壳设备。可放置的设备包括显示器、电脑主机、键盘、报警器、对讲主机等。

(14)控制箱。控制箱适用于厂矿、企业、商场等场合,交流 50Hz,额定工作电压为交流 380V 的低压电网系统中,作为动力、照明配电及电动机控制之用,适用室内挂墙,户外落地安装的配电设备。

(15)配电箱。配电箱是指专为供电用的箱,内装断路器、隔离开关、空气开关或刀开关、保险器以及检测仪表等设备元件。

(16)控制开关。用于控制开关设备并控制设备操作(包括信号、电气联锁等)目的的开关称为控制开关。

(17)低压熔断器。低压熔断器是指当电流超过一定限度时,熔断器中的熔丝(又名保险丝)就会熔化甚至烧断,将电路切断以保护电器安全的装置。熔断器大致可分为插入式熔断器、螺旋式熔断器、封闭式熔断器、快速熔断器、管式熔断器等几类。

(18)限位开关。限位开关又称行程开关,可以在相对静止的物体(如固定架、门框等,简称静物)上和运动的物体(例如行车、门等,简称动物)上。当动物接近静物时,开关的连杆驱动开关的接点引起闭合的接点分断或者断开的接点闭合。由开关接点开、合状态的改变去控制电路和机械设备的运转。

(19)控制器。控制器是一种具有多种切换线路的控制元件。目前,应用最普遍的有主令控制器和凸轮控制器。其中,凸轮控制器是一种大型手动控制器,主要适用于起重设备中直接控制中小型绕线式异步电动机的启动、停止、调速、换向和制动,也适用于有相同要求的其他电力拖动场合。凸轮控制器主要由触头、转轴、凸轮、杠杆、手柄、灭弧罩及定位机构等组成。凸轮控制器中有多组触点,并由多个凸轮分别控制,以实现对一个较复杂电路中的多个触点进行同时控制。由于凸轮控制器可直接控制电动机工作,所以其触头容量大并有灭弧装置。凸轮控制器的优点为控制线路简单、开关元件少、维修方便等；缺点为体积较大，操作困难，不能实现远距离控制。

(20)接触器。接触器是指工业中利用线圈流过电流产生磁场，使触头闭合，以达到控制负载的电器。按其触头通过电流的种类可分为交流接触器和直流接触器。接触器具有操作频率高、使用寿命长、工作可靠、性能稳定、成本低廉、维修简便等优点。其主要用于控制电动机、电热设备、电焊机、电容器组等，是电力拖动自动控制线路中应用广泛的控制电器之一。

(21)磁力启动器。磁力启动器是产生开关电动机的力(电磁力)的启动装置。

(22)Y－△自耦减压启动器。Y－△自耦减压启动器是一种电气开关，一般由变压器，开关的静、动触头，热继电器，欠压继电器及启动按钮构成。

(23)电磁铁(电磁制动器)。接通电源能产生电磁力的装置称为电磁铁。电磁铁有许多优点：磁性的有无可以用通、断电流控制；磁性的大小可以用电流的强弱或线圈的匝数来控制，也可通过改变电阻控制电流大小来控制。电磁制动器利用电磁效应实现制动的制动器。电磁制动器是现代工业中一种理想的自动化执行元件，在机械传动系统中主要起传递动力和控制运动等作用，具有结构紧凑，操作简单，响应灵敏，寿命长久，使用可靠，易于实现远距离控制等优点。

(24)快速自动开关。快速自动开关是自动开关的一种，其切断电流的速度比一般自动开关快，故称快速自动开关。

(25)电阻器。电阻器是一个限流主件，将电阻接在电路中后，可限制通过它所连支路的电流大小。如果一个电阻器的电阻值接近零欧姆(如两个点之间的大截面导线)，则该电阻器对电流没有阻碍作用，串接这种电阻器的回路被短路，电流无限大。如果一个电阻器具有无限大的或很大的电阻，则串接该电阻器的回路可看作开路，电流为零。工业中常用的电阻器介于两种极端情况之间，具有一定的电阻，可通过一定的电流，但电流不像短路时那样大。电阻器的限流作用类似于接在两根大直径管道之间的小直径管道限制水流量的作用。

(26)油浸频敏变阻器。油浸频敏变阻器是可以调节电阻大小的装置，接在电路中能调整电流的大小。一般的油浸频敏变阻器用电阻较大的导线和可以改变接触点以调节电阻线有效长度的装置构成。

(27)分流器。分流器是测量直流电流用的，根据直流电流通过电阻时在电阻两端产生电压的原理制成。

(28)小电器。小电器包括插座、开关、按钮、电扇、电铃、继电器等，在设置清单项目时，按具体名称设置，如电视插座、延时开关、吊扇等。

(29)端子箱。端子箱是一种转接施工线路，对分支线路进行标注，为布线和查线提供方便的一种接口装置。在某些情况下，为便于施工及调试，可将一些较为特殊且安装设置较为有规律的产品(如短路隔离器等)安装在端子箱内。

关键细节 62 控制设备及低压电器安装清单项目工作内容

控制设备及低压电器安装清单项目工作内容包括：

(1)控制屏(030404001)、继电及信号屏(030404002)、模拟屏(030404003)、弱电控制

返回屏(030404005)清单项目工作内容包括:本体安装;基础型钢制作、安装;端子板安装;焊、压接线端子;盘柜配线、端子接线;小母线安装;屏边安装;补刷(喷)油漆;接地。其应描述的清单项目特征包括:①名称;②型号;③规格;④种类;⑤基础型钢形式、规格;⑥接线端子材质、规格;⑦端子板外部接线材质、规格;⑧小母线材质、规格;⑨屏边规格。

(2)低压开关柜(屏)(030404004)清单项目工作内容包括:本体安装;基础型钢制作、安装;端子板安装;焊、压接线端子;盘柜配线、端子接线;屏边安装;补刷(喷)油漆;接地。其应描述的清单项目特征包括:①名称;②型号;③规格;④种类;⑤基础型钢形式、规格;⑥接线端子材质、规格;⑦端子板外部接线材质、规格;⑧小母线材质、规格;⑨屏边规格。

(3)箱式配电室(030404006)清单项目工作内容包括:本体安装;基础型钢制作、安装;基础浇筑;补刷(喷)油漆;接地。其应描述的清单项目特征包括:①名称;②型号;③规格;④质量;⑤基础规格、浇筑材质;⑥基础型钢形式、规格。

(4)硅整流柜(030404007)、可控硅柜(030404008)清单项目工作内容包括:本体安装;基础型钢制作、安装;补刷(喷)油漆;接地。其应描述的清单项目特征包括:①名称;②型号;③规格;④容量(A或kW);⑤基础型钢形式、规格。

(5)低压电容器柜(030404009)、自动调节励磁屏(030404010)、励磁灭磁屏(030404011)、蓄电池屏(柜)(030404012)、直流馈电屏(030404013)、事故照明切换屏(030404014)清单项目工作内容包括:本体安装;基础型钢制作、安装;端子板安装;焊、压接线端子;盘柜配线、端子接线;小母线安装;屏边安装;补刷(喷)油漆;接地。其应描述的清单项目特征包括:①名称;②型号;③规格;④基础型钢形式、规格;⑤接线端子材质、规格;⑥端子板外部接线材质、规格;⑦小母线材质、规格;⑧屏边规格。

(6)控制台(030404015)清单项目工作内容包括:本体安装;基础型钢制作、安装;端子板安装;焊、压接线端子;盘柜配线、端子接线;小母线安装;补刷(喷)油漆;接地。其应描述的清单项目特征包括:①名称;②型号;③规格;④基础型钢形式、规格;⑤接线端子材质、规格;⑥端子板外部接线材质、规格;⑦小母线材质、规格。

(7)控制箱(030404016)、配电箱(030404017)清单项目工作内容包括:本体安装;基础型钢制作、安装;焊、压接线端子;补刷(喷)油漆;接地。其应描述的清单项目特征包括:①名称;②型号;③规格;④基础形式、材质、规格;⑤接线端子材质、规格;⑥端子板外部接线材质、规格;⑦安装方式。

(8)插座箱(030404018)清单项目工作内容包括:本体安装;接地。其应描述的清单项目特征包括:①名称;②型号;③规格;④安装方式。

(9)控制开关(030404019)、低压熔断器(030404020)、限位开关(030404021)、控制器(030404022)、接触器(030404023)、磁力启动器(030404024)、Y—△自耦减压启动器(030404025)、电磁铁(电磁制动器)(030404026)、快速自动开关(030404027)、电阻器(030404028)、油浸频敏变阻器(030404029)、分流器(030404030)、小电器(030404031)清单项目工作内容包括:本体安装;焊、压接线端子;接地。其中,控制开关应描述的清单项目特征包括:①名称;②型号;③规格;④接线端子材质、规格;⑤额定电流(A)。低压熔断器、限位开关、控制器、接触器、磁力启动器、Y—△自耦减压启动器、电磁铁(电磁制动器)、快速自动开关、电阻器、油浸频敏变阻器、小电器应描述的清单项目特征包括:①名称;②型号;③规格;④接线端子材质、规格。分流器应描述的清单项目特征包括:①名称;②型号;

③规格;④容量(A);⑤接线端子材质、规格。

(10)端子箱(030404032)、照明开关(030404034)、插座(030404035)清单项目工作内容包括:本体安装;接线。其应描述的清单项目特征包括:①名称;②型号;③规格;④安装部位(方式)。

(11)风扇(030404033)清单项目工作内容包括:本体安装;调速开关安装。其应描述的清单项目特征包括:①名称;②型号;③规格;④安装方式。

(12)其他电器(030404036)清单项目工作内容包括:安装;接线。其应描述的清单项目特征包括:①名称;②规格;③安装方式。

控制设备及低压电器安装工程量按设计图示数量计算,以“个(台、套、箱)”为计量单位。

三、全统定额关于控制设备及低压电器安装的内容

控制设备及低压电器安装定额计价工作内容包括控制、继电、模拟及配电屏安装,硅整流柜安装,可控硅安装,直流屏及其他电气屏(柜)安装,控制台、控制箱安装,成套配电箱安装,控制开关安装,熔断器、限位开关安装,控制器、接触器、起动器、电磁铁、快速自动开关安装,电阻器、变阻器安装,按钮、电笛、电铃安装,水位电气信号装置安装,仪表、电器、小母线安装,分流器安装,盘柜配线,端子箱、端子板安装及端子板外部接线,焊铜接线端子,压铜接线端子,压铝接线端子,穿通板制作、安装,基础槽钢、角钢安装,铁构件制作、安装及箱、盒制作,木配电箱制作,配电板制作、安装。

关键细节63　控制设备及低压电器安装定额计价有关说明

(1)定额包括电气控制设备、低压电器的安装,盘、柜配线,焊(压)接线端子安装,穿通板制作、安装,基础槽、角钢及各种铁构件、支架制作、安装。

(2)控制设备安装,除限位开关及水位电气信号装置外,其他均未包括支架制作、安装,发生时可执行相应定额。

(3)屏上辅助设备安装,包括标签框、光字牌、信号灯、附加电阻、连接片等,但不包括屏上开孔工作。

(4)设备的补充油按设备考虑。

(5)各种铁构件制作,均不包括镀锌、镀锡、镀铬、喷塑等其他金属防护费用,发生时应另行计算。

(6)轻型铁构件指结构厚度在3mm以内的构件。

(7)铁构件制作、安装定额适用于定额范围内的各种支架、构件的制作、安装。

关键细节64　控制设备安装全统定额未包括的工作内容

(1)二次喷漆及喷字。

(2)电器及设备干燥。

(3)焊、压接线端子。

(4)端子板外部(二次)接线。

关键细节65 控制设备及低压电器安装全统定额工程量计算规则

(1)控制设备及低压电器安装均以"台"为计量单位。以上设备均未包括基础槽钢、角钢的制作安装,其工程量应按相应规定额计算。

(2)铁构件制作安装均按施工图设计尺寸,以成品质量"kg"为计量单位。

(3)网门、保护网制作安装,按网门或保护网设计图示的框外围尺寸,以"m^2"为计量单位。

(4)盘柜配线分不同规格,以"m"为计量单位。

(5)盘、箱、柜的外部进出线预留长度按表7-19计算。

(6)配电板制作安装及包铁皮,按配电板图示外形尺寸,以"m^2"为计量单位。

(7)焊(压)接线端子定额只适应于导线,电缆终端头制作安装定额中已包括压接线端子,不得重复计算。

(8)端子板外部接线按设备盘、箱、柜、台的外部接线图计算,以"10个"为计量单位。

(9)盘、柜配线定额只适用于盘上小设备元件的少量现场配线,不适用于工厂的设备修、配、改工程。

第五节 蓄电池安装

一、蓄电池概述

1. 蓄电池的工作原理

蓄电池是电池中的一种,它的作用是把有限的电能储存起来,在合适的地方使用。它的工作原理就是把化学能转化为电能。蓄电池用填满海绵状铅的铅板作负极,填满二氧化铅的铅板作正极,并用22%～28%的稀硫酸作电解液。在充电时,电能转化为化学能,放电时化学能又转化为电能。电池在放电时,金属铅是负极,发生氧化反应,被氧化为硫酸铅;二氧化铅是正极,发生还原反应,被还原为硫酸铅。电池在用直流电充电时,两极分别生成铅和二氧化铅。移去电源后,它又恢复到放电前的状态,组成化学电池。铅蓄电池是能反复充电、放电的电池,叫作二次电池。它的电压为2V,通常把三个铅蓄电池串联起来使用,电压为6V。

2. 蓄电池出线板安装

蓄电池出线板一般用酚醛布板、塑料板、橡胶石棉水泥板制作,也有用钢板制作的。应根据施工图纸母线的总根数选用板的孔数,出线板的尺寸大小应根据孔数具体工程有关规定来定。

出线板安装在墙上,施工时应先安装出线板的框架,框架四周孔缝用水泥封闭,凝固后,再将出线板用螺栓固定在框架上。

从蓄电池引出的圆母线应全部接到出线板上,再从出线板上用导线或直流电缆引至整个配电盘上去。

3. 不同形式蓄电池安装

(1)固定式铅蓄电池安装。

1)蓄电池须设在专用室内,室内的门窗、墙、木架、通风设备等须涂有耐酸油漆保护,地面须铺耐酸砖,并保持一定温度。室内应有上、下水道。

2)电池室内应保持严密,门窗上的玻璃应为毛玻璃或涂以白色油漆。

3)照明灯具的装设位置,需考虑维修方便,所用导线或电缆应具有耐酸性能。采用防爆型灯具和开关。

4)取暖设备,在室内不准有法兰连接和气门,距离电池不得小于750mm。

5)风道口应设有过滤网,并有独立的通风道。

6)充电设备不准设在电池室内。

(2)固定型开口式铅蓄电池安装。

1)安装前检查:

①蓄电池玻璃槽应透明,厚度均匀,无裂纹及直径5mm以上的气泡,并应无渗漏现象;

②蓄电池的极板应平直,无弯曲、受潮及剥落现象;

③隔板及隔棒应完整无破裂,销钉应齐全。

2)蓄电池安装:

①蓄电池槽与台架之间应用绝缘子隔开,并在槽与绝缘子之间垫有铅质或耐酸材料的软质垫片。

②绝缘子应按台架中心线对称安置,并尽可能靠近槽的四角。

③极板的焊接不得有虚焊、气孔;焊接后不得有弯曲、歪斜及破损现象。

④极板之间的距离应相等,并相互平行,边缘对齐。

⑤隔板上端应高出极板,下端应低于极板。

⑥蓄电池极板组两侧的铅弹簧(或耐酸的弹性物)的弹力应充足,以便压紧极板。

⑦组装极板时,每只电池的正、负极片数,应符合产品的技术要求。

⑧注酸前应彻底清除槽内的污垢、焊渣等杂物。

⑨每个蓄电池均应有略小于槽顶面的磨砂玻璃盖板。

关键细节66 固定型开口式铅蓄电池木台架安装要点

(1)台架应由干燥、平直、无大木节及贯穿裂缝的多树脂木材(如红松)制成,台架的连接不得用金属固定。

(2)台架应涂耐酸漆或焦油沥青。

(3)台架应与地面绝缘,可采用绝缘子或绝缘垫。

(4)台架的安装应平直,不得歪斜。

关键细节67 蓄电池室内裸硬母线安装要点

(1)母线支持点的间距不应大于2m。

(2)母线的连接应用焊接;母线和电池正、负柱连接时,接触应平整紧密;母线端头应搪锡;母线表面应涂以中性凡士林。

(3)当母线用绑线与绝缘子固定时,铜母线应用铜绑线,绑线截面不应小于2.5mm^2;

钢母线应用铁绑线，绑线截面不宜小于14号铁绑线截面。绑扎应牢固，绑线应涂以耐酸漆。

(4)母线应排列整齐平直，弯曲度应一致。母线间、母线与建筑物或其他接地部分之间的净距不应小于50mm。

(5)母线应沿其全长涂以耐酸相色油漆，正极为赭色，负极为蓝色；钢母线尚应在耐酸涂料外再涂一层凡士林；穿墙接线板上应有注明"十"极的标号。

(3)碱性镉镍蓄电池安装。

1)安装前检查。

①电池槽表面应无损坏、裂缝和变形，并应检查气塞橡胶套管的弹性。

②正、负柱应无松动，端柱接触面应擦拭干净，并涂上中性凡士林油。

③注液孔上的自动阀或螺塞应完好，孔道应畅通无堵塞。

2)电池安装。

①安装前应将槽体擦拭干净。

②安装在台架上的电池要排列整齐，两电池间的距离不小于50mm，并应注意相邻电池正负极交替的正确性。电池槽下应垫以瓷垫。

③母线连接。母线与电池极柱连接时接触应平整紧密，母线接触面应涂中性凡士林。

4. 蓄电池充电

蓄电池充放电准备内容如下：

(1)酸性蓄电池。

1)劳保用品：护目眼镜、口罩、橡胶手套、围裙等。

2)器具：密度计(密度1～3kg/m³)，温度计(0～100℃)，直流电流表(0～200A)，直流电压表(3－0－3V)，直流电压表(0～300V)，放电电阻(允许电流应大于放电电流的1.2倍，或利用水电阻)，硅整流充电装置。

(2)碱性镉镍蓄电池。

1)劳保用品：护目眼镜、橡胶围裙、橡胶手套、纯棉工作服等。

2)主要工具：温度计(0～100℃)、直流电压表(3－0－3V，0～300V)、直流电流表(0～100A)、硅整流装置、放电电阻(或水电阻)。

关键细节68 蓄电池充放电注意事项

(1)初充电及首次放电应按产品技术文件的技术要求进行，不应过充或过放。初充电期间，应保证电源可靠。在初充电开始后25h内，应保证连续充电，电源不可中断。

(2)充电前应复查蓄电池内电解液的液面高度。

(3)电解液注入蓄电池后，应静止3～5h，待液温冷却到30℃以下时，方可充电，但自电解液注入蓄电池内开始至充电之间的放置时间(当产品无要求时)，一般不宜超过12h。

(4)碱性镉镍蓄电池注入电解液后，应静置2h，经检查全部电池上出现电压(大于0.5V)后，方可充电。

二、蓄电池安装清单工程量计算

(一)一般规定

蓄电池安装清单项目适用于包括碱性蓄电池、固定密闭式铅酸蓄电池和免维护铅酸蓄电池等各种蓄电池安装工程工程量清单项目设置与计量。

关键细节 69　蓄电池安装清单计价应注意的问题

(1)如果设计要求蓄电池抽头连接用电缆及电缆保护管,应在清单项目中予以描述,以便计价。

(2)蓄电池电解液如需承包方提供,亦应描述。

(3)蓄电池充放电费用综合在安装单价中按“组”充放电,但需摊到每一个蓄电池的安装综合单价中报价。

(二)蓄电池安装

1. 蓄电池的应用

(1)启动型蓄电池:主要用于汽车、摩托车、拖拉机、柴油机等启动和照明。

(2)固定型蓄电池:主要用于通信、发电厂、计算机系统作为保护、自动控制的备用电源。

(3)牵引型蓄电池:主要用于各种蓄电池车、叉车、铲车等动力电源。

(4)铁路用蓄电池:主要用于铁路内燃机车、电力机车、客车启动、照明之动力。

(5)储能用蓄电池:主要用于风力、太阳能等发电用电能储存。

2. 蓄电池的温度与容量

当蓄电池温度降低,则其容量也会因以下理由而显著减少:

(1)冬季比夏季的使用时间短。

(2)特别是使用于冷冻库的蓄电池由于放电量大,而使一天的实际使用时间显著减短。若欲延长使用时间,则在冬季或是进入冷冻库前,应先提高其温度。

3. 放电量与寿命

每日反复充放电以供使用时,则电池寿命将会因放电量的深浅而受到影响。

4. 放电量与密度

蓄电池之电解液密度几乎与放电量成比例。因此,根据蓄电池完全放电时的密度及10%放电时的密度,即可推算出蓄电池的放电量。

关键细节 70　蓄电池清单工程量计算

蓄电池清单项目工作内容包括:本体安装;防震支架安装;充放电。其应描述的清单项目特征包括:①名称;②型号;③容量(A·h);④防震支架形式、材质;⑤充放电要求。

蓄电池清单项目编码为030405001,其工程量按设计图示数量计算,以“个(组件)”为计量单位。

关键细节 71 太阳能电池清单工程量计算

太阳能电池清单项目工作内容包括：安装；电池方阵铁架安装；联调。其应描述的清单项目特征包括：①名称；②型号；③规格；④容量；⑤安装方式。

太阳能电池清单项目编码为030405002，其工程量按设计图示数量计算，以“组”为计量单位。

【例7-8】 如图7-18所示，蓄电池安装在水泥台架上，其型号为GGF－30，其尺寸为121mm×97mm×212mm，试计算其工程量。

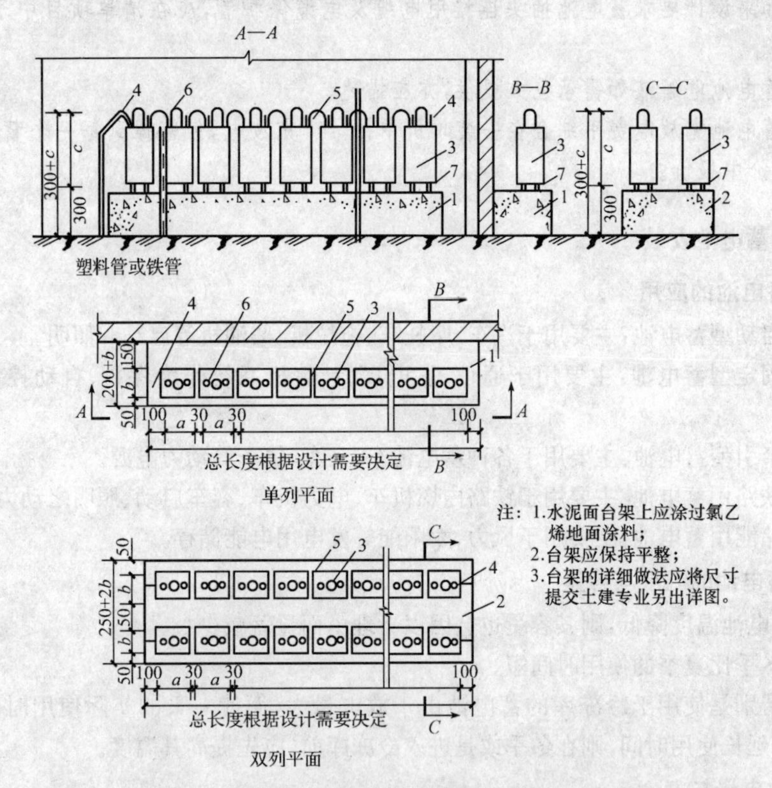

图7-18 GGF型蓄电池在水泥台架上安装示意图

1—单列砖基础水泥面台架；2—双列砖基础水泥面台架；3—蓄电池GGF—30；4—引出线；5—连接线(与蓄电池成套供应)；6—中间抽头引线；7—软胶垫(与蓄电池成套供应)

解：工程量计算结果见表7-20。

表7-20 工程量计算表

项目编码	项目名称	项目特征描述	计量单位	工程量
030405001001	蓄电池	蓄电池GGF－30，尺寸为121mm×97mm×212mm	个	16

三、全统定额关于蓄电池安装的内容

蓄电池安装定额计价工作内容包括蓄电池防震支架安装、碱性蓄电池安装、固定封闭式铅酸蓄电池安装、面维护铅酸蓄电池安装、蓄电池充放电。蓄电池安装定额适用于220V以下各种容量的碱性和酸性固定型蓄电池及其防震支架安装、蓄电池充放电。

关键细节72 蓄电池安装定额计价有关说明

(1)蓄电池防震支架按设备供货考虑,其安装按地坪打眼装膨胀螺栓固定。

(2)蓄电池电极连接条、紧固螺栓、绝缘垫,均按设备带有考虑。

(3)蓄电池充放电电量已计入定额,不论酸性、碱性电池均按其电压和容量执行相应项目。

关键细节73 蓄电池安装全统定额未包括的工作内容

(1)定额中不包括蓄电池抽头连接用电缆及电缆保护管的安装,发生时应执行相应项目。

(2)碱性蓄电池补充电解液由厂家随设备供货。铅酸蓄电池的电解液已包括在定额内,不另行计算。

关键细节74 蓄电池安装全统定额工程量计算规则

(1)铅酸蓄电池和碱性蓄电池的安装,分别按容量大小以单体蓄电池"个"为计量单位,按施工图设计的数量计算工程量。定额内已包括了电解液的材料耗损,执行时不得调整。

(2)免维护蓄电池安装以"组件"为计量单位,其具体计算如下例:某工程设计一组蓄电池为220V/500A·h,由12V的组件18个组成,那么就一个套用12V/500 A·h的定额18组件。

(3)蓄电池充放电按不同容量以"组"为计量单位。

第六节 电机检查接线及调试

一、电机安装施工

1. 安装作业条件

(1)与旋转电机安装有关的建筑物、构筑物的质量应符合国家现行建筑工程施工质量验收规范中的有关规定。

(2)应具备以下条件:

1)结束屋顶、楼板工作,不得有渗漏现象。

2)混凝土基础达到允许安装的强度。

3)现场模板、杂物清理完毕。

4)预留孔符合设计要求,预埋件牢固。

(3)在具有爆炸或火灾危险性的场所装设旋转电机时,还应符合有关规定。

(4)旋转电机的安装按已批准的设计进行施工。

(5)施工方案已编制并经审批。

2. 安装前检查

(1)安装检查。电机安装时,应对其进行必要的检查,并应符合下列要求:

1)盘动转子不得有滋卡声。

2)润滑脂应正常,无变色、变质及硬化等现象。其性能应符合电机工作条件。

3)测量滑动轴承电机的空气间隙,其不均匀度应符合产品的规定;若无规定,各点空气间隙的相互差值不应超过10%。

4)电机的引出线接线端子焊接或压接良好,且编号齐全。

5)绕线式电机需检查电刷的提升装置,提升装置应标有“启动”、“运行”的标志。动作顺序应是先短路集电环,然后提升电刷。

6)电机的换向器或滑环检查下列项目:

①换向器或滑环表面应光滑,无毛刺、黑斑、油垢等,如果换向器的表面不平整度达到0.2mm,应进行车光。

②换向器片间绝缘应凹下0.5~1.5mm,整流片与线圈的焊接应良好。

(2)抽芯检查。通常,电机出厂日期超过制造厂保证期限,或没有保证期限但已超过一年的,应进行抽芯检查。进行外观检查或电气试验时,质量可疑的,也应进行抽芯检查。此外,电机试运转时,若有异常声音或其他情况,同样需要进行抽芯检查。

电机拆卸抽芯检查前,应编制抽芯工艺,并应注意以下内容:

1)电机内部清洁无杂物。

2)电机的铁芯、轴颈、滑环和换向器等应清洁,无伤痕、锈蚀现象,通风孔无阻塞。

3)线圈绝缘层完好,绑线无松动现象。

4)定子槽楔应无断裂、凸出及松动现象。

5)转子的平衡块应紧固,平衡螺丝应锁牢,风扇方向应正确,叶片无裂纹。

6)磁极及铁轭固定良好,励磁线圈紧贴磁极,不应松动。

7)鼠笼式电动机转子导电条和端环的焊接应良好,浇铸的导电条和端环应无裂纹。

8)电机绕组连接正确、焊接良好。

9)直流电动机的磁极中心线与几何中心线应一致。

10)检查电机的滚珠(柱)轴承应符合:轴承工作面光滑清洁,无裂纹或锈蚀;轴承的滚动体与内外圈接触良好,无松动,转动灵活无卡涩;加入轴承内的润滑脂,应填满其内部空隙的2/3,同一轴承内不得填入两种不同的润滑脂。

(3)电刷的刷架、刷握及电刷的安装应符合下列要求:

1)同一组刷握应均匀排列在同一直线上。

2)各组电刷应在换向器的电气中性线上。

3)刷握的排列,一般应是相邻不同极性的一对刷架彼此错开。

(4)对于多速电机,其接线组别、极性应正确;联锁切换装置应动作可靠;有操作程序的电机应符合产品规格;电源切换开关应符合规范要求。

3. 电机安装

电机底座的基础一般用混凝土浇筑或用砖砌成，基础的形状如图 7-19 所示。

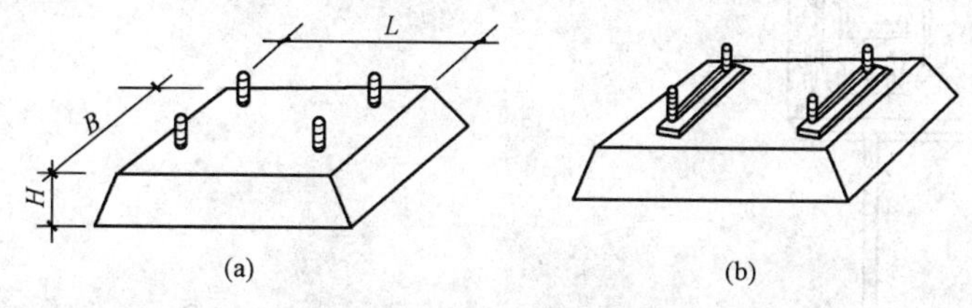

图 7-19　电动机底座的基础

L—长度；B—宽度；H—高度

基础高出地面 H 一般为 100～150mm，B 和 L 的尺寸应按电动机机座安装尺寸决定，每边一般比电动机底座宽 100～150mm，以保证埋设的地脚螺栓有足够的强度。基础的承重一般不小于电动机重量的 3 倍。

浇筑基础前，应先挖好基坑，并夯实坑底，防止基础下沉，接着用石块铺平，用水淋透，然后把基础模板放在上面，并埋进地脚螺栓。其基础模板如图 7-20 所示。在浇筑混凝土时，要保持地脚螺栓距离不变和上下垂直，保证与电动机底座螺孔距离相符。浇筑的速度不宜太快，并要用铁钎捣固。混凝土浇好后，用草袋盖在基础上，避免太阳直晒，并要经常洒水，养护 7 天后，便可拆除基础模板，再继续养护 10～15 天后，才能安装电动机。砖砌基础要在安装前 7 天做好。基础不能有裂纹，基础面应平整。

为了保证地脚螺栓埋得牢固，螺栓的六角头一端应开成人字形开口，如图 7-21 所示。埋入长度一般是螺栓直径的 10 倍左右，人字开口长度约是埋入长度的一半。埋设不可倾斜，待电动机紧固后地脚螺栓应高出螺母 3～5 扣。

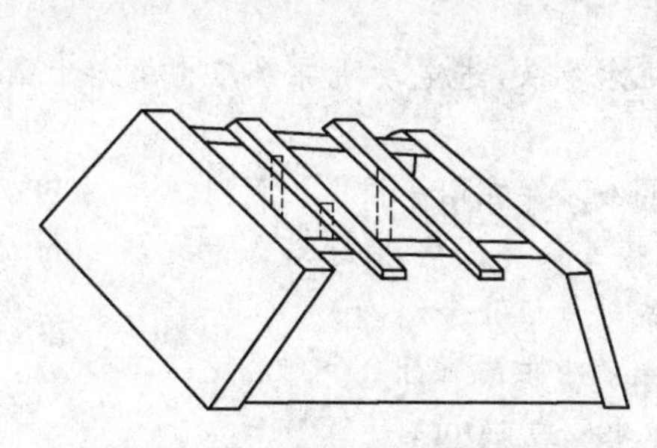

图 7-20　电动机底座基础模板浇筑

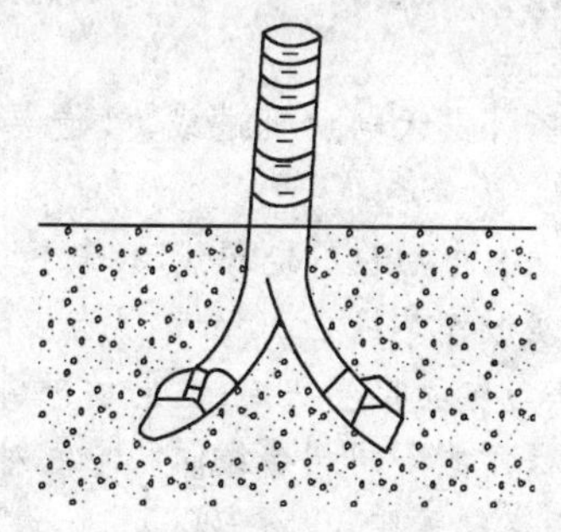

图 7-21　地脚螺栓的埋设

关键细节 75　电动机安装注意事项

安装电动机时，质量在 100kg 以下的电动机，可用人力抬到基础上；比较重的电动机，应用起重机或滑轮、手拉葫芦等器具将电动机吊装就位。为了防止震动，安装时应在电动机与基础之间垫一层质地坚韧的硬橡皮等防震物；四个地脚螺栓上均要加弹簧垫圈，拧紧螺母时要按对角交错次序拧紧，每个螺母要拧得一样紧。

穿导线的钢管应在浇筑混凝土前埋好，连接电动机的一端钢管管口离地不低于

100mm,并应尽量靠近电动机的接线盒,最好用软管伸入接线盒,如图7-22所示。

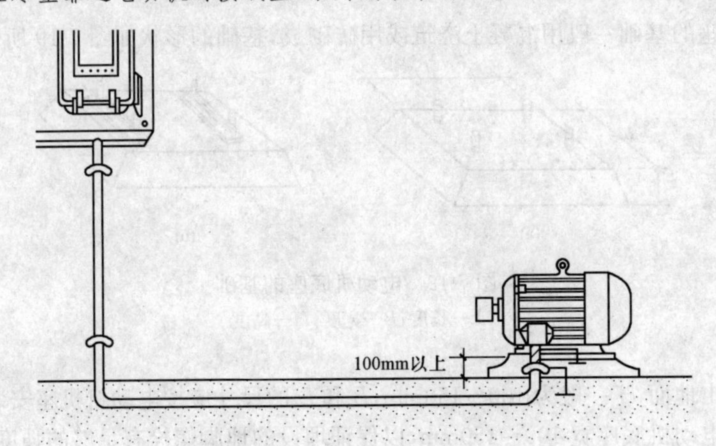

图7-22 穿导线钢管敷设示意图

4. 电机接线

电机的接线在电机安装中是一项非常重要的工作。接线前应核对电机铭牌上的说明或电机接线极上接线端子的数量与符号,然后根据接线图接线。如电机没有铭牌,或端子标号不清楚,则需要用仪表或其他方法检查,然后确定接线方法。

关键细节76 电动机接线施工要点

(1)电动机配管管口应在电动机接线盒附近,从管口到电动机接线盒的导线应用塑料管或金属软管保护;在易受机械损伤及高温车间,导线必须用金属软管保护,软管可用尼龙接头连接。

(2)室外露天电动机进线,管道要做防水弯头,进电动机导线应由下向上翻,要做滴水弯。

(3)同一电动机的电源线、控制线、信号线可穿在同一根保护管内。

(4)多股铜芯线在$10mm^2$以上应焊铜接头或冷压焊接头,多股铝芯线$10mm^2$以上应用铝接头与电动机端头连接,电动机引出线编号应齐全。

(5)裸露的不同相导线间和导线对地间最小距离应符合下列规定:

1)额定电压在500～1200V时,最小净距应为14mm。

2)额定电压小于500V时,最小净距应为10mm。

(6)电动机外壳应可靠接地(接零),接地线应接在电动机指定标志处。

接地线截面通常按电源线截面的1/3选择,但最小铜芯线不小于$1.5mm^2$,铝芯线不小于$2.5mm^2$,最大铜芯线不大于$25mm^2$;铝芯线不大于$35mm^2$。

二、电机检查接线及调试清单工程量计算

(一)一般规定

电机检查接线及调试清单项目适用于发电机、调相机、普通小型直流电动机、可控硅

调速直流电动机、普通交流同步电动机、低压交流异步电动机、高压交流异步电动机、交流变频调速电动机、微型电机、电加热器、电动机组的检查接线及调试的工程量清单项目设置与计量。

关键细节 77　电机检查接线及调试清单计价应注意的问题

(1)可控硅调速直流电动机类型是指一般可控硅调速直流电动机、全数字式控制可控硅调速直流电动机。

(2)交流变频调速电动机类型是指交流同步变频电动机、交流异步变频电动机。

(3)电动机按其质量划分为大、中、小型:3t 以下为小型;3～30t 为中型;30t 以上为大型。

(4)电机是否需要干燥应在项目中予以描述。

(5)电机接线如需焊压接线端子,亦应描述。

(6)按规范要求,从管口到电机接线盒间要有软管保护,项目应描述软管的材质和长度,报价时考虑在综合单价中。

(7)工作内容中应描述“接地”要求,如接地线的材质、防腐处理等。

(二)发电机、调相机接线及调试

1. 发电机

发电机是指将机械能转变成电能的电机。如汽轮机、水轮机或内燃机驱动。小型发电机也有用风车或其他机械经齿轮或皮带驱动的。

发电机分为直流发电机和交流发电机两大类。其中,交流发电机又可分为同步发电机和异步发电机两种。

2. 调相机

同步调相机运行于电动机状态,但不带机械负载,只向电力系统提供无功率的同步电机,又称为同步补偿机。用于改善电网功率因数,维持电网电压水平。

由于同步调相机不带机械负载,所以其转轴可以细些。如果同步调相机具有自启动能力,则其转子可以做成没有轴伸、便于密封的。同步调相机经常运行在过励状态,励磁电流较大,损耗也比较大,发热比较严重。容量较大的同步调相机常采用氢气冷却。随着电力电子技术的发展和静止无功补偿器(SVC)的推广使用,调相机现已很少使用。

关键细节 78　发电机、调相机接线及调试清单工程量计算

发电机、调相机检查接线及调试清单项目工作内容包括:检查接线;接地;干燥;调试。其应描述的清单项目特征包括:①名称;②型号;③容量(kW);④接线端子材质、规格;⑤干燥要求。

发电机、调相机检查接线及调试清单项目编码分别为 030406001、030406002,其工程量均按设计图示数量计算,以“台”为计量单位。

(三)直流电动机检查接线及调试

1. 普通小型直流电动机

普通小型直流电动机工作原理就是将直流电能转换成机械能。

普通小型直流电动机分为定子与转子两部分。定子包括主磁极、机座、换向极、电刷装置等;转子包括电枢铁芯、电枢绕组、换向器、轴和风扇等。

关键细节 79 电动机免除干燥的条件

电动机绝缘情况如满足下列条件之一,可以不经干燥直接投入运行:

(1)运输和保管过程中线圈未显著受潮,电压在1000V以下,线圈绝缘电阻不小于0.5MΩ;电压在1000V以上,在接近运行温度时,定子线圈绝缘电阻不小于每千伏1MΩ,转子线圈不小于0.5MΩ。

(2)$R_{60}/R_{15} \geqslant 1.3$用绝缘电阻表测量绝缘电阻时,绝缘电阻表在60s时所测得的电阻值为R_{60},绝缘电阻表在15s时所测得的电阻值为R_{15}。R_{60}/R_{15}称为吸收比,也叫作吸收系数。

(3)对于开始运行时,有可能在低于额定电压下运行一个时间的电机(如励磁机等),并在静止状态下干燥有困难者,其绝缘电阻值不小于0.2MΩ时,可以先投入运行,在运行中干燥。

2. 可控硅调速直流电动机

(1)可控硅调速直流电动机就是将直流电能转换成机械能的电机,其特点如下:

1)调速性能好。所谓"调速性能",是指电动机在一定负载的条件下,根据需要,人为地改变电动机的转速。直流电动机可以在重负载条件下实现均匀、平滑的无级调速,而且调速范围较宽。

2)启动力矩大。可以均匀而经济地实现转速调节。因此,凡是在重负载下启动或要求均匀调节转速的机械(如大型可逆轧钢机、卷扬机、电力机车、电车等),都用直流电动机拖动。

(2)电刷的刷架安装程序。

1)同一组刷握应均匀排列在同一直线上。

2)刷握的排列,一般应使相邻不同极性的一对刷架彼此错开,以使换向器均匀磨损。

3)各组电刷应调整在换向器的电气中性线上。

4)带有倾斜角的电刷,其锐角尖应与转动方向相反。

5)滑环应与轴同心,其摆度应符合产品的规定,一般不大于0.05mm。滑环表面应光滑,无损伤及油垢。

6)接至滑环的电缆,其金属护层不应触及带有绝缘垫的轴承。

7)电刷架及其横杆应固定紧固,绝缘衬管和绝缘垫应无损伤、污垢,并应测量其绝缘电阻。

8)刷握与滑环表面间隙应调整为2～4mm。

关键细节 80　直流电动机检查接线及调试清单工程量计算

普通小型直流电动机清单项目工作内容包括：检查接线；接地；干燥；调试。其应描述的清单项目特征包括：①名称；②型号；③容量(kW)；④接线端子材质、规格；⑤干燥要求。

可控硅调速直流电动机清单项目工作内容包括：检查接线；接地；干燥；调试。其应描述的清单项目特征包括：①名称；②型号；③容量(kW)；④类型；⑤接线端子材质、规格；⑥干燥要求。

普通小型直流电动机和可控硅调速直流电动机清单项目编码分别为030406003、030406004，其工程量均按设计图示数量计算，以“台”为计量单位。

(四)交流电动机检查接线及调试

1. 普通交流同步电动机

(1)普通交流同步电动机分类。普通交流同步电动机一般分为永磁同步电动机、磁阻同步电动机和磁滞同步电动机。

1)永磁同步电动机：能够在石油、煤矿等大型工程机械和比较恶劣的工作环境下运行。这不仅加快了永磁同步电机取代异步电机的速度，同时，也为永磁同步电动机专用变频器的发展提供了广阔的空间。

2)磁阻同步电动机：也称反应式同步电动机，是利用转子交轴和直轴磁阻不等而产生磁阻转矩的同步电动机。磁阻同步电动机也分为单相电容运转式、单相电容启动式、单相双值电容式等多种类型。

3)磁滞同步电动机：是利用磁滞材料产生磁滞转矩而工作的同步电动机。它分为内转子式磁滞同步电动机、外转子式磁滞同步电动机和单相罩极式磁滞同步电动机。

(2)电机配管与穿线。电机配管管口应在电机接线盒附近，从管口到电动机接线盒的导线应用塑料管或金属软管保护；在易受机械损伤及高温车间，导线必须用金属软管保护，软管可用尼龙接头连接；室外露天电动机进线，管道要做防水弯头，进电动机导线应由下向上翻，要做滴水弯；三相电源线要穿在一根保护管内，同一电机的电源线、控制线、信号线可穿在同一根保护管内；多股铜芯线在10mm^{2}以上应焊铜接头或冷压焊接头，多股铝芯线10mm^{2}以上应用铝接头与电机端头连接，电机引出线编号应齐全；裸露的不同相导线间和导线对地间最小距离应符合下列规定：

1)额定电压在500～1200V之间时，最小净距应为14mm。

2)额定电压小于500V时，最小净距应为10mm。

(3)电机电阻测量。测量直流电阻的目的是检查线圈的接头连接是否牢固，有无虚焊和接触不良现象，线圈本身是否有匝间短路、断线等缺陷。测量方法一般用电压降法或电桥法。

2. 低压交流异步电动机

低压交流异步电动机由定子、转子、轴承、机壳、端盖等构成。定子由机座和带绕组的铁芯组成。铁芯由硅钢片冲槽叠压而成，槽内嵌装两套互隔90°的主绕组(也称运行绕组)和辅绕组(也称启动绕组或副绕组)。主绕组接交流电源，辅绕组串接离心开关或启动电容、运行电容等之后，再接入电源。转子为笼形铸铝转子，它是将铁芯叠压后用铝铸入铁芯的槽中，并一起铸出端环，使转子导条短路成笼形。

3. 高压交流异步电动机

高压交流异步电动机的结构与低压交流异步电动机相似，其定子绕组接入三相交流电源后，绕组电流产生的旋转磁场，在转子导体中产生感应电流，转子在感应电流和气隙旋转磁场的相互作用下，又产生电磁转矩（即异步转矩），使电动机旋转。

4. 交流变频调速电动机

交流变频调速电动机是通过改变电源的频率来达到改变交流电动机转速的目的。其基本原理是：先将原来的交流电源整流为直流，然后利用具有自关断能力的功率开关元件在控制电路的控制下高频率依次导通或关断，从而输出一组脉宽不同的脉冲波。通过改变脉冲的占空比，可以改变输出电压；改变脉冲序列则可改变频率。最后通过一些惯性环节和修正电路，即可把这种脉冲波转换为正弦波输出。

关键细节 81 交流电动机检查接线及调试清单工程量计算

普通交流同步电动机清单项目工作内容包括：检查接线；接地；干燥；调试。其应描述的清单项目特征包括：①名称；②型号；③容量（kW）；④启动方式；⑤电压等级（kV）；⑥接线端子材质、规格；⑦干燥要求。

低压交流异步电动机清单项目工作内容包括：检查接线；接地；干燥；调试。其应描述的清单项目特征包括：①名称；②型号；③容量（kW）；④控制保护方式；⑤接线端子材质、规格；⑥干燥要求。

高压交流异步电动机清单项目工作内容包括：检查接线；接地；干燥；调试。其应描述的清单项目特征包括：①名称；②型号；③容量（kW）；④保护类型；⑤接线端子材质、规格；⑥干燥要求。

交流变频调速电动机清单项目工作内容包括：检查接线；接地；干燥；调试。其应描述的清单项目特征包括：①名称；②型号；③容量（kW）；④类别；⑤接线端子材质、规格；⑥干燥要求。

普通交流同步电动机、低压交流异步电动机、高压交流异步电动机和交流变频调速电动机清单项目编码分别为030406005、030406006、030406007和030406008，其工程量均按设计图示数量计算，以“台”为计量单位。

（五）微型电机、电加热器检查接线及调试

1. 微型电机

微型电机指的是体积、容量较小，输出功率一般在数百瓦以下的电机和用途、性能及环境条件要求特殊的电机，全称微型特种电机，简称微电机。其常用于控制系统中，实现机电信号或能量的检测、解算、放大、执行或转换等功能，或用于传动机械负载，也可作为设备的交、直流电源。

2. 电加热器

电加热器是指通过电阻元件将电能转换为热能的空气加热设备。电加热器的安装应符合下列要求：

(1)电加热器与钢构架间的绝热层必须为不燃材料;接线柱外露的应加设安全防护罩。

(2)电加热器的金属外壳接地必须良好。

(3)连接电加热器的风管的法兰垫片,应采用耐热不燃材料。

关键细节82　微型电机、电加热器检查接线及调试清单工程量计算

微型电机、电加热器清单项目工作内容包括:检查接线;接地;干燥;调试。其应描述的清单项目特征包括:①名称;②型号;③规格;④接线端子材质、规格;⑤干燥要求。

微型电机、电加热器清单项目编码分别为030406009,其工程量按设计图示数量计算,以"台"为计量单位。

(六)电动机组、备用励磁机组

1. 电动机组

电动机组是指承担不同工艺任务且具有联锁关系的多台电动机的组合。不同的电动机应按其要求进行检查与调试。

2. 备用励磁机组

当工作励磁机因故不能投运或运行中工作励磁机出现故障时,备用励磁机可代替工作励磁机供给发电机的励磁电流,维持发电机正常工作。

关键细节83　电动机组、备用励磁机组清单工程量计算

电动机组清单项目工作内容包括:检查接线;接地;干燥;调试。其应描述的清单项目特征包括:①名称;②型号;③电动机台数;④联锁台数;⑤接线端子材质、规格;⑥干燥要求。

备用励磁机组清单项目工作内容包括:检查接线;接地;干燥;调试。其应描述的清单项目特征包括:①名称;②型号;③接线端子材质、规格;④干燥要求。

电动机组和备用励磁机组清单项目编码分别为030406010和030406011,其工程量按设计图示数量计算,以"组"为计量单位。

(七)励磁电阻器

励磁电阻器是连接在发电机或电动机的励磁电路内用以控制或限制其电流的电阻器。

关键细节84　励磁电阻器清单工程量计算

励磁电阻器清单项目工作内容包括:本体安装;检查接线;干燥。其应描述的清单项目特征包括:①名称;②型号;③规格;④接线端子材质、规格;⑤干燥要求。

励磁电阻器清单项目编码分别为030406012,其工程量按设计图示数量计算,以"台"为计量单位。

三、全统定额关于电机检查接线及调试的内容

电机检查接线及调试定额计价工作内容包括发电机及调相机检查接线，小型直流电机检查接线，小型交流异步电机检查接线，小型交流同步电机检查接线，小型防爆式电机检查接线，小型立式电机检查接线，大中型电机检查接线，微型电机，变频机组检查接线，电磁调速电动机检查接线，小型电机干燥，大中型电机干燥。

关键细节85 电机检查接线及调试定额计价有关说明

(1)定额中的专业术语“电机”是发电机和电动机的统称，如小型电机检查接线定额，适用于同功率的小型发电机和小型电动机的检查接线，定额中的电机功率是电机的额定功率。

(2)直流发电机组和多台一串的机组，可按单台电机分别执行相应定额。

(3)定额中的电机检查接线定额，除发电机和调相机外，均不包括电机的干燥工作，发生时应执行电机干燥定额。定额中的电机干燥定额是按一次干燥所需的人工、材料、机械消耗量考虑。

(4)单台质量在3t以下的电机为小型电机，单台质量3～30t的电机为中型电机，单台质量在30t以上的电机为大型电机。大中型电机不分交、直流电机，一律按电机质量执行相应定额。

(5)微型电机分为三类：驱动微型电机(分马力电机)，指微型异步电动机、微型同步电动机、微型交流换向器电动机、微型直流电动机等；控制微型电机，指自整角机、旋转变压器、交直流测速发电机、交直流伺服电动机、步进电动机、力矩电动机等；电源微型电机，指微型电动发电机组和单枢变流机等。其他小型电机(凡功率在0.75kW以下的电机)均执行微型电机定额，但一般民用小型交流电风扇安装另执行风扇安装定额。

(6)各类电机的检查接线定额均不包括控制装置的安装和接线。

(7)电机的接地线材质至今技术规范尚无新规定，定额中仍是沿用镀锌扁钢(25×4)编制的，如采用铜接地线，主材(导线和接头)应更换，但安装人工和机械不变。

(8)电机安装执行全统定额《机械设备安装工程》的电机安装定额，其电机的检查接线和干燥执行定额。

关键细节86 电机检查接线及调试定额计价应注意的问题

各种电机的检查接线，规范要求均需配有相应的金属软管，如设计有规定，按设计规格和数量计算。例如设计要求用包塑金属软管、阻燃金属软管或采用铝合金软管接头等，均按设计计算。设计没有规定时，平均每台电机配金属软管1～1.5m(平均按1.25m)。电机的电源线为导线时，应执行压(焊)接线端子定额。

关键细节87 电机检查接线及调试全统定额工程量计算规则

(1)发电机、调相机、电动机的电气检查接线，均以“台”为计量单位。直流发电机组和多台一串的机组，按单台电机分别执行定额。

(2)起重机上的电气设备、照明装置和电缆管线等安装均执行全统定额《电气设备安装工程》分册的相应项目。

(3)电气安装规范要求每台电机接线均需要配金属软管,设计有规定的按设计规格和数量计算,设计没有规定的平均每台电机配相应规格的金属软管 1.25m 和与之配套的金属软管专用活接头。

(4)电机检查接线定额,除发电机和调相机外,均不包括电机干燥,发生时其工程量应按电机干燥定额另行计算。电机干燥定额系按一次干燥所需的工、料、机消耗量考虑的,在特别潮湿的地方,电机需要进行多次干燥,应按实际干燥次数计算。在气候干燥、电机绝缘性能良好、符合技术标准而不需要干燥时,则不计算干燥费用。实行包干的工程,可参照以下比列,由有关各方协商而定。

1)低压小型电机 3kW 以下按 25%的比例考虑干燥。

2)低压小型电机 3kW 以上至 220kW 按 30%～50%考虑干燥。

3)大中型电机按 100%考虑一次干燥。

(5)电机定额的接线划分:单台电机质量在 3t 以下的为小型电机;单台电机质量在 3t 以上至 30t 以下的为中型电机;单台电机质量在 30t 以上的为大型电机。

(6)小型电机按电机类别和功率大小执行相应定额,大、中型电机不分类别一律按电机质量执行相应定额。

(7)电机的安装执行全统定额《机械设备安装工程》分册中的电机安装定额;电机检查接线执行全统定额《电气设备安装工程》分册相应项目。

第七节　滑触线装置安装

一、滑触线装置概述

滑触线是与起重机械配套用的供电设施,在厂房内,往往安装使用一些起重机械,在港口、码头、车站和货场仓储中转运行用的仓库中,也装有起重机械。常用的起重机械有桥式吊车、电动葫芦及单梁悬挂式吊车等。

在吊车安装场所,为了供给吊车电力设备的电源,沿吊车旁应敷设滑触线。对吊车滑触线的供电,一般由电力干线引来分支回路经铁壳开关进行供电,吊车上的集电器再由滑触线上取得电流。供电开关、导线及滑触线部分并不是吊车成套设备,需专门设计施工。

1. 滑触线装置的组成

滑触线装置由护套、导体、受电器三个主要部件及一些辅助组件构成。

(1)护套:是一根半封闭的导形管状部件,是滑触线的主体部分。其内部可根据需要嵌 3～16 根裸体导轨作为供电导线,各导轨间相互绝缘,从而保证供电的安全性,并在带电检修时有效地防止检修人员触电。

(2)导体:主要材质是铜,其截面面积常用的有 $10m^2$、$16m^2$、$25m^2$。

(3)受电器:受电器是在导管内运行的一组电刷壳架,由安置在用电机构(行车、小车、电动葫芦等)上的拨叉(或牵引链条等)带动,使之与用电机构同步运行,将通过导轨、电刷的电能传输到电动机或其他控制元件。受电器电刷的极数有 3～16 极,与导管中导轨极数对相应。

2. 滑触线的分类

目前,普遍采用安全滑触线(管式,封闭)、排式滑触线、刚体滑触线、单极滑触线等,在防护等级、绝缘方面有很大改进,安全可靠。

(1)安全滑触线:用于灰尘、潮湿等环境,可配防尘密封条和手保护(滑触线离人距离很近时要配手保护,如akapp)。集电器运行速度小于300m/min。

(2)DMHP多极滑触线:安装方便,速度快,结构简单紧凑,安全可靠。

(3)DMGH刚体滑触线:用于高电流设备,电流可达几千安。

(4)DMHX单极滑触线:根据不同的极数进行组合,电流也可达千安。

滑触线质量可根据以下标准衡量:

(1)碳刷使用寿命:碳刷属于易耗品,行驶距离影响设备维护周期。

(2)滑触线外壳质量:适用温度、环境等。

(3)集电器性能:主要从轮子使用寿命、转弯轮设计和集电器是否满足各种环境下使用。

(4)膨胀问题:滑触线长度超过100m的要考虑膨胀问题。

(5)电压降问题:根据各种铜条长度电压降有所不同。

关键细节88 滑触线安装要点

(1)做滑触线用的角钢、扁钢或圆钢,应尽量选择整根平直的材料,如有弯曲,应先进行平直。

(2)滑触线的连接,可采用搭接焊接。搭接用的连接托板的角钢、扁钢或圆钢的规格应与滑触线的截面相同。

(3)圆形截面的滑触线,在施工时,应尽量避免或减少中间接头。若需采用对焊连接,对头处要用锉刀锉光滑,并使其接头处有足够的机械强度。

(4)滑触线在地面上加工完成后,用绳子将其吊到滑触线支架上进行安装。起吊时,不能使滑触线有过大的弯曲,最好每隔8m左右设一个起吊滑轮,多人一起均匀用力慢慢起吊,把它固定在支架绝缘子上。

(5)滑触线及支架与绝缘子连接螺栓及室外紧固件,应一律采用镀锌件。固定滑触线时,为防止在安装、运行时产生的应力损坏绝缘子,应在绝缘子和滑触线钢固定件之间,垫以红钢纸或类似红钢纸的垫片。

(6)滑触线安装的接触面应平整无锈蚀,导电良好。相邻滑触线导电部分之间和对地部分之间的净距不应小于30mm。

(7)滑触线的安装应尽量做到平直。

二、滑触线装置安装清单工程量计算

(一)一般规定

滑触线装置安装清单项目适用于发电机、调相机、普通小型直流电动机、可控硅调速直流电动机、普通交流同步电动机、低压交流异步电动机、高压交流异步电动机、交流变频调速电动机、微型电机、电加热器、电动机组的检查接线及调试的工程量清单项目设置与计量。

关键细节 89　滑触线装置安装清单计价应注意的问题

(1)清单项目应描述支架的基础铁件及螺栓是否由承包人浇筑。

(2)沿轨道敷设软电缆清单项目,要说明是否包括轨道安装和滑轮制作的内容,以便报价。

(3)滑触线安装的预留长度不作为实物量计量,按设计要求或规范规定长度,在综合单价中考虑。

(4)滑触线安装预留长度见表 7-21。

表 7-21　滑触线安装附加和预留长度　m/根

序号	项　目	预留长度	说　明
1	圆钢、铜母线与设备连接	0.2	从设备接线端子接口起算
2	圆钢、铜滑触线终端	0.5	从最后一个固定点起算
3	角钢滑触线终端	1.0	从最后一个支持点起算
4	扁钢滑触线终端	1.3	从最后一个固定点起算
5	扁钢母线分支	0.5	分支线预留
6	扁钢母线与设备连接	0.5	从设备接线端子接口起算
7	轻轨滑触线终端	0.8	从最后一个支持点起算
8	安全节能及其他滑触线终端	0.5	从最后一个固定点起算

(二)滑触线

滑触线主要由角钢、扁钢、圆钢、铜车电线等制成,主要用于给移动中的设备供电。滑触线装置主要具有以下特点:

(1)安全。供电滑触线外壳由高绝缘性能的工程塑料制成。外壳防护等级可根据需要达到 IP13、IP55 级,能防护雨、雪和冰冻袭击以及吊物触及。产品经受多种环境条件考验。绝缘性能良好,对检修人员触及输电导管外部无任何伤害。

(2)可靠。输电导轨导电性能极好,散热较快,用电流密度高,阻抗值低,线路损失小,电刷由具有高导电性能、高耐磨性能的金属石墨材料制成。受电器移动灵活,定向性能好,有效控制了接触电弧和串弧现象。

(3)经济。供电滑触线装置结构简单,采用电流密度高、电阻率低、电压损耗低的铜排作为导电主体。可节电 6%左右,实现以塑代钢,以塑代铜,设计新颖,无须其他绝缘结构,无须补偿线,安装于起重机控制室同侧,节省安装材料和经费,其综合费用与钢质滑触线大致相同。

(4)方便。供电滑触线装置将多级母线集合于一根导管之中,其固定支架、连接夹、悬吊装置,均以通用件供应,装拆、调整、维修也十分方便。

关键细节 90　滑触线清单工程量计算

滑触线清单项目工作内容包括:滑触线安装;滑触线支架制作、安装;拉紧装置及挂式支持器制作、安装；移动软电缆安装；伸缩接头制作、安装。其应描述的清单项目特征包括：①名称；②型号；③规格；④材质；⑤支架形式、材质；⑥移动软电缆材质、规格、安装部位；⑦拉紧装置类型；⑧伸缩接头材质、规格。

滑触线清单项目编码分别为030407001，其工程量按设计图示单相长度计算（含预留长度），以“m”为计量单位。

【例7-9】 某单层厂房滑触线平面布置图如图7-23所示。柱间距为3.0m，共6跨，在柱高7.5m处安装滑触线支架(∟60mm×60mm×6mm，每米重4.12kg)。如图7-24所示，采用螺栓固定，滑触线(∟50mm×50mm×5mm，每米重2.63kg)两端设置指示灯，试计算其工程量。

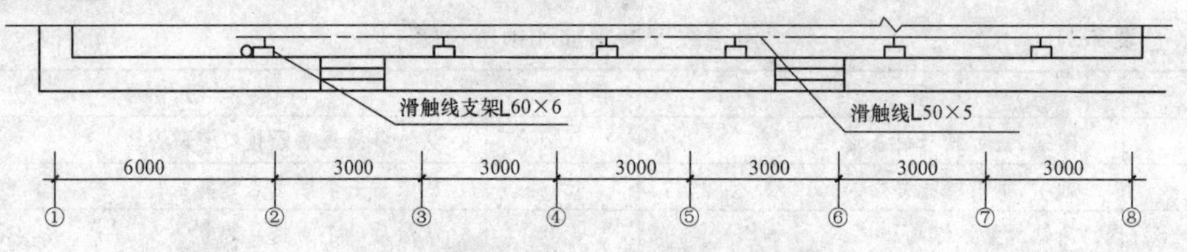

图7-23 某单层厂房滑触线平面布置图

说明：室内外地坪标高相同(±0.01)，图中尺寸标注均以mm计

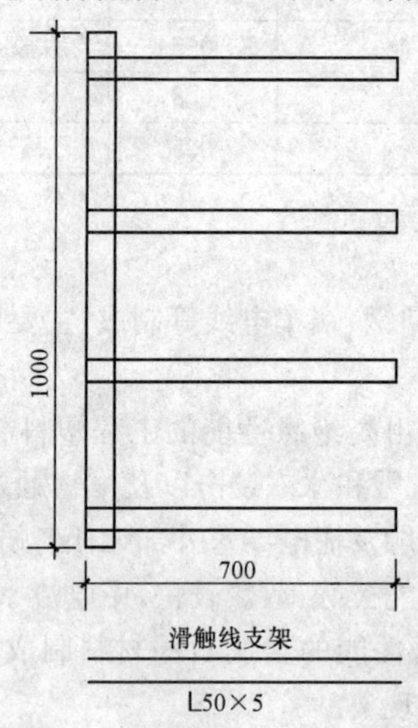

图7-24 滑触线支架安装示意图

解：滑触线安装工程量=[3×6+(1+1)]×4=80m

工程量计算结果见表7-22。

表7-22 工程量计算表

项目编码	项目名称	项目特征描述	计量单位	工程量
030407001001	滑触线	滑触线∟50mm×50mm×5mm；螺栓固定；柱高7.5m处安装滑触线支架∟60mm×60mm×6mm	m	80

三、全统定额关于滑触线装置安装的内容

滑触线装置安装定额计价工作内容包括轻型滑触线安装，安全节能型滑触线安装，角钢、扁钢滑触线安装，圆钢、工字钢滑触线安装，滑触线支架安装，滑触线拉紧装置及挂式支持器制作、安装，移动软电缆安装。

关键细节 91　滑触线装置安装定额计价有关说明

(1)起重机的电气装置是按未经生产厂家成套安装和试运行考虑的，因此，起重机的电机和各种开关、控制设备、管线及灯具等，均按分部分项定额编制预算。

(2)滑触线支架的基础铁件及螺栓，按土建预埋考虑。

(3)滑触线及支架的油漆，均按涂一遍考虑。

(4)移动软电缆敷设未包括轨道安装及滑轮制作。

(5)滑触线的辅助母线安装，执行“车间带形母线”安装定额。

关键细节 92　滑触线装置安装定额计价应注意的问题

(1)滑触线伸缩器和坐式电车绝缘子支持器的安装，已分别包括在“滑触线安装”和“滑触线支架安装”定额内，不另行计算。

(2)滑触线及支架安装是按 10m 以下标高考虑的，如超过 10m，按定额说明的超高系数计算。

(3)铁构件制作，执行相应项目。

关键细节 93　滑触线装置安装全统定额工程量计算规则

(1)起重机上的电气设备、照明装置和电缆管线等安装均执行全统定额《电气设备安装工程》分册的相应定额。

(2)滑触线安装以“m/单相”为计量单位，其附加和预留长度按表 7-21 的规定计算。

第八节　电缆安装

一、电缆概述

电缆是一种特殊的导线，它是将一根或数根绝缘导线组合成线芯，外面再加上密闭的包扎层。

1. 电缆的基本结构

电缆的基本结构一般由导电线芯、绝缘层和保护层三个主要部分组成，如图 7-25 所示。

(1)导电线芯。导电线芯用来输送电流，必须具有高的导电性，一定的抗拉强度和伸长率，耐腐蚀性好以及便于加工制造等。通常由软铜或铝的

图 7-25　电缆结构的组成

1—沥青保护层；2—钢带铠装；3—塑料护套；4—铝包护层；5—纸包绝缘；6—导体

多股绞线做成,这样做成的电缆比较柔软易弯曲。

(2)绝缘层。绝缘层是将导电线芯与相邻导体以及保护层隔离,是用来抵抗电力电流、电压、电场对外界的作用,保证电流沿线芯方向传输。绝缘层的好坏,直接影响电缆运行的质量。

(3)保护层。保护层简称护层,它是为使电缆适应各种使用环境的要求,而在绝缘层外面所施加的保护覆盖层。保护层主要作用是保护电缆在敷设和运行过程中,免遭机械损伤和各种环境因素(如水、日光、生物、火灾等)的破坏,以保持长时间稳定的电气性能。所以,电缆的保护层直接关系到电线电缆的寿命。

2. 电缆的分类

电缆的种类很多,主要有以下几种分类方式:

(1)按用途可分为电力电缆和控制电缆两大类。

(2)按绝缘材料可分为油浸纸绝缘电缆、橡胶绝缘电缆和塑料绝缘电缆三大类。一般由线芯、绝缘层和保护层三个部分组成。其中,线芯分为单芯、双芯、三芯和多芯。

(3)按结构作用可分为电力电缆、控制电缆、电话电缆、同轴射频电缆等。

(4)按电压可分为低压电缆(小于1kV)、高压电缆,工作电压等级有1kV、6kV、10kV等。

3. 电缆的型号

电线电缆的型号由一个或几个汉语拼音字母和阿拉伯数字组成,分别代表电线电缆的用途、类别及其结构的特性。电线电缆的型号可由七个部分组成,即:

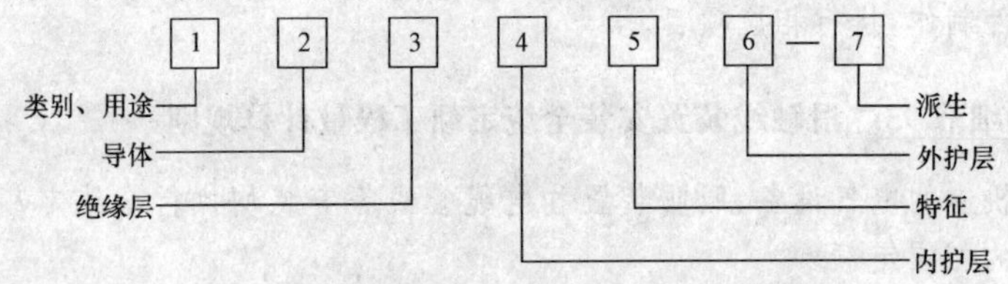

4. 电缆的存放

(1)为了方便电缆的使用,电缆应集中分类存放,应按电缆的电压等级、规格等分类存放,并应标明型号、电压、规格、长度。电缆盘之间应留有通道,以便人员或运输工具通过。为保证电缆在存放时的质量,存放场地地基应坚实且易于排水。当条件受限制时,电缆盘下应加垫,存放处不得积水,应保证电缆盘完好而不腐蚀。

(2)电缆终端瓷套,无论是在室内或室外存放,都是易受外部机械损伤而使瓷件遭受破损,严重的导致报废。瓷件存放时,尤其是大型瓷套,都应有防机械损伤的措施。可放于原包装箱内或用泡沫塑料、草袋、木料等围遮包牢。

(3)电缆附件的绝缘材料,如电缆终端和接头等在出厂时,对其某些部件、材料都采用防潮包装,一般都用塑料袋密封包装或用容器密封运输。因此,到达现场后,除应检查其密封情况外,还要存放在干燥的室内保管,以防止贮运过程中密封破坏而受潮。

(4)防火涂料、包带、堵料等防火材料在施工时机尚不成熟时,一定要严格按厂家的产品技术性能要求(包装、温度、时间、环境等)保管存放,防止材料失效、报废。

二、电缆安装清单工程量计算

(一)一般规定

电缆安装清单项目适用于电力电缆和控制电缆的敷设，电缆桥架安装，电缆阻燃槽盒安装，电缆保护管敷设等电缆敷设及相关工程的工程量清单项目的设置和计量。其中，电缆保护管敷设项目指埋地暗敷设或非埋地明敷设两种，不适用于过路或过基础的保护管敷设。

关键细节94　电缆安装清单计价应注意的问题

(1)电缆穿刺线夹按电缆头编码列项。

(2)电缆井、电缆排管、顶管，应按现行国家标准《市政工程工程量计算规范》(GB 50857—2013)相关项目编码列项。

(3)电缆敷设预留长度及附加长度见表7-23。

表7-23　电缆敷设预留长度及附加长度

序号	项　目	预留长度(附加)	说　明
1	电缆敷设松弛度、波形弯度、交叉	2.5%	按电缆全长计算
2	电缆进入建筑物	2.0m	规范规定最小值
3	电缆进入沟内或吊架时引上(下)预留	1.5m	规范规定最小值
4	变电所进线、出线	1.5m	规范规定最小值
5	电力电缆终端头	1.5m	检修余量最小值
6	电缆中间接头盒	两端各留2.0m	检修余量最小值
7	电缆进控制屏、保护屏及模拟盘等	高+宽	按盘面尺寸
8	高压开关柜及低压配电盘、箱	2.0m	盘下进出线
9	电缆至电动机	0.5m	从电机接线盒起算
10	厂用变压器	3.0m	从地坪起算
11	电缆绕过梁柱等增加长度	按实计算	按被绕物的断面情况计算增加长度
12	电梯电缆与电缆架固定点	每处0.5m	规范最小值

注：电缆附加及预留的长度是电缆敷设长度的组成部分，应计入电缆长度工程量之内。

(二)电力电缆和控制电缆

1. 电力电缆

电力电缆是用来输送和分配大功率电能的，按其所采用的绝缘材料可分为纸绝缘电力电缆、橡胶绝缘电力电缆和聚乙烯绝缘电力电缆、聚氯乙烯绝缘电力电缆及交联聚乙烯绝缘电力电缆。

(1)橡胶绝缘电力电缆。橡胶绝缘电力电缆用于额定电压6kV及以下的输配电线路固定敷设，其型号和名称见表7-24。

表 7-24 橡胶绝缘电力电缆型号和名称

型号		名称	主要用途
铝	铜		
XLV	XV	橡胶绝缘聚氯乙烯护套电力电缆	敷设在室内、电缆沟内、管道中。电缆不能承受机械外力作用
XLF	XF	橡胶绝缘氯丁护套电力电缆	同 XLV 型
XLV_{29}	XV_{29}	橡胶绝缘聚氯乙烯护套内钢带铠装电力电缆	敷设在地下。电缆能承受一定机械外力作用，但不能承受大的拉力
XLQ	XQ	橡胶绝缘裸铅包电力电缆	敷设在室内、电缆沟内、管道中。电缆不能承受振动和机械外力作用，且对铅应有中性的环境
XLQ_2	XQ_2	橡胶绝缘铅包钢带铠装电力电缆	同 XLV_{29} 型
XLQ_{20}	XQ_{20}	橡胶绝缘铅包裸钢带铠装电力电缆	敷设在室内、电缆沟内、管道中。电缆不能承受大的拉力

(2)聚氯乙烯绝缘电力电缆。聚氯乙烯绝缘电力电缆主要固定敷设在交流 50Hz、额定电压 10kV 及其以下的输配电线路上作输送电能用。其型号和名称见表 7-25。

表 7-25 聚氯乙烯绝缘电力电缆型号和名称

型号		名称
铜芯	铝芯	
VV	VLV	聚氯乙烯绝缘聚氯乙烯护套电力电缆
VY	VLY	聚氯乙烯绝缘聚乙烯护套电力电缆
VV_{22}	VLV_{22}	聚氯乙烯绝缘钢带铠装聚氯乙烯护套电力电缆
VV_{28}	VLV_{28}	聚氯乙烯绝缘钢带铠装聚乙烯护套电力电缆
VV_{32}	VLV_{32}	聚氯乙烯绝缘细钢丝铠装聚氯乙烯护套电力电缆
VV_{33}	VLV_{33}	聚氯乙烯绝缘细钢丝铠装聚乙烯护套电力电缆
VV_{42}	VLV_{42}	聚氯乙烯绝缘粗钢丝铠装聚氯乙烯护套电力电缆
VV_{48}	VLV_{43}	聚氯乙烯绝缘粗钢丝铠装聚乙烯护套电力电缆

(3)交联聚乙烯绝缘(XLPE)电力电缆。交联聚乙烯绝缘(XLPE)电力电缆适用于额定电压(U_0/U)3.6/6～64/110kV 输配电用。表 7-26 为交联聚乙烯(XLPE)电缆型号、名称及用途。

表 7-26 交联聚乙烯(XLPE)电缆型号、名称及用途

型号	电缆名称	电缆适用范围
YJV YJLV	交联聚乙烯绝缘铜带屏蔽聚氯乙烯护套电力电缆	适用于架空、隧道、电缆沟管道及地下直埋敷设
YJSV YJLSV	交联聚乙烯绝缘铜丝屏蔽聚氯乙烯护套电力电缆	

续表

型　号	电缆名称	电缆适用范围
YJV22 YJLV22	交联聚乙烯绝缘铜带屏蔽钢带铠装聚氯乙烯护套电力电缆	适用于室内、隧道、电缆沟及地下直埋、能承受机械外力作用，但不能承受大的拉力
YJV32 YJLV32	交联聚乙烯绝缘铜带屏蔽细钢丝铠装聚氯乙烯护套电力电缆	适用于地下直埋、竖井及水下敷设，可以承受机械外力作用，并能承受相当的拉力
YJSV32 YJLSV32	交联聚乙烯绝缘铜丝屏蔽细钢丝铠装聚氯乙烯护套电力电缆	
YJV42 YJLV42	交联聚乙烯绝缘铜带屏蔽粗钢丝铠装聚氯乙烯护套电力电缆	适用于地下直埋、竖井及水下敷设，电缆能承受机械外力作用并能承受较大的拉力
YJSV42 YJLSV42	交联聚乙烯绝缘铜丝屏蔽粗钢丝铠装聚氯乙烯护套电力电缆	
YJY YJLY	交联聚乙烯绝缘聚乙烯护套电力电缆	适用于地下直埋、竖井及水下敷设，能承受机械外力和较大拉力，电缆防潮性好
YJQ41 YJLQ41	交联聚乙烯绝缘铅包粗钢丝铠装纤维外被电力电缆	电缆可承受一定拉力，用于水底敷设
YJQ02 YJLQ02	交联聚乙烯绝缘铅包聚氯乙烯护套电力电缆	适用于地下直埋、竖井及水下敷设，能承受机械外力和较大拉力，但不能承受压力
YJLW62 YJLLW02	交联聚乙烯绝缘皱纹铝包防水层聚乙烯护套电力电缆	适用于地下直埋、竖井及水下敷设，能承受机械外力和较大拉力，并能承受压力

电缆敷设方式有直接埋地敷设，电缆沟敷设，电缆排管敷设，穿钢管、混凝土管、石棉水泥管敷设以及用支架、托架、悬挖方法敷设等。

2. 控制电缆

控制电缆是在配电装置中传输操作电流、连接电气仪表、继电保护和自动控制等回路用的，它属于低压电缆，运行电压一般在交流500V或直流1000V以下。电流不大，而且是间断性负荷，因此，导线线芯横截面面积小，一般为1.5～10mm²，均为多芯电缆，芯数为4～37芯。

控制电缆型号由类别用途代号及导体种类、绝缘种类、护套种类、外护层种类等代号所组成。其种类代号及意义见表7-27。

表7-27　控制电缆型号组成及意义

类别用途	导　体	绝　缘	护套、屏蔽特征	外护层	派生、特性
K表示控制电缆系列代号	T表示铜芯① L表示铝芯	Y表示聚乙烯 V表示聚氯乙烯 X表示橡皮 YJ表示交联聚乙烯绝缘	Y表示聚乙烯 V表示聚氯乙烯 F表示氯丁胶 Q表示铅套 P表示编织屏蔽	02,03 20,22 23,30 23,33	80,105 1,2

① 铜芯代表字母T在型号中一般略写。

外护层型号（数字代号）表示的材料含义按《电缆外护层　第1部分：总则》（GB

2952.1－2008)规定，派生及特性用的数字及字母含义为：

1表示铜丝缠绕屏蔽；80表示耐热＋80℃塑料；

2表示铜带绕包屏蔽；105表示耐热＋105℃塑料。

例如：KLY22即为铝芯聚乙烯绝缘钢带铠装聚氯乙烯外护层控制电缆。

关键细节95　电力电缆和控制电缆清单工程量计算

电力电缆和控制电缆清单项目工作内容包括：电缆敷设；揭(盖)盖板。其应描述的清单项目特征包括：①名称；②型号；③规格；④材质；⑤敷设方式、部位；⑥电压等级(kV)；⑦地形。

电力电缆和控制电缆清单项目编码分别为030408001和030408002，其工程量均按设计图示尺寸以长度计算(含预留长度及附加长度)，以“m”为计量单位。

【例7-10】 如图7-26所示，电缆自N_1电杆(杆高8m)引下埋设至Ⅱ号厂房N_1动力箱，动力箱为XL(F)－15－0042，高1.7m，宽0.7m，箱距地面高为0.45m。试计算电缆埋设与电缆沿杆敷设工程量。

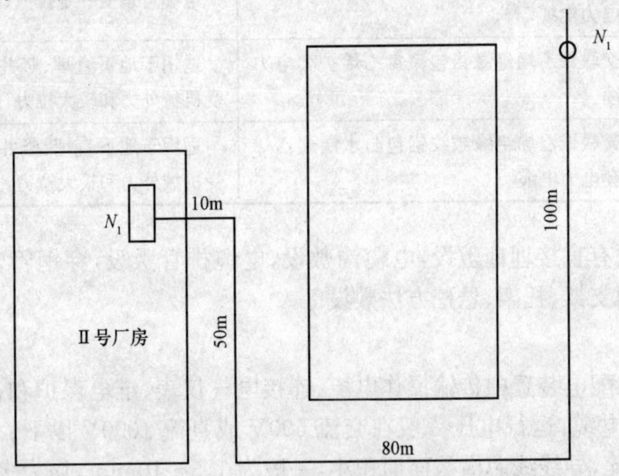

图7-26　电缆敷设示意图

解：(1)电缆埋设工程量：

$$10+50+80+100+0.45=240.45\text{m}$$

(2)电缆沿杆敷设工程量：

$$8+1(\text{杆上预留})=9\text{m}$$

工程量计算结果见表7-28。

表7-28　　工程量计算表

序号	项目编码	项目名称	项目特征描述	计量单位	工程量
1	030408001001	电力电缆	电缆引下埋设	m	240.45
2	030408001002	电力电缆	电缆沿杆敷设	m	9.00

(三)电缆保护管

1. 电缆保护管的选择

目前,使用中的电缆保护管种类有:钢管、铸铁管、硬质聚氯乙烯管、陶土管、混凝土管、石棉水泥管等。其中,铸铁管、混凝土管、陶土管、石棉水泥管用作排管,有些供电部门也有采用硬质聚氯乙烯管作为短距离的排管。

电缆保护钢管或硬质聚氯乙烯管的内径与电缆外径之比不得小于1.5倍。

电缆保护管不应有穿孔、裂缝和显著的凸凹不平,内壁应光滑。金属电缆保护管不应有严重锈蚀。硬质聚氯乙烯管因质地较脆,不应用在温度过低或过高的场所,敷设时的温度不宜低于0℃,但在使用过程中不受碰撞的情况下,可不受此限制。最高使用温度不应超过50～60℃,在易受机械碰撞的地方也不宜使用。硬质聚氯乙烯管在易受机械损伤的地方和在受力较大处直埋时,应采用有足够强度的管材。

无塑料护套电缆尽可能少用钢保护管,当电缆金属护套和钢管之间有电位差时,容易因腐蚀导致电缆发生故障。

电缆保护管管口处应无毛刺和尖锐棱角,防止在穿电缆时划伤电缆。

2. 电缆保护管的敷设

在下列地点,需敷设具有一定机械强度的保护管保护电缆。

(1)电缆进入建筑物及墙壁处;保护管伸入建筑物散水坡的长度不应小于250mm,保护罩根部不应高出地面。

(2)从电缆沟引至电杆或设备,距地面高度2m及以下的一段,应设钢保护管保护,保护管埋入非混凝土地面的深度不应小于100mm。

(3)电缆与地下管道接近和交叉时的距离不能满足有关规定时。

(4)当电缆与道路、铁路交叉时。

(5)其他可能受到机械损伤的地方。

直埋电缆敷设时,应按要求事先埋设好电缆保护管,待电缆敷设时穿在管内,以保护电缆避免损伤及方便更换和便于检查。

电缆保护钢、塑管的埋设深度不应小于0.7m,直埋电缆当埋设深度超过1.1m时,可以不再考虑上部压力的机械损伤。

电缆与铁路、公路、城市街道、厂区道路下交叉时,应敷设于坚固的保护管内。一般多使用钢保护管,埋设深度不应小于1m。保护管的长度除应满足路面的宽度外,其两端还应各伸出道路路基2m;伸出排水沟0.5m;在城市街道应伸出车道路面。

直埋电缆与热力管道、管沟平行或交叉敷设时,电缆应穿石棉水泥管保护,并应采取隔热措施。电缆与热力管道交叉时,敷设的保护管两端各伸出长度不应小于2m。

电缆保护管与其他管道(水、石油、煤气管)以及直埋电缆交叉时,两端各伸出长度不应小于1m。

关键细节96　电缆保护管清单工程量计算

电缆保护管清单项目工作内容包括:保护管敷设。其应描述的清单项目特征包括:①名称;②材质;③规格;④敷设方式。

电缆保护管清单项目编码为030408003,其工程量按设计图示尺寸以长度计算,以“m”为计量单位。

(四)电缆槽盒

电缆槽盒盒体由底板和两个侧板构成,底板和两个侧板由槽条固定连接,侧板带有扣夹,盖板置于两个侧板上由扣夹固定。

关键细节97 电缆槽盒清单工程量计算

电缆槽盒清单项目工作内容包括:槽盒安装。其应描述的清单项目特征包括:①名称;②材质;③规格;④型号。

电缆槽盒清单项目编码为030408004,其工程量按设计图示尺寸以长度计算,以“m”为计量单位。

(五)铺砂、盖保护板(砖)

关键细节98 铺砂、盖保护板(砖)清单工程量计算

铺砂、盖保护板(砖)清单项目工作内容包括:铺砂;盖板(砖)。其应描述的清单项目特征包括:①种类;②规格。

铺砂、盖保护板(砖)清单项目编码为030408005,其工程量按设计图示尺寸以长度计算,以“m”为计量单位。

(六)电力电缆、控制电缆接头

电缆接头分为终端头和中间接头,按安装场所分为户内式和户外式;按电缆头制作安装材料分为干包式、环氧树脂浇筑式和热缩式三类。电缆终端头在电缆与配电箱的连接处,一根电缆两个电缆终端头;电缆中间接头用于电缆的延长,一般隔250m设置一个。

关键细节99 电力电缆、控制电缆接头清单工程量计算

电力电缆头、控制电缆头清单项目工作内容包括:电力电缆头制作;电力电缆头安装;接地。其中,电力电缆头应描述的清单项目特征包括:①名称;②型号;③规格;④材质、类型;⑤安装部位;⑥电压等级(kV)。控制电缆头应描述的清单项目特征包括:①名称;②型号;③规格;④材质、类型;⑤安装方式。

电力电缆头、控制电缆头清单项目编码分别为030408006和030408007,其工程量均按设计图示数量计算,以“个”为计量单位。

(七)防火堵洞、防火隔板、防火涂料

(1)防火堵洞。电缆在电缆沟进出变电所、配电间等场所时用防火材料(防火包、防火泥等)进行封堵,防止外部火灾蔓延至变电所、配电间等场所,引起更大的灾情。

(2)防火隔板。防火隔板也称不燃阻火板,是由多种不燃材料经科学调配压制而成,具有阻燃性能好,遇火不燃烧时间可达3h以上,具有机械强度高,不爆,耐水、油,耐化学防腐蚀性强,无毒等特点。防火隔板主要适用于各类电压等级的电缆在支架或桥架上敷

设时的防火保护和耐火分隔，大量应用在国内各类发电厂、化工企业、钢铁冶炼企业、矿山等电缆密集场所的电缆工程。

(3)防火涂料。防火涂料是用于可燃性基材表面，能降低被涂材料表面的可燃性，阻滞火灾的迅速蔓延，用以提高被涂材料耐火极限的一种特种涂料。

关键细节 100 防火堵洞清单工程量计算

防火堵洞清单项目工作内容包括：安装。其应描述的清单项目特征包括：①名称；②材质；③方式；④部位。

防火堵洞清单项目编码为 030408008，其工程量按设计图示数量计算，以“处”为计量单位。

关键细节 101 防火隔板清单工程量计算

防火隔板清单项目工作内容包括：安装。其应描述的清单项目特征包括：①名称；②材质；③方式；④部位。

防火隔板清单项目编码为 030408009，其工程量按设计图示尺寸以面积计算，以“m^2”为计量单位。

关键细节 102 防火涂料清单工程量计算

防火涂料清单项目工作内容包括：安装。其应描述的清单项目特征包括：①名称；②材质；③方式；④部位。

防火涂料清单项目编码为 030408010，其工程量按设计图示尺寸以质量计算，以“kg”为计量单位。

(八)电缆分支箱

电缆分支箱是一种用来对电缆线路实施分接、分支、接续及转换电路的设备，多数用于户外。电缆分支箱按其电气构成分为两大类：一类是不含任何开关设备的，箱体内仅有对电缆端头进行处理和连接的附件，结构比较简单，体积较小，功能较单一，可称为普通分支箱；另一类是箱内不但有普通分支箱的附件，还含有一台或多台开关设备，其结构较为复杂，体积较大，连接器件多，制造技术难度大，造价高，可称为高级分支箱。

普通分支箱内没有开关设备，进线与出线在电器上连接在一起，电位相同，适宜用于分接或分支接线。通常习惯将进线回数加上出线回数称为分支数。例如三分支电缆分支箱，它的每一相上都有三个等电位连接点，可以用作一进二出或二进一出。电缆分接箱内含 U、V、W 三相，三相电路结构相同，顺排在一起。

高级分支箱内含有开关设备，既可起普通分支箱的分接、分支作用，又可起供电电路的控制、转换以及改变运行方式的作用。开关断口大致将电缆回路分隔为进线侧和出线侧，两侧电位可以不一相同。开关设备本身有较大的体积，因此，高级分支箱的外形尺寸比较大，高度一般为 1.4～1.8m，深度为 0.9～1.0m，长度则依所含开关设备数目而定，多在 1.0～2.4m。箱体的外形类似于户外箱式变压器，箱壳上有若干个活动的门，有的门是为开关设备的操作而设，有的门是为电缆连接器件安装施工或维护检修而设的。

关键细节103　电缆分支箱清单工程量计算

电缆分支箱清单项目工作内容包括：本体安装；基础制作、安装。其应描述的清单项目特征包括：①名称；②型号；③规格；④基础形式、材质、规格。

电缆分支箱清单项目编码为030408011，其工程量按设计图示数量计算，以“台”为计量单位。

三、全统定额关于电缆安装的内容

电缆安装定额计价工作内容包括电缆沟挖填、人工开挖路面，电缆沟铺砂、盖砖及移动盖板，电缆保护管敷设及顶管，桥架安装，塑料电缆槽、混凝土电缆槽安装，电缆防火涂料、堵洞、隔板及阻燃槽盒安装，电缆防腐、缠石棉绳、刷漆、剥皮，铝芯电力电缆敷设，铜芯电力电缆敷设，户内干包式电缆头制作、安装，户内浇筑式电力电缆终端头制作、安装，户内热缩式电力电缆终端头制作、安装，户外电力电缆终端头制作、安装，浇筑式电力电缆中间头制作、安装，热缩式电力电缆中间头制作、安装，控制电缆敷设，控制电缆头制作、安装。

关键细节104　电缆安装定额计价有关说明

(1)电缆敷设定额适用于10kV以下的电力电缆和控制电缆敷设。定额是按平原地区和厂内电缆工程的施工条件编制的，未考虑在积水区、水底、井下等特殊条件下的电缆敷设。

(2)电缆在一般山地、丘陵地区敷设时，其定额人工乘以系数1.3。该地段所需的施工材料如固定桩、夹具等按实另计。

(3)电缆敷设定额未考虑因波形敷设增加长度、弛度增加长度、电缆绕梁(柱)增加长度以及电缆与设备连接、电缆接头等必要的预留长度，该增加长度应计入工程量之内。

(4)这里的电力电缆头定额均按铝芯电缆考虑，铜芯电力电缆头按同截面电缆头定额乘以系数1.2，双屏蔽电缆头制作、安装，人工乘以系数1.05。

(5)电力电缆敷设定额均按三芯(包括三芯连地)考虑，五芯电力电缆敷设定额乘以系数1.3，六芯电力电缆乘以系数1.6，每增加一芯定额增加30%，以此类推。单芯电力电缆敷设按同截面电缆定额乘以0.67。截面面积400～800mm^{2}的单芯电力电缆敷设，按截面面积400mm^{2}电力电缆定额执行。截面面积240mm^{2}以上的电缆头的接线端子为异型端子，需要单独加工，应按实际加工价计算(或调整定额价格)。

(6)电缆沟挖填方定额亦适用于电气管道沟等的挖填方工作。

(7)桥架安装。

1)桥架安装包括运输、组合、螺栓或焊接固定、弯头制作、附件安装、切割口防腐、桥式或托板式开孔、上管件隔板安装、盖板及钢制梯式桥架盖板安装。

2)桥架支撑架定额适用于立柱、托臂及其他各种支撑架的安装。定额已综合考虑了采用螺栓、焊接和膨胀螺栓三种固定方式。实际施工中，不论采用何种固定方式，定额均不作调整。

3)玻璃钢梯式桥架和铝合金梯式桥架定额均按不带盖考虑。如这两种桥架带盖，则分别执行玻璃钢槽式桥架定额和铝合金槽式桥架定额。

4)钢制桥架主结构设计厚度大于3mm时，定额人工、机械乘以系数1.2。

5)不锈钢桥架按钢制桥架定额乘以系数1.1。

(8)电缆敷设定额及其相配套的定额中均未包括主材(又称装置性材料),另按设计和工程量计算规则加上定额规定的损耗率计算主材费用。

(9)ϕ100以下的电缆保护管敷设执行配管、配线有关定额。

关键细节105　电缆安装定额计价应注意的问题

(1)定额中电缆敷设系综合定额,已将裸包电缆、铠装电缆、屏蔽电缆等因素考虑在内。因此,凡10kV以下的电力电缆和控制电缆均不分结构形式和型号,一律按相应的电缆截面和芯数执行定额。

(2)定额未包括的工作内容:

1)隔热层、保护层的制作、安装。

2)电缆冬期施工的加温工作和在其他特殊施工条件下的施工措施费和施工降效增加费。

关键细节106　电缆安装全统定额工程量计算规则

(1)直埋电缆的挖、填土(石)方,除特殊要求外,可按表7-29计算土方量。

表7-29　直埋电缆的挖、填土(石)方量

项　目	电缆根数	
	1～2	每增一根
每米沟长挖方量(m^3)	0.45	0.153

注:1. 两根以内的电缆沟,是按上口宽度600mm、下口宽度400mm、深度900mm计算的常规土方量(深度按规范的最低标准)。

2. 每增加一根电缆,其宽度增加170mm。

3. 以上土方量是按埋深从自然地坪起算,如设计埋深超过900mm,多挖的土方量应另行计算。

(2)电缆沟盖板揭、盖定额,按每揭或每盖一次以延长米计算,如又揭又盖,则按两次计算。

(3)电缆保护管长度除按设计规定长度计算外,遇到下列情况,应按规定增加保护管长度:

1)横穿道路,按路基宽度两端各增加2m。

2)垂直敷设时,管口距地面增加2m。

3)穿过建筑物外墙时,按基础外缘以外增加1m。

4)穿过排水沟时,按沟壁外缘以外增加1m。

(4)电缆保护管埋地敷设,其土方量凡有施工图注明的,按施工图计算;无施工图的,一般按沟深0.9m、沟宽按最外边的保护管两侧边缘外各增加0.3m工作面计算。

(5)电缆敷设按单根以延长米计算,一个沟内(或架上)敷设3根各长100m的电缆,应按300mm计算,以此类推。

(6)电缆敷设长度应根据敷设路径的水平和垂直敷设长度,按表7-23规定增加附加长度。

(7)电缆终端头及中间头均以“个”为计量单位。电力电缆和控制电缆均按一根电缆有两个终端头考虑。中间电缆头设计有图示的,按设计确定;设计没有规定的,按实际情况计算(或按平均250m一个中间头考虑)。

第九节 防雷与接地装置安装

一、防雷与接地装置概述

1. 雷电

空气中不同的气团相遇后,凝成水滴或冰晶,形成积云。积云在运动中分离出电荷,当其积聚到足够数量时,就形成带电雷云。在带有不同电荷的雷云之间,或在雷云及由其感应而生的存在于建筑物等上面的不同电荷之间发生击穿放电,即为雷电。

由于雷云放电形式不同而形成各种雷,最常见的有线状雷、片状雷、球雷等几种。

(1)线状雷。它是最常见的一种雷电,是一条蜿蜒曲折的巨型电火花,长为2～3m,有时可达10m,有分支的,也有不分支的,雷电流很大,最大可达200kA。线状雷往往会形成雷云向大地的霹雷(直击雷),击到树木、房屋,会劈裂、燃烧,击到人畜会造成伤亡。

(2)片状雷。空间正负电荷相遇,当两者形成的电场足以使空气游离而形成通道,于是正负雷云在空间放电,其电荷量不足形成线状雷,闪光若隐若现,声音较小。这是一种较弱的雷电。

(3)球雷。球雷是一种球形或梨形的发光体,常在电闪之后发生。它以2m/s的速度滚动,而且会发出口哨般的响声或嗡嗡声。它遇到障碍会停止或越过,能从烟囱、开着的门窗和缝隙中进入室内,在室内来回滚动几次后,可以沿原路出去,有的也会自动消失。碰到人畜会发生震耳的爆炸声,还会放出有刺激性的气体(大部分是臭氧),使人畜轻则烧伤,重则死亡。

2. 接地

电气设备或其他设置的某一部位,通过金属导体与大地良好接触称为接地。

(1)保护接地。为保证人身安全、防止触电事故而进行的接地,称为保护接地。保护接地适用于中性点不接地的低压电网。由于接地装置的接地电阻很小,绝缘击穿后用电设备的熔体就熔断。即使不立即熔断,也使电气设备的外壳对地电压大大降低,人体与带电外壳接触,不致发生触电事故。

(2)保护接零。将电气设备的金属外壳与中性点直接接地的系统中的零线相连接,称为接零。

(3)工作接地。为保证电气设备在正常和事故情况下可靠地工作而进行的接地,称为工作接地。

(4)防雷接地。防止雷电的危害而进行接地,如建筑物的钢结构、避雷网等的接地,叫作防雷接地。

(5)防静电接地。为了防止可能产生或聚集静电荷而对金属设备、管道、容器等进行的接地,叫作防静电接地。

二、防雷与接地清单工程量计算

(一)一般规定

防雷及接地装置安装清单项目适用于接地装置和避雷装置安装工程工程量清单的编制与计量。接地装置包括生产、生活用的安全接地、防静电接地、保护接地等一切接地装置的安装。避雷装置包括建筑物、构筑物、金属塔器等防雷装置,由受雷体、引下线、接地干线、接地极组成一个系统。

关键细节 107　防雷及接地装置清单计价应注意的问题

(1)利用桩基础作接地极时,应描述桩台下桩的根数,每桩台下需焊接柱筋根数,其工程量按柱引下线计算;利用基础钢筋作接地极按均压环项目编码列项。

(2)利用柱筋作引下线的,需描述柱筋焊接根数。

(3)利用圈梁筋作均压环的,需描述圈梁筋焊接根数。

(4)使用电缆、电线作接地线,应按《通用安装工程工程量计算规范》(GB 50856—2013)附录 D. 8、附录 D. 12 相关项目编码列项。

(5)接地母线、引下线、避雷网附加长度见表 7-30。

表 7-30　接地母线、引下线、避雷网附加长度

项　目	附加长度	说　明
接地母线、引下线、避雷网附加长度	3.9%	按接地母线、引下线、避雷网全长计算

(二)接地装置

接地装置是引导雷电流安全泄入大地的导体,是接地极和接地线的总称,如图 7-27 所示。

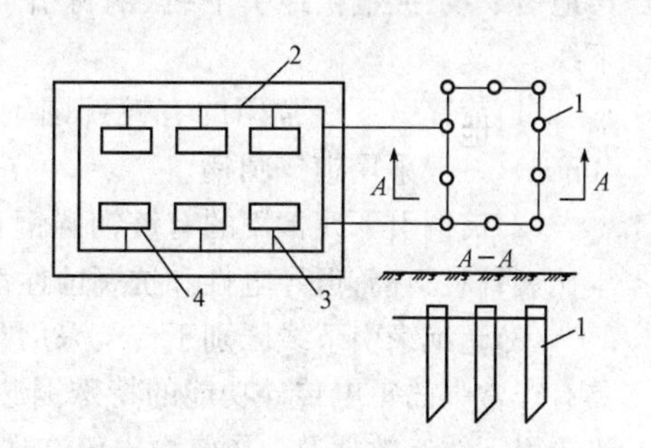

图 7-27　接地装置示意图

1—接地体;2—接地干线;

3—接地支线;4—电气设备

1. 接地极

接地极是与土壤紧密接触的金属导体,可以把电流导入大地。接地极分为自然接地极和人工接地极两种。

(1)兼作接地极用的直接与大地接触的各种金属构件、金属管道及建筑物的钢筋混凝土基础等,称为自然接地极。

(2)人工接地极是特意埋入地下专门做接地用的金属导体。一般接地体多采用镀锌角钢或镀锌钢管制作。

2. 接地线

接地线是连接被接地设备与接地体的金属导体。有时一个接地体上要连接多台设备,这时把接地线分为两段,与接线体直接连接的一段称为接地母线,与设备连接的一段

称为接地线。与设备连接的接地线可以是钢材，也可以是铜导线或铝导线。低压电气设备地面上外露的铜接地线的最小截面应符合表7-31的规定。

表7-31 低压电气设备地面上外露的铜接地线的最小截面 mm^2

名 称	铜
明敷的裸导体	4
绝缘导体	1.5
电缆的接地芯或与相线包在同一保护外壳内的多芯导线的接地芯	1

关键细节108 接地装置清单工程量计算

接地装置包括接地极和接地母线两个清单项目。

接地极清单项目工作内容包括：接地极（板、桩）制作、安装；基础接地网安装；补刷（喷）油漆。其应描述的清单项目特征包括：①名称；②材质；③规格；④土质；⑤基础接地形式。接地极清单项目编码为030409001，其工程量按设计图示数量计算，以“根（块）”为计量单位。

接地母线清单项目工作内容包括：接地母线制作、安装；补刷（喷）油漆。其应描述的清单项目特征包括：①名称；②材质；③规格；④安装部位；⑤安装形式。接地母线清单项目编码为030409002，其工程量按设计图示尺寸以长度计算（含附加长度），以“m”为计量单位。

（三）避雷引下线

避雷引下线是将避雷针接收的雷电流引向接地装置的导体，按照材料可以分为：镀锌接地引下线、镀铜接地引下线、铜材引下线（此类引下线成本高，一般不采用）、超绝缘引下线。

（1）镀锌引下线常用的有镀锌圆钢（直径8mm以上）和镀锌扁钢（3×30mm或4×40mm），一般采用镀锌圆钢。

（2）镀铜引下线常用的有镀铜圆钢和镀铜钢绞线（也称为铜覆钢绞线）。此种材料成本比镀锌材料高，但导电性和抗腐蚀性都比镀锌材料好很多，在实际工程中使用较多。

（3）超绝缘引下线区别于传统采用圆钢和扁钢作为避雷引下线的方式，其内部采用了具有非常强的雷电传导功能的特殊铜芯，外部采用了具有超强绝缘性能的特殊材料。超绝缘引下线有效地避免了雷电电流在通过避雷针接闪后的传输过程中对周围电子设备和金属发生的绝缘击穿，有效地减小了对周围设备的电磁干扰，保证了设备以及人身安全。

关键细节109 避雷引下线清单工程量计算

避雷引下线清单项目工作内容包括：避雷引下线制作、安装；断接卡子、箱制作、安装；利用主钢筋焊接；补刷（喷）油漆。其应描述的清单项目特征包括：①名称；②材质；③规格；④安装部位；⑤安装形式；⑥断接卡子、箱材质、规格。

避雷引下线清单项目编码为030409003，其工程量按设计图示尺寸以长度计算（含附加长度），以“m”为计量单位。

(四)均压环

均压环是高层建筑物为防止雷击而设计的环绕建筑物周边的水平避雷带。在建筑设计中,当高度超过滚球半径时(一类 30m,二类 45m,三类 60m),每隔 6m 设一个均压环。均压环可利用圈梁内两条主筋焊接成闭合圈,此闭合圈必须与所有的引下线连接。要求每隔 6m 设一个均压环,其目的是便于将 6m 高度内上下两层的金属门、窗与均压环连接。

防雷类别为一类时,建筑物应装设均压环,环间垂直距离不应大于 12m,所有引下线、建筑物的金属结构和金属设备均应连到环上。均压环可利用电气设备的接地干线环路。

关键细节 110　均压环清单工程量计算

均压环清单项目工作内容包括:均压环敷设;钢铝窗接地;柱主筋与圈梁焊接;利用圈梁钢筋焊接;补刷(喷)油漆。其应描述的清单项目特征包括:①名称;②材质;③规格;④安装形式。

均压环清单项目编码为 030409004,其工程量按设计图示尺寸以长度计算(含附加长度),以“m”为计量单位。

(五)避雷网

避雷网是指利用钢筋混凝土结构中的钢筋网进行雷电保护的方法(必要时还可以另装辅助避雷网),也叫作暗装避雷网。避雷网是根据古典电学中法拉第笼的原理达到雷电保护目的的金属导电体网络。

暗装避雷网是把建筑物最上层屋顶作为接闪设备。根据一般建筑物的结构,钢筋距面层只有 6～7cm,面层愈薄,雷击点的洞愈小。但有些建筑物由于防水层和隔热层较厚,钢筋距面层厚度大于 20cm,最好另装辅助避雷网。辅助避雷网一般可用直径为 6mm 或以上的镀锌圆钢,网格大小可根据建筑物重要性,分别采用 5m×5m 或 10m×10m 的圆钢制成。避雷网又分明网和暗网,其网格越密可靠性越好。

建筑物顶上往往有许多突出物,如金属旗杆、透气管、钢爬梯、金属烟囱、风窗、金属天沟等,都必须与避雷网焊成一体做接闪装置。在非混凝土结构的建筑物上,可采用明装避雷网,做法是首先在屋脊、屋檐等到顶的突出边缘部分装设避雷带主网,再在主网上加搭辅助网。

关键细节 111　避雷网清单工程量计算

避雷网清单项目工作内容包括:避雷网制作、安装;跨接;混凝土块制作;补刷(喷)油漆。其应描述的清单项目特征包括:①名称;②材质;③规格;④安装形式;⑤混凝土块标号。

避雷网清单项目编码为 030409005,其工程量按设计图示尺寸以长度计算(含附加长度),以“m”为计量单位。

(六)避雷针

避雷针,又名防雷针,是用来保护建筑物等避免雷击的装置。在高大建筑物顶端安装一根金属棒,用金属线与埋在地下的一块金属板连接起来,利用金属棒的尖端放电,使云层所带的电和地上的电逐渐中和，从而避免引发事故。避雷针应安装稳定牢固，如果避雷针支架、杆塔较高，应考虑装设拉线（3根），以增加避雷针的稳定性。避雷针一般由ϕ25镀锌圆钢制成，也可用ϕ40、管壁厚3mm及以上的镀锌钢管制作，针长一般取2m，上端加工成尖状。

关键细节112 避雷针清单工程量计算

避雷针清单项目工作内容包括：避雷针制作、安装；跨接；补刷（喷）油漆。其应描述的清单项目特征包括：①名称；②材质；③规格；④安装形式、高度。

避雷针清单项目编码为030409006，其工程量按设计图示数量计算，以“根”为计量单位。

【例7-11】 如图7-28所示为避雷针制作示意图，针尖为ϕ20的圆钢制作，尖端70mm长呈圆锥形，管针为G25mm钢管，针管为G40mm，穿钉为ϕ12，试计算其工程量。

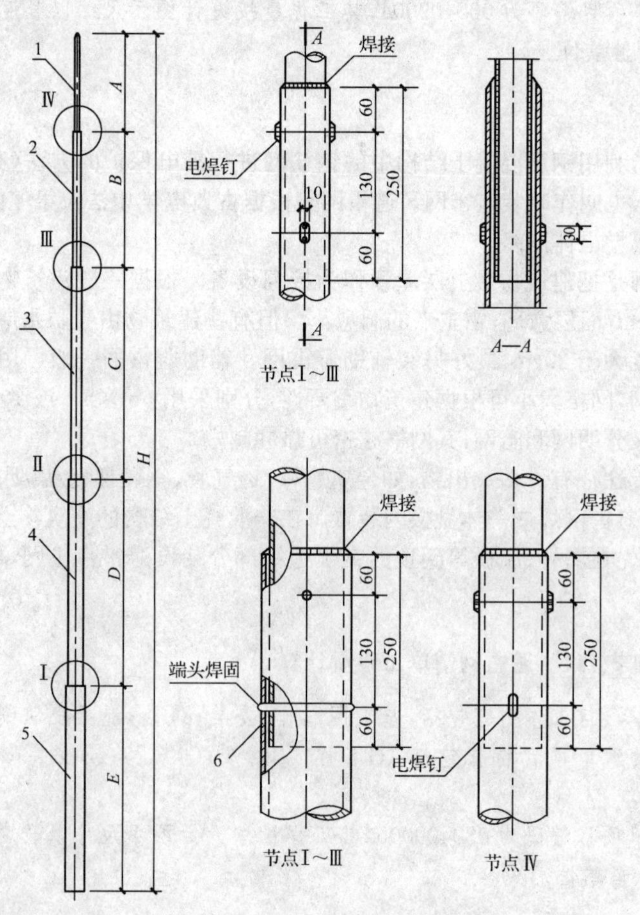

图7-28 避雷针制作示意图

1—针尖；2、3、4、5—针管；6—穿钉

解:工程量计算结果见表 7-32。

表 7-32 工程量计算表

项目编码	项目名称	项目特征描述	计量单位	工程量
030409006001	避雷针	针尖 ϕ20 圆钢,尖端 70mm,管针 G25mm 钢管,针管 G40mm,穿钉为 ϕ12	根	1

(七)半导体少长针消雷装置

半导体少长针消雷装置是在避雷针的基础上发展起来的,主要由导体针组、半导体材料和接地装置组成。导体针长为 5m,针的顶部有 4 根金属分叉尖端,适合安装于高度 $h \geqslant$ 40m 的建筑物和构筑物上。

半导体少长针消雷装置利用其独特结构,可在雷云电场下发生强烈的电晕放电,即对布满在空中的空间电荷产生良好的屏蔽效应,并中和雷云电荷。同时,利用半导体材料的非线性来改变雷电发展过程,延长雷电放电时间,以减小雷电流的峰值和陡度,从而达到有效保护建筑物及其内部各种强弱电设备的目的。一般当消雷装置安装高度 $h>60$m 时,还需要增加水平消雷针。

目前,常用 SLE 半导体少长针消雷器型号及规格见表 7-33。

表 7-33 常用 SLE 半导体少长针消雷器型号及规格

型号	规格	针数(根)	质量(kg)	适用范围
SLE-V-3	5000mm×3	3	45	输电线路
SLB-V-4	5000mm×4	4	50	输电线路
SLE-V-9	5000mm×9	9	95	中层民用建筑
SLE-V-13	5000mm×13	13	120	重要保护设施
SLE-V-13/8	5000mm×(13/8①)	13+8	120+80	60m 以上铁塔
SLE-V-13/16	5000mm×(13/16②)	13+16	120+160	80m 以上铁塔
SLE-V-19	5000mm×19	19	160	重要保护设施
SLE-V-19/8	5000mm×(19/8①)	19+8	160+80	60m 以上铁塔
SLE-V-19/16	5000mm×(19/16②)	19+16	160+160	80m 以上铁塔
SLE-V-25	5000mm×25	25	205	重要保护设施

① 铁塔高于 60m 时,铁塔中间增加的水平针数(距地 45～50m 处一层)。

② 铁塔高于 80m 时,铁塔中间增加的水平针数(距地 45～65m 处二层)。

半导体少长针消雷器安装时必须配备接地引下线和接地体,一般建筑可利用建筑主钢筋作为引下线;对钢结构体的支撑物可直接利用钢结构主体作引下线,接地电阻一般应小于 10Ω。当遇特殊困难时允许适当放宽到 30Ω。

关键细节 113 半导体少长针消雷装置清单工程量计算

半导体少长针消雷装置清单项目工作内容包括:本体安装。其应描述的清单项目特征包括:①型号;②高度。

半导体少长针消雷装置清单项目编码为030409007,其工程量按设计图示数量计算,以“套”为计量单位。

(八)等电位端子箱、测试板

等电位端子箱是将建筑物内的保护干线,水煤气金属管道,采暖和冷冻、冷却系统,建筑物金属构件等部位进行联结,以满足规范要求的接触电压小于50V的防电击保护电器。等电位端子箱是现代建筑电器的一个重要组成部分,被广泛应用于高层建筑。

关键细节114 等电位端子箱、测试板清单工程量计算

等电位端子箱、测试板清单项目工作内容包括:本体安装。其应描述的清单项目特征包括:①名称;②材质;③规格。

等电位端子箱、测试板清单项目编码为030409008,其工程量按设计图示数量计算,以“台(块)”为计量单位。

(九)绝缘垫

绝缘垫,又称为绝缘毯、绝缘橡胶板、绝缘胶板、绝缘橡胶垫等,是具有较大体积电阻率和耐电击穿的胶垫,用于配电等工作场合的台面或铺地绝缘材料。

关键细节115 绝缘垫清单工程量计算

绝缘垫清单项目工作内容包括:制作;安装。其应描述的清单项目特征包括:①名称;②材质;③规格。

绝缘垫清单项目编码为030409009,其工程量按设计图示尺寸以展开面积计算,以“m^2”为计量单位。

(十)浪涌保护器

浪涌保护器,也叫防雷器,是一种为各种电子设备、仪器仪表、通信线路提供安全防护的电子装置。当电气回路或者通信线路中因外界的干扰突然产生尖峰电流或者电压时,浪涌保护器能在极短的时间内导通分流,从而避免浪涌对回路中其他设备的损害。浪涌保护器适用于各种直流电源系统,如二次电源设备输出端、直流配电屏及各种直流用电设备,广泛应用于移动通信基站、微波通信局(站)、电信机房、工厂、民航、金融、证券等系统的直流电源防护。

关键细节116 浪涌保护器清单工程量计算

浪涌保护器清单项目工作内容包括:本体安装;接线;接地。其应描述的清单项目特征包括:①名称;②规格;③安装形式;④防雷等级。

浪涌保护器清单项目编码为030409010,其工程量按设计图示数量计算,以“个”为计量单位。

(十一)降阻剂

降阻剂由多种成分组成,其中含有细石墨、膨润土、固化剂、润滑剂、导电水泥等。它是一种良好的导电体,将它使用于接地体和土壤之间,一方面能与金属接地体紧密接触,形成足够大的电流流通面;另一方面能向周围土壤渗透,降低周围土壤电阻率,在接地体周围形成一个变化平缓的低电阻区域。

关键细节 117　降阻剂清单工程量计算

降阻剂清单项目工作内容包括:挖土;施放降阻剂;回填土;运输。其应描述的清单项目特征包括:①名称;②类型。

降阻剂清单项目编码为030409011,其工程量按设计图示以质量计算,以“kg”为计量单位。

三、全统定额关于防雷与接地装置的内容

防雷及接地装置定额计价工作内容包括接地极(板)制作、安装,接地母线敷设,接地跨接线安装,避雷针制作、安装,半导体少长针消雷装置安装,避雷引下线敷设,避雷网安装。定额适用于建筑物、构筑物的防雷接地,变配电系统接地、设备接地以及避雷针的接地装置。

关键细节 118　防雷及接地装置定额计价有关说明

(1)定额中,避雷针的安装、半导体少长针消雷装置安装,均已考虑了高空作业的因素。

(2)独立避雷针的加工制作执行“一般铁构件”制作定额。

(3)防雷均压环安装定额是按利用建筑物圈梁内主筋作为防雷接地连接线考虑的。如果采用单独扁钢或圆钢明敷作均压环,可执行“户内接地母线敷设”定额。

(4)利用铜绞线作接地引下线时,配管、穿铜绞线执行定额中同规格的相应项目。

(5)户外接地母线敷设定额是按自然地坪和一般土质综合考虑的,包括地沟的挖填土和夯实工作,执行定额时不应再计算土方量。如遇有石方、矿渣、积水、障碍物等情况时可另行计算。

(6)定额不适于采用爆破法施工敷设接地线、安装接地极,也不包括高土壤电阻率地区采用换土或化学处理的接地装置及接地电阻的测定工作。

关键细节 119　防雷及接地装置全统定额工程量计算规则

(1)接地极制作安装以“根”为计量单位,其长度按设计长度计算,设计无规定时,每根长度按2.5m计算。若设计有管帽时,管帽另按加工件计算。

(2)接地母线敷设,按设计长度以“m”为计量单位计算工程量。接地母线、避雷线敷设,均按延长米计算,其长度按施工图设计水平和垂直规定长度另加3.9%的附加长度(包括转弯、上下波动、避绕障碍物、搭接头所占长度)计算。计算主材费时应另增加规定的耗损率。

(3)接地跨接线以“处”为计量单位,按规程规定凡需作接地跨接线的工程内容,每跨接一次按一处计算。户外配电装置构架均需接地,每副构架按一处计算。

(4)避雷针的加工制作、安装,以“根”为计量单位,独立避雷针安装以“基”为计量单位。长度、高度、数量均按设计规定。独立避雷针的加工制作应执行“一般铁件”制作定额或按成品计算。

(5)半导体少长针消雷装置安装以“套”为计量单位,按设计安装高度分别执行相应定额。装置本身由设备制造厂成套供货。

(6)利用建筑物内主筋做接地引下线安装,以“10m”为计量单位,每一柱子内按焊接两根主筋考虑。如果焊接主筋数超过两根时,可按比例调整。

(7)断接卡子制作安装以“套”为计量单位,按设计规定装设的断接卡子数量计算,接地检查井内的断接卡子安装按每井一套计算。

(8)高层建筑物屋顶的防雷接地装置应执行“避雷网安装”定额,电缆支架的接地线安装应执行“户内接地母线敷设”定额。

(9)均压环敷设以“m”为计量单位,主要考虑利用圈梁内主筋作均压环接地连线,焊接按两根主筋考虑,超过两根时,可按比例调整。长度按设计需要作均压接地的圈梁中心线长度,以延长米计算。

(10)钢、铝窗接地以“处”为计量单位(高层建筑六层以上的金属窗设计一般要求接地),按设计规定接地的金属窗数进行计算。

(11)柱子主筋与圈梁连接以“处”为计量单位,每处按两根主筋与两根圈梁钢筋分别焊接连接考虑。如果焊接主筋和圈梁钢筋超过两根时,可按比例调整,需要连接的柱子主筋和圈梁钢筋“处”数按规定设计计算。

第十节　10kV以下架空配电线路架设

一、10kV以下架空配电线路概述

架空电力线路是指安装在室外的电杆上,用来输送电能的线路。电力网中的线路,大体上可分为送电线路(又称输电线路)和配电线路。架设在升压变电站与降压变电站之间的线路,称为送电线路,是专门用于输送电能的。从降压变电站至各用户之间的10kV及以下线路,称为配电线路,是用于分配电能的。配电线路中又分为高压配电线路和低压配电线路。1kV以下线路为低压架空线路,1～10kV为高压架空线路。由于架空线路与电缆线路相比有较多的优点,如成本低、投资少、安装容易、维护和检修方便、易于发现和排除故障等,所以,架空线路在一般用户中得到广泛的应用。

电力架空线路主要由导线、电杆、绝缘子、横担、金具、拉线、基础及接地装置等组成,其结构如图7-29所示。

1. 导线

导线是线路的主体,担负着输送电能的功能。导线的主要作用是传导电流,此外,还要承受正常的拉力和气候影响(风、雨、雪、冰等)。

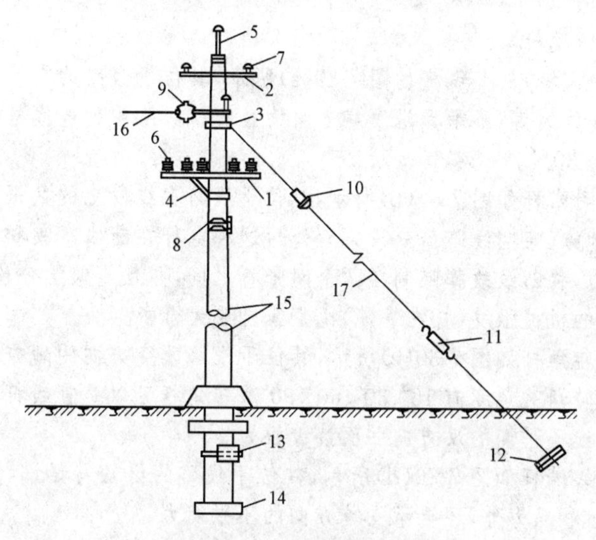

图 7-29　电力架空线路的组成

1—低压横担；2—高压横担；3—拉线抱箍；4—横担支撑；5—高压杆头；6—低压针式绝缘子；7—高压针式绝缘子；8—低压蝶式绝缘子；9—悬式蝶式绝缘子；10—拉紧绝缘子；11—花篮螺栓；12—地锚(接线盒)；13—卡盘；14—底盘；15—电杆；16—导线；17—拉线

2. 电杆

电杆是用来支撑架空线路导线的杆塔。电杆按材质可分为木电杆、钢筋混凝土电杆和铁塔三种。

3. 绝缘子

绝缘子是架空输电线路绝缘的主体，用于悬挂或支撑导线并使导线与接地杆塔绝缘。绝缘子具有机械强度高、绝缘性能好、耐自然侵蚀及抗老化能力强等特点。绝缘子的绝缘介质一般采用瓷、钢化玻璃和硅橡胶合成材料。

4. 横担

横担安装于电杆顶端，用于固定绝缘子架设导线，有时也用来固定开关设备或避雷器等。为使导线、电气设备间保持一定的安全距离，要求横担应有一定的强度和长度尺寸。横担的种类很多，按制作材料可分为木横担、钢横担和瓷横担三种。

5. 金具

在架空线路施工中，横担的组装、绝缘子的安装紧固、导线的架设拉紧和电杆拉线的调整等都需要使用金属附件，如抱箍、线夹、垫铁、穿芯螺栓、花篮螺栓、球头挂环、直角挂板和碗头挂板等，这些金属附件统称为线路金具。

6. 拉线

拉线是为了平衡电杆各方面的作用力和抵抗风压以防止电杆倾倒而装设的。

关键细节 120　电杆的结构形式

电杆按其在线路中的作用，可分为六种结构形式：直线杆(中间杆)、耐张杆、转角杆、终端杆、分支杆和跨越杆。

(1)直线杆(中间杆)。直线杆如图7-30(a)所示,其位于线路的直线段上,只承受导线的垂直荷重和侧向的风力,不承受沿线路方向的拉力。线路中的电线杆大多数为直线杆,约占全部电杆数的80%。

(2)耐张杆。耐张杆如图7-30(b)所示,其位于线路直线段上的数根直线杆之间,或位于有特殊要求的地方(架空线路需分段架设处),这种电杆在断线事故和架线紧线时,能承受一侧导线的拉力,将断线故障限制在两个耐张杆之间,并且能够给分段施工紧线带来方便。所以,耐张杆的机械强度(杆内铁筋)比直线杆要大得多。

(3)转角杆。转角杆如图7-30(c)所示,其位于线路改变方向的地方,它的结构应根据转角的大小而定,转角的角度有15°、30°、60°、90°。转角杆可以是直线杆型的,也可以是耐张杆型的,要在拉线不平衡的反方向一面装设拉力。

(4)终端杆。终端杆如图7-30(d)所示,其位于线路的终端与始端,在正常情况下,除了受到导线的自重和风力外,还要承受单方向的不平衡力。

(5)分支杆。分支杆如图7-30(e)所示,其位于干线与分支线相连处,在主干线路方向上有直线杆和耐张杆型;在分支方向侧则为耐张杆型,能承受分支线路导线的全部拉力。

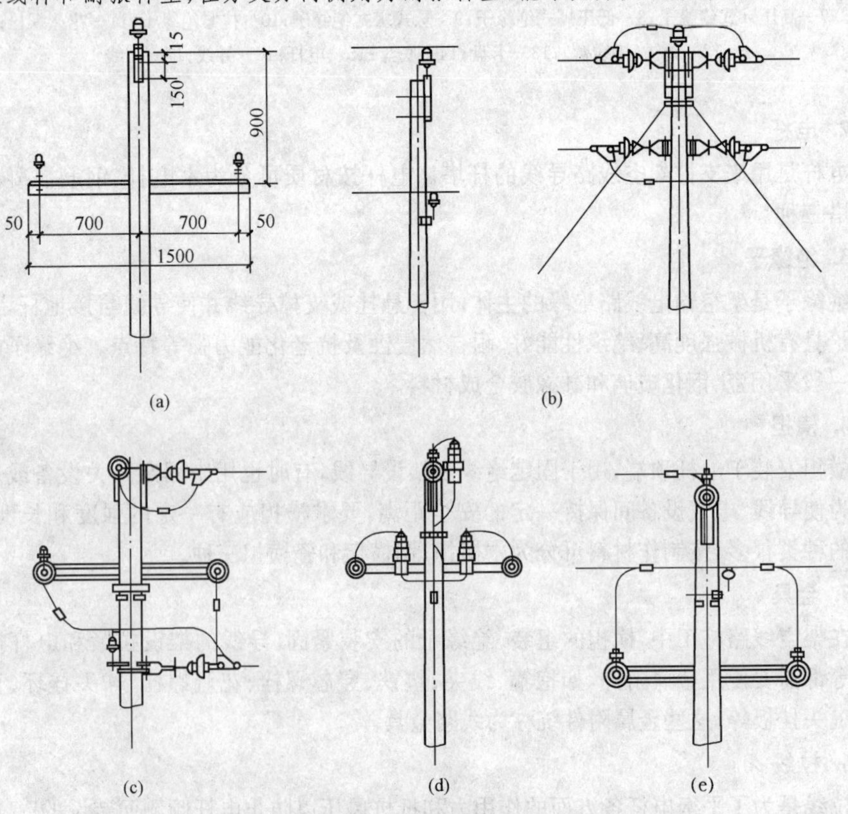

图7-30 杆塔按用途不同的常用类型

(a)直线杆;(b)耐张杆;(c)转角杆;(d)终端杆;(e)分支杆

(6)跨越杆。跨越杆用于铁道、河流、道路和电力线路等交叉跨越处的两侧。由于它比普通电线杆高,承受力较大,故一般要加人字或十字拉线补充加强。

二、10kV以下架空配电线路清单工程量计算

(一)一般规定

10kV以下架空配电线路清单项目适用于电杆组立和导线架设两大部分项目的工程量清单项目设置与计量。

关键细节121　10kV以下架空配电线路清单计价应注意的问题

(1)杆上设备调试应按《通用安装工程工程量计算规范》(GB 50856－2013)附录D.14(参见本章第十四节)相关项目编码列项。

(2)架空导线预留长度见表7-34。

表7-34　架空导线预留长度　m/根

项目名称	长度	
高压	转角	2.5
	分支、终端	2.0
低压	分支、终端	0.5
	交叉跳线转角	1.5
与设备连线	0.5	
进户线	2.5	

(二)电杆组立

电杆组立是电力线路架设中的关键环节,电杆组立的形式有两种,一种是整体起立,整体起立大部分组装工作可在地面进行,高空作业量相对较少;另一种是分解起立,分解起立一般先立杆,再登杆进行铁件等的组装。

1. 电杆起立

工程中常用立杆方法有三种,即撑杆立杆、汽车吊立杆和抱杆立杆。其中,撑杆立杆对于10m以下的钢筋混凝土电杆,可用三副架杆轮换顶起电杆,使杆根滑入坑内。此立杆方法劳动强度较大。汽车吊立杆可减轻劳动强度,加快施工进度,但在使用上有一定局限性,只能在有条件停放汽车的地方使用。抱杆立杆是立杆最常用的方法,分为固定式和倒落式(人字把杆)两种。

2. 电杆坑

电杆坑是指用以浇筑基础并固定电杆而挖的坑。使用的工具一般是锹、镐、长勺等,用人力挖坑取土。

3. 横担安装

架空配电线路的横担较为简单,按材质可分为木横担、铁横担和陶瓷横担三种。横担装在电杆的上端,用来安装绝缘子、固定开关设备及避雷器等,具有一定的长度和机械强

度。横担安装时，将电杆顺线路方向放在杆坑旁准备起立的位置处，杆身下两端各垫一块道木，从杆顶向下量取最上层横担至杆顶的距离，画出最上层横担安装位置。先把U形抱箍套在电杆上，放在横担固定位置。在横担上合好M形抱铁，使U形抱箍穿入横担和抱铁的螺栓孔，用螺母固定。先不要拧紧，只要立杆不往下滑动即可。待电杆立起后，再将横担调整至符合规定，将螺母逐个拧紧。

4. 拉线

为了防止电杆被强大的风力刮倒或冰凌荷载的破坏影响，或为了在土质松软地区增加线路电杆的稳定性，在取力杆上均需装设拉线。拉线在架空线路中用来平衡电杆各方向的拉力，防止电杆弯曲或倾斜。有时，因地形限制无法装设拉线时，也可以用撑杆代替。拉线按用途和结构可分为以下几种：

(1)普通拉线：又称尽头拉线，主要用于终端杆上，起平衡拉力作用。

(2)转角拉线：用于转角杆，起平衡拉力作用。

(3)人字拉线：又称二侧拉线，用于基础不牢固和交叉跨越高杆或较长的耐张杆中间的直线杆，保持电杆平衡，以免倒杆、断杆。

(4)高桩拉线(水平拉线)：用于跨越道路、河道和交通要道处，高桩拉线要保持一定高度，以免妨碍交通。

(5)自身拉线(弓形拉线)：为了防止电杆受力不平衡或防止电杆弯曲，因地形限制不能安装普通拉线的，可采用自身拉线。

各种拉线如图7-31所示。

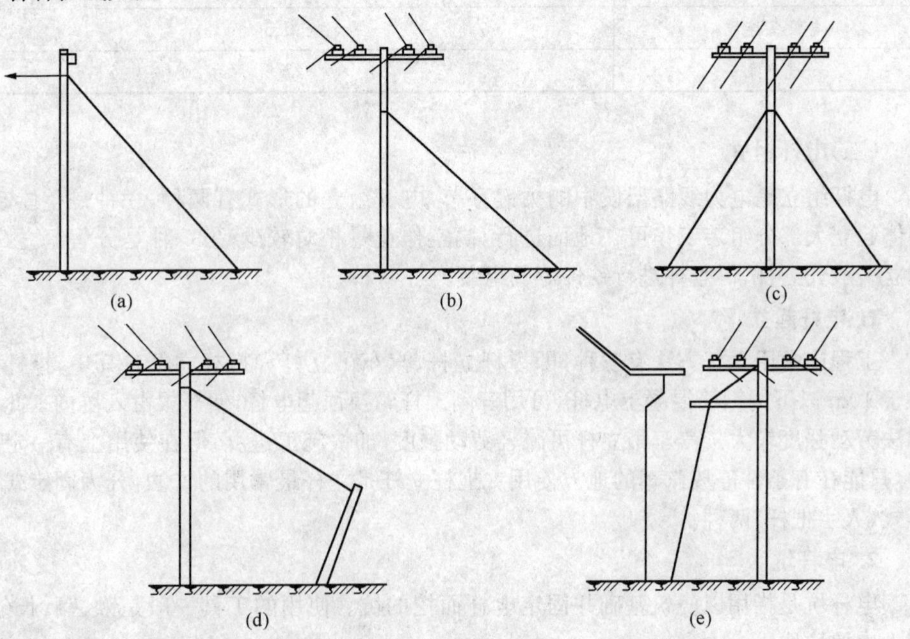

图7-31　拉线的种类

(a)普通拉线；(b)转角拉线；(c)人字拉线；(d)高桩拉线；(e)自身拉线

关键细节 122　电杆组立清单工程量计算

电杆组立清单项目工作内容包括：施工定位；电杆组立；土（石）方挖填；底盘、拉盘、卡盘安装；电杆防腐；拉线制作、安装；现浇基础、基础垫层；工地运输。其应描述的清单项目特征包括：①名称；②材质；③规格；④类型；⑤地形；⑥土质；⑦底盘、拉盘、卡盘规格；⑧拉线材质、规格、类型；⑨现浇基础类型、钢筋类型、规格，基础垫层要求；⑩电杆防腐要求。

电杆组立清单项目编码为 030410001，其工程量按设计图示数量计算，以“根（基）”为计量单位。

【例 7-11】 有一新建工厂，工厂需架设 300/500V 三相四线线路，需 10m 高水泥杆 10 根，杆距为 60m，试计算其工程量。

解：工程量计算结果见表 7-35。

表 7-35　　工程量计算表

项目编码	项目名称	项目特征描述	计量单位	工程量
030410001001	电杆组立	10m 高水泥杆，杆距 60m	根	10

（三）横担组装

横担是杆塔中重要的组成部分，其作用是用来安装绝缘子及金具，以支承导线、避雷线，并使之按规定保持一定的安全距离。横担按用途可分为直线横担、转角横担和耐张横担；按材料可分为铁横担、瓷横担和合成绝缘横担。为施工方便，一般都在地面上将电杆顶部的横担、金具等全部组装完毕后再整体立杆。如果先将电杆组立后再组装，则应从电杆的最上端开始安装。横担安装的位置，对于直线杆应安装在受电侧；对于转角杆、分支杆、终端杆以及受导线张力不平衡的地方，应安装在张力反方向侧（拉线侧）。多层横担应安装在同一侧。横担应安装水平并与线路方向垂直，其倾斜度不应大于 1/100。

关键细节 123　横担组装清单工程量计算

横担组装清单项目工作内容包括：横担安装；瓷瓶、金具组装。其应描述的清单项目特征包括：①名称；②材质；③规格；④类型；⑤电压等级（kV）；⑥瓷瓶型号、规格；⑦金具品种规格。

横担组装清单项目编码为 030410002，其工程量按设计图示数量计算，以“组”为计量单位。

（四）导线架设

导线架设就是将金属导线按设计要求敷设在已组立好的线路杆塔上。

1. 放线

放线时，将导线端头弯成小环，并用线绑扎，然后将牵引棕绳（或麻绳）穿过小环与导线绑在一起，拖拉牵引绳，陆续放出导线。在放线过程中，要有专人沿线查看，放线架处应有专人看守，不应发生磨损、散股、断股、扭曲等现象。

2. 导线连接

对于新建线路，应尽量避免导线在档距内接头，特别是在线路跨越档内更不准有接头。当接头不可避免时，同一档距内，同一根导线上的接头，不得超过一个，且导线接头的位置与导线固定点的距离应大于0.5m。压接后导线端头露出长度不应小于20mm，导线端头绑线应保留。连接管弯曲度不应大于管长2%，有明显弯曲时应校直。

3. 导线跨越架设

当导线架设线路与电力、公路、通信线路、铁路、河流或障碍物交叉时，应设立跨越杆，进行导线的跨越架设。为确保导线跨越架设的安全可靠，在进行导线跨越架设前，应对所有交叉跨越的情况进行勘查，并制订各个交叉跨越处放线的具体措施，分别与有关部门联系。

4. 导线跨越及进户线架设

进户线是指由接户线至室内第一个配电设备的一段低压线路。为确保人身及设备安全，低压进户线不应从高压引下线间穿过，应穿管保护接至室内配电设备。保护管应伸出墙外0.15m、距支持物为0.25m，并应采取防水措施。

5. 进户横担安装

进户横担安装工作包括埋设横担、装绝缘子、装防水弯头等工作；进户横担安装以一端、两端埋墙和2线、4线、6线划分类别，以"根"为计量单位。未计价材料有横担、绝缘子和防水弯头、支撑铁件及螺栓。

高压架空配电线路导线呈三角形排列，最上层横担（单回路）距杆顶距离宜为800mm，耐张杆及终端杆宜为1000mm，低压架空线路导线采用水平排列，最上层横担距杆顶的距离不宜小于200mm；当高、低压共杆或多回路多层横担时，各层横担间的垂直距离可参照表7-36选取。

表7-36　多回路各层横担间最小垂直距离　mm

类　别	直线杆	分支或转角杆
高压与高压	800	450/600
高压与低压	1200	1000
低压与低压	1000	300

关键细节124　导线架设清单工程量计算

导线架设清单项目工作内容包括：导线架设；导线跨越及进户线架设；工地运输。其应描述的清单项目特征包括：①名称；②型号；③规格；④地形；⑤跨越类型。

导线架设清单项目编码为030410003，其工程量按设计图示尺寸以单线长度计算（含预留长度），以"km"为计量单位。

（五）杆上设备

1. 杆上变压器台

（1）高压电气设备的试验调整结果必须符合施工规范规定。

(2)变压器台的位置应符合设计要求,并应装在接近负荷中心,不影响市容,且对防火无严格要求以及维修方便,能够进出车辆。变压器台不得装置在角度杆、分支杆上。

(3)三相变压器容量为50～315kV·A时,可利用一根线路电杆,并需另立一根电杆组成H型变压器台。

(4)单相或三相变压器容量在30kV·A及以下时,可利用线路电杆组成单杆变压器台。

(5)变压器一次侧可采用跌落式熔断器、阀型避雷器等保护。变压器低压侧应采用低压保安器等保护,但零线不得装设保安器。

(6)高压引下线及高压母线应采用铜芯橡皮绝缘导线。铜导线面不得小于$16mm^2$。高压引下线、高压母线以及跌落式熔断器等的不同相间距离不得小于350mm。严禁低压线穿过高压引下线。

(7)变压器外壳、断路器外壳、避雷器接地线及变压器低压侧零线等可合用一组引下线,共用一组接地装置。其导线截面不得小于$25mm^2$,应并在距地面1.5m处设断接卡子,以备测量接地电阻之用

2. 变压器

(1)板材的厚度不得小于50mm,并应无疤节、无腐朽。

(2)安装高压熔断器的方木,其材质不得低于一般横担要求,并不得有腐朽现象和$1cm^2$以上的疤节。

(3)所有金属构件应作镀锌处理,如无镀锌条件应刷一道防锈漆,两道灰色油漆。但是铁螺栓、铁拉板等必须镀锌。

(4)变压器台安装的一切配件必须紧密不得松动,各部位螺栓的打眼位置必须准确,不得倾斜。

(5)变压器台应水平,其斜对角水平高度差不得大于30mm。

(6)引上、引下线排列间距应符合规定,弛度应保持整齐一致。

关键细节125　杆上设备清单工程量计算

杆上设备清单项目工作内容包括:支撑架安装;本体安装;焊压接线端子、接线;补刷(喷)油漆;接地。其应描述的清单项目特征包括:①名称;②型号;③规格;④电压等级(kV);⑤支撑架种类、规格;⑥接线端子材质、规格;⑦接地要求。

杆上设备清单项目编码为030410004,其工程量按设计图示数量计算,以“台(组)”为计量单位。

三、全统定额关于10kV以下架空配电线路的内容

10kV以下架空配电线路定额计价工作内容包括工地运输,土石方工程,底盘、拉盘、卡盘安装及电杆防腐,电杆组立,横担安装,拉线制作、安装,导线架设,导线跨越及进户线架设,杆上变配电设备安装。

关键细节126 10kV以下架空配电线路定额计价有关说明

(1)定额按平地施工条件考虑,如在其他地形条件下施工,其人工和机械按表7-37地形系数予以调整。

表7-37 地形系数

地形类别	丘陵(市区)	一般山地、泥沼地带
调整系数	1.20	1.60

(2)预算编制中,全线地形分几种类型时,可按各种类型长度所占百分比求出综合系数进行计算。

(3)线路一次施工工程量按5根以上电杆考虑;5根以内者,其全部人工、机械乘以系数1.3。

(4)如果出现钢管杆的组立,按同高度混凝土杆组立的人工、机械乘以系数1.4,材料不调整。

(5)导线跨越架设。

1)每个跨越间距:均按50m以内考虑,大于50m而小于100m时,按2处计算,以此类推。

2)在同跨越档内,有多种(或多次)跨越物时,应根据跨越物种类分别执行定额。

3)跨越定额仅考虑因跨越而多耗的人工、机械台班和材料,在计算架线工程量时,不扣除跨越档的长度。

(6)杆上变压器安装不包括变压器调试、抽芯、干燥工作。

关键细节127 10kV以下架空配电线路定额计价应注意的问题

(1)地形划分的特征。

1)平地:地形比较平坦、地面比较干燥的地带。

2)丘陵:地形有起伏的矮岗、土丘等地带。

3)一般山地:一般山岭或沟谷地带、高原台地等。

4)泥沼地带:经常积水的田地或泥水淤积的地带。

(2)土质的分类。

1)普通土:种植土、黏(砂)土、黄土和盐碱土等,主要指利用锹、铲即可挖掘的土质。

2)坚土:土质坚硬难挖的红土、板状黏土、重块土、高岭土,必须用铁镐、条锄挖松,再用锹、铲挖掘的土质。

3)松砂石:碎石、卵石和土的混合体,各种不坚实砾岩、页岩、风化岩,节理和裂缝较多的岩石等(不需用爆破方法开采的),需要镐、撬棍、大锤、楔子等工具配合才能挖掘者。

4)岩石:一般为坚实的粗花岗岩、白云岩、片麻岩、玢岩、石英岩、大理岩、石灰岩、石灰质胶结的密实砂岩的石质,不能用一般挖掘工具进行开挖,必须采用打眼、爆破或打凿才能开挖者。

5)泥水:坑的周围经常积水,坑的土质松散,如淤泥和沼泽地等挖掘时因水渗入和浸润而成泥浆，容易坍塌，需用挡土板和适量排水才能施工者。

6)流砂：坑的土质为砂质或分层砂质，挖掘过程中砂层有上涌现象，容易坍塌，挖掘时需排水和采用挡土板才能施工者。

(3)主要材料运输质量的计算按表7-38规定执行。

表7-38 主要材料运输质量表

材料名称		单位	运输质量(kg)	备注
混凝土制品	人工浇制	m^3	2600	包括钢筋
	离心浇制	m^3	2860	包括钢筋
线材	导线	kg	$W\times1.15$	有线盘
	钢绞线	kg	$W\times1.07$	无线盘
木杆材料		m^3	450	包括木横担
金具、绝缘子		kg	$W\times1.07$	—
螺栓		kg	$W\times1.01$	—

注：1. W为理论质量。

2. 未列入者均按净重计算。

关键细节128 10kV以下架空配电线路全统定额工程量计算规则

(1)工地运输是指定额内未计价材料从集中材料堆放点或工地仓库运至位上的工程运输，分人力运输和汽车运输，以“t · km”为计量单位。

运输量计算公式如下：

$$工程运输量=施工图用量\times(1+耗损率)$$

预算运输质量=工程运输量+包装物质量(不需要包装的可不计算包装物质量)

(2)无底盘、卡盘的电杆坑，其挖方体积为：

$$V=0.8\times0.8\times h$$

式中 h——坑深(m)。

(3)电杆坑的马道土、石方量按每坑0.2m^3计算。

(4)施工操作裕度按底拉盘底宽每边增加0.1m。

(5)各类土质的放坡系数按表7-39取用。

表7-39 各类土质的放坡系数

土质	普通土、水坑	坚土	松砂石	泥水、流砂、岩石
放坡系数	1∶0.3	1∶0.25	1∶0.2	不放坡

(6)冻土厚度大于300mm时，冻土层的挖方量按挖坚土定额乘以系数2.5。其他土层仍按土质性质执行定额。

(7)土方量计算公式为：

$$V=\frac{h}{6[ab+(a+a_1)(b+b_1)+a_1b_1]}$$

式中　V——土(石)方体积(m^3)；

h——坑深(m)；

$a(b)$——坑底宽(m)，$a(b)$=底拉盘底宽+2×每边操作裕度；

$a_1(b_1)$——坑口宽(m)，$a_1(b_1)=a(b)+2h$×边坡系数。

(8)杆坑土质按一个坑的主要土质而定。如一个坑大部分为普通土，少量为坚土，则该坑应全部按普通土计算。

(9)带卡盘的电杆坑，如原计算的尺寸不能满足卡盘安装，因卡盘超长而增加的土(石)方量另计。

(10)底盘、卡盘、拉线盘按设计用量以“块”为计量单位。

(11)杆塔组立，分别杆塔形式和高度，按设计数量以“根”为计量单位。

(12)拉线制作安装按施工图设计规定，分别不同形式，以“组”为计量单位。

(13)横担安装按施工图设计规定，分不同形式和截面，以“根”为计量单位，定额按单根拉线考虑。若安装V形、Y形或双拼形拉线时，按2根计算。拉线长度按设计全根长度计算，设计无规定时可按表7-40计算。

表7-40　　拉线长度　　m/根

项　目		普通拉线	V(Y)形拉线	弓形拉线
杆高(m)	8	11.47	22.94	9.33
	9	12.61	25.22	10.10
	10	13.74	27.48	10.92
	11	15.10	30.20	11.82
	12	16.14	32.28	12.62
	13	18.69	37.38	13.42
	14	19.68	39.36	15.12
水平拉线		26.47	—	—

(14)导线架设，分别导线类型和不同截面以“km/单线”为计量单位。导线预留长度按表7-34的规定(导线长度按线路总长度和预留长度之和)计算。计算主材费时应另增加规定的损耗率。

(15)导线跨越架设，包括越线架的搭、拆和运输以及因跨越(障碍)施工难度增加的工作量，以“处”为计量单位。每个跨越间距按50m以内考虑，大于50m而小于100m时按2处计算，以此类推。在计算架线工程量时，不扣除跨越挡的长度。

(16)杆上变配电设备安装以“台”或“组”为计量单位，定额内包括杆上钢支架及设备的安装工作，但钢支架主材、连引线、线夹、金具等应按设计规定另行计算，设备的接地装置安装和调试应按相应定额另行计算。

第十一节　配管、配线敷设

一、配管、配线概述

1. 导线的选择

室内配线用电线、电缆应按低压配电系统的额定电压、电力负荷、敷设环境及其与附近电气装置、设施之间不产生有害的电磁感应等要求，选择合适的型号和截面。

(1)对电线、电缆导体的截面大小进行选择时，应按其敷设方式、环境温度和使用条件确定，其额定载流量不应小于预期负荷的最大计算电流，线路电压损失不应超过允许值。单相回路中的中性线应与相线等截面。

(2)室内配线若采用单芯导线作固定装置的 PEN 干线，其截面对铜材不应小于 $10mm^2$，对铝材不应小于 $16mm^2$；当用多芯电缆的线芯作 PEN 线时，其最小截面可为 $4mm^2$。

(3)当 PE 线所用材质与相线相同时，按热稳定要求，截面不应小于表 7-41 的规定。

表 7-41　接地线及保护线的最小截面　mm^2

装置的相线截面 S	接地线及保护线最小截面
$S \leqslant 16$	S
$16 < S \leqslant 35$	16
$S > 35$	$S/2$

(4)导线最小截面应满足机械强度的要求，不同敷设方式导线线芯的最小截面不应小于表 7-42 的规定。

表 7-42　不同敷设方式导线线芯的最小截面

敷设方式			线芯最小截面(mm^2)		
			铜芯软线	铜　线	铝　线
敷设在室内绝缘支持件上的裸导线			—	2.5	4.0
敷设在室内绝缘支持件上的绝缘导线其支持点间距 L(m)	$L \leqslant 2$	室　内	—	1.0	2.5
		室　外	—	1.5	2.5
	$2 < L \leqslant 6$		—	2.5	4.0
	$6 < L \leqslant 12$		—	2.5	6.0
穿管敷设的绝缘导线			1.0	1.0	2.5
槽板内敷设的绝缘导线			—	1.0	2.5
塑料护套线明敷			—	1.0	2.5

2. 导线的布置

在室内配线中，为了保证某一区域内的线路和各类器具达到整齐美观，施工前必须设立统一的标高，以适应使用的需要。

室内电气线路与各种管道的最小距离不能小于表 7-43 的规定。

表 7-43　室内电气线路与管道间最小距离　mm

管道名称	配线方式		穿管配线	绝缘导线明配线	裸导线配线
蒸汽管	平　行	管道上	1000	1000	1500
		管道下	500	500	1500
	交　叉		300	300	1500
暖气管、热水管	平　行	管道上	300	300	1500
		管道下	200	200	1500
	交　叉		100	100	1500
通风、给排水及压缩空气管	平　行		100	200	1500
	交　叉		50	100	1500

注：1. 对蒸汽管道，当在管外包隔热层后，上下平行距离可减至 200mm。
2. 暖气管、热水管应设隔热层。
3. 对裸导线，应在裸导线处加装保护网。

3. 配管敷设要求

(1)明配管时，管路应沿建筑物表面横平竖直敷设，但不得在锅炉、烟道和其他发热表面上敷设。

(2)水平或垂直敷设的明配管路允许偏差值，在 2m 以内均为 3mm，全长不应超过管子内径的 1/2。

(3)暗配管时，电线保护管宜沿最近的路线敷设，并应减少弯曲，力求管路最短，节约费用，降低成本。

(4)敷设塑料管时的环境温度不应低于－15℃，并应采用配套塑料接线盒、灯头盒、开关盒等配件。

当塑料管在砖墙内剔槽敷设时，必须用强度不小于 M10 的水泥砂浆抹面保护，厚度不应小于 15mm。

(5)塑料管进入接线盒、灯头盒、开关盒或配电箱内，应加以固定。

钢管进入灯头盒、开关盒、拉线盒、接线盒及配电箱时，暗配管可用焊接固定，管口露出盒(箱)应小于 5mm；明配管应用锁紧螺母或护圈帽固定，露出锁紧螺母的丝扣为 2～4 扣。

(6)埋入建筑物、构筑物的电线保护管，为保证暗敷设后不露出抹灰层，防止因锈蚀造成抹灰面脱落，影响整个工程质量，管路与建筑物、构筑物主体表面的距离不应小于 15mm。

(7)无论明配、暗配管，都严禁用气、电焊切割，管内应无铁屑，管口应光滑。

1)在多尘和潮湿场所的管口，管子连接处及不进入盒(箱)的垂直敷设的上口穿线后都应密封处理。

2)与设备连接时,应将管子接到设备内,如不能接入,应在管口处加接保护软管引入设备内,并须采用软管接头连接,在室外或潮湿房屋内,管口处还应加防水弯头。

(8)埋地管路不宜穿过设备基础,如要穿过建筑物基础,应加保护管保护;埋入墙或混凝土内的管子,离表面的净距不应小于15mm;暗配管管口出地坪不应小于200mm;进入落地式配电箱的管路,排列应整齐,管口应高出基础面不小于50mm。

(9)暗配管应尽量减少交叉,如交叉时,大口径管应放在小口径管下面,成排暗配管间距应大于或等于25mm。

(10)管路在经过建筑物伸缩缝及沉降缝处,都应有补偿装置。硬塑料管沿建筑物表面敷设时,在直线段每30m处应装补偿装置。

关键细节129　接线盒(箱)安装要点

(1)各种接线盒(箱)的安装位置,应根据设计要求,并结合建筑结构来确定。

(2)接线盒(箱)的标高应符合设计要求,一般采用联通管测量、定位。通常,暗配管开关箱标高一般为1.300m(或按设计标高),离门框边为150～200mm;暗插座箱离地一般不低于300mm,特殊场所一般不低于150mm;相邻开关箱、插座箱(盒)高低差不大于0.5mm;同一室内开关、插座箱高低差不大于5mm。

(3)对半硬塑料管,当管路用直线段长度超过15m或直角弯超过3个时,也应中间加装接线盒。

(4)明配管不准使用八角接线盒与镀锌接线盒,而应采用圆形接线盒。在盒、箱上开孔,应采用机械方法,不准用气焊、电焊开孔,暗敷箱(盒)一般先用水泥固定,并应采取有效防堵措施,防止水泥浆浸入。

(5)箱、盒内应清洁,无杂物,用单只盒、箱并列安装时,盒、箱间拼装尺寸应一致,盒、箱间用短管、锁紧螺母连接。

4. 管内配线

(1)穿在管内绝缘导线的额定电压不应低于500V。按标准,黄、绿、红色分别为A、B、C三相色标,黑色线为零线,黄绿相间混合线为接地线。

(2)管内导线总截面面积(包括外护层)不应超过管截面面积的40%,当管内敷设多根同一截面导线时,可参照表7-44。

表7-44　管内导线与管径对照表

导线根数	1	2	3	4	5	6	7	8	9	10	
管子内径(直径 d)	1.7d	3d	3.2d	3.6d	4.0d	4.5d	5.6d	5.6d	5.8d	6d	
导线规格(mm^2)	2.5	4	6	10	16	25	35	50	70	95	120
导线外径(mm)	5	5.5	6.2	7.8	8.8	10.6	11.8	13.8	16	18.5	20

(3)同一交流回路的导线必须穿在同一根管内。电压为65V及以下的回路,同一设备

或生产上相互关联设备所使用的导线，同类照明回路的导线（但导线总数不应超过8根），各种电机、电器及用电设备的信号、控制回路的导线都可穿在同一根配管中。穿管前，应将管中积水及杂物清除干净。

(4)管内导线不得有接头和扭结，在导线出管口处，应加装护圈。为了便于导线的检查与更换，配线所用的铜芯软线最小线芯截面不小于1mm²，铜芯绝缘线最小线芯截面不小于7mm²，铝芯绝缘线最小线芯截面不小于2.5mm²。

(5)敷设在垂直管路中的导线，当导线截面分别为50mm²（及其以下）、70～95mm²、120～240mm²，横向长度分别超过30m、20m、18m时，应在管口处或接线盒中加以固定。

二、配管、配线清单工程量计算

(一)一般规定

配管、配线清单项目适用于电气工程的配管、配线工程量清单项目的设置与计量。配管包括电线管敷设，钢管及防爆钢管敷设，可挠金属管敷设，塑料管（硬质聚氯乙烯管、刚性阻燃管、半硬质阻燃管）敷设。配线包括管内穿线，瓷夹板配线，塑料夹板配线，鼓形、针式、蝶式绝缘子配线，木槽板、塑料槽板配线，塑料护套线敷设，线槽配线。

关键细节130 配管、配线清单计价应注意的问题

(1)配管、线槽安装不扣除管路中间的接线箱（盒）、灯头盒、开关盒所占长度。

(2)配管名称指电线管、钢管、防爆管、塑料管、软管、波纹管等。

(3)配管配置形式指明配、暗配、吊顶内、钢结构支架、钢索配管、埋地敷设、水下敷设、砌筑沟内敷设等。

(4)配线名称指管内穿线、瓷夹板配线、塑料夹板配线、绝缘子配线、槽板配线、塑料护套配线、线槽配线、车间带形母线等。

(5)配线形式指照明线路，动力线路，木结构，天棚内，砖、混凝土结构，沿支架、钢索、屋架、梁柱、墙，以及跨屋架、梁、柱。

(6)配线保护管遇到下列情况之一时，应增设管路接线盒和拉线盒：①管长度每超过30m，无弯曲；②管长度每超过20m，有1个弯曲；③管长度每超过15m，有2个弯曲；④管长度每超过8m，有3个弯曲。垂直敷设的电线保护管遇到下列情况之一时，应增设固定导线用的拉线盒：①管内导线截面为50mm²及以下，长度每超过30m；②管内导线截面为70～95mm²，长度每超过20m；③管内导线截面为120～240mm²，长度每超过18m。在配管清单项目计量时，设计无须要时上述规定可以作为计量接线盒、拉线盒的依据。

(7)配管安装中不包括凿槽、刨沟，应按《通用安装工程工程量计算规范》(GB 50856—2013)附录D.13（参见本章第十三节）相关项目编码列项。

(8)配线进入箱、柜、板的预留长度见表7-45。

表 7-45　　配线进入箱、柜、板的预留长度　　m/根

序号	项　目	预留长度	说　明
1	各种开关箱、柜、板	高+宽	盘面尺寸
2	单独安装（无箱、盘）的铁壳开关、闸刀开关、启动器、线槽进出线盒等	0.3	从安装对象中心算起
3	由地面管子出口引至动力接线箱	1.0	从管口计算
4	电源与管内导线连接（管内穿线与软、硬母线接点）	1.5	从管口计算
5	出户线	1.5	从管口计算

(二)配管工程

1. 配管安装适用场所

(1)硬塑料管敷设场所。硬塑料管适用于室内或有酸、碱等腐蚀介质的场所的明敷。明敷的硬塑料管在穿过楼板等易受机械损伤的地方，应用钢管保护；埋于地面内的硬塑料管，露出地面易受机械损伤段落，也应用钢管保护；硬塑料管不准用在高温、高热的场所（如锅炉房），也不应在易受机械损伤的场所敷设。

(2)半硬塑料管敷设场所。半硬塑料管只适用于 6 层及 6 层以下一般民用建筑的照明工程。应敷设在预制混凝土楼板间的缝隙中，从上到下垂直敷设时，应暗敷在预留的砖缝中，并用水泥砂浆抹平，砂浆厚度不小于 15mm。半硬塑料管不得敷设在楼板平面上，也不得在吊顶及护墙夹层内及板条墙内敷设。

(3)薄壁管敷设场所。薄壁管通常用于干燥场所进行明敷。薄壁管可安装于吊顶、夹板墙内，也可暗敷于墙体及混凝土层内。

(4)厚壁管敷设场所。厚壁管用于防爆场所明敷，或在机械载重场所进行暗敷，也可经防腐处理后直接埋入地下。镀锌管通常用于室外，或在有腐蚀性的土层中暗敷。

2. 配管固定

(1)明配管固定。明配管应排列整齐，固定点距离均匀。管卡与管终端、转弯处中点、电气设备或接线盒边缘的距离 L，按管径不同而不同。L 值与管径的对照见表 7-46。

表 7-46　　*L* 值与管径对照表

管径(mm)	15～20	25～32	40～50	65～100
L(mm)	150	250	300	500

不同规格的成排管，固定间距应按小口径管管距规定安装。金属软管固定间距不应大于 1m。硬塑料管中间管卡的最大距离见表 7-47。

表 7-47　　硬塑料管中间管卡最大距离

硬塑料管内径(mm)	20 以下	25～40	50 以上
最大允许距离(m)	1.0	1.5	2.0

注：敷设方式为吊架、支架或沿墙敷设。

(2)暗配管固定。电线管暗敷在钢筋混凝土内，应沿钢筋敷设，并用电焊或铅丝与钢

筋固定,间距不大于2m;敷设在钢筋网上的波纹管,宜绑扎在钢筋的下侧,固定间距不大于0.5m;在砖墙内剔槽敷设的硬、半硬塑料管,须用不小于M10的水泥砂浆抹面保护,其厚度不小于15mm。在吊顶内,电线管不宜固定在轻钢龙骨上,而应用膨胀螺栓或粘接法固定。

关键细节131 配管清单工程量计算规则

配管清单项目工作内容包括:电线管路敷设;钢索架设(拉紧装置安装);预留沟槽;接地。其应描述的清单项目特征包括:①名称;②材质;③规格;④配置形式;⑤接地要求;⑥钢索材质、规格。

配管清单项目编码为030411001,其工程量按设计图示尺寸以长度计算,以“m”为计量单位。

(三)线槽工程

在建筑电气工程中,常用的线槽有金属线槽和塑料线槽。

(1)金属线槽。金属线槽配线一般适用于正常环境的室内场所明敷。由于金属线槽多由厚度为0.4～1.5mm的钢板制成,在对金属线槽有严重腐蚀的场所不宜采用金属线槽配线。具有槽盖的封闭式金属线槽,有与金属导管相当的耐火性能,可用在建筑物天棚内敷设。

(2)塑料线槽。塑料线槽由槽底、槽盖及附件组成,是由难燃型硬质聚氯乙烯工程塑料挤压成型的,规格较多,外形美观,可起到装饰建筑物的作用。塑料线槽一般适用于正常环境的室内场所明敷设,也用于科研实验室或预制板结构而无法暗敷设的工程,还适用于旧工程改造更换线路,同时也用于弱电线路吊顶内暗敷设场所。在高温和易受机械损伤的场所不宜采用塑料线槽布线。

关键细节132 线槽清单工程量计算

线槽清单项目工作内容包括:本体安装;补刷(喷)油漆。其应描述的清单项目特征包括:①名称;②材质;③规格。

线槽清单项目编码为030411002,其工程量按设计图示尺寸以长度计算,以“m”为计量单位。

【例7-12】 某车间总动力配电箱引出三路管线至三个分动力箱,各动力箱尺寸(高×宽×深)为:总箱1800mm×800mm×700mm;①、②号箱900mm×700mm×500mm;③号箱800mm×600mm×500mm。总动力配电箱至①号动力箱的供电干线为(3×40+2×20)G50,管长7.00m;至②号动力箱的供电干线为(2×28+1×18)G40,管长7.30m;至③号动力箱的供电干线为(3×18+1×12)G32,管长8.00m。计算各种截面的管内穿线数量,并列出清单工程量。

解:(1)配电箱。

总箱:1800mm×800mm×700mm　　1台;

①、②号箱:900mm×700mm×500mm　　2台;

③号箱:800mm×600mm×500mm　　1台。

(2)电气配线。

钢管 G50:7.00m;

钢管 G40:7.30m;

钢管 G32:8.00m。

$40mm^2$ 导线:7.0×3=21.00m

$20mm^2$ 导线:7.0×2=14.00m

$28mm^2$ 导线:7.3×2=14.60m

$18mm^2$ 导线:7.3×1+8.0×3=31.30m

$12mm^2$ 导线:8.0×1=8.00m

工程量计算结果见表 7-48。

表 7-48　　工程量计算表

序号	项目编码	项目名称	项目特征描述	计量单位	工程量
1	030404017001	配电箱	配电箱悬挂嵌入式,1800mm×800mm×700mm	台	1
2	030404017002	配电箱	配电箱悬挂嵌入式,900mm×700mm×500mm	台	2
3	030404017003	配电箱	配电箱悬挂嵌入式,800mm×600mm×500mm	台	1
4	030411001001	配管	砖、混凝土结构暗配,钢管 G50	m	7.00
5	030411001002	配管	砖、混凝土结构暗配,钢管 G40	m	7.30
6	030411001003	配管	砖、混凝土结构暗配,钢管 G32	m	8.00
7	030411004001	配线	管内穿线,铜芯 $40mm^2$,动力线路	m	21.00
8	030411004002	配线	管内穿线,铜芯 $20mm^2$,动力线路	m	14.00
9	030411004003	配线	管内穿线,铜芯 $28mm^2$,动力线路	m	14.60
10	030411004004	配线	管内穿线,铜芯 $18mm^2$,动力线路	m	31.30
11	030411004005	配线	管内穿线,铜芯 $12mm^2$,动力线路	m	8.00

(四)桥架工程

桥架是支撑和放电缆的支架,将电缆从配电室或控制室通过电缆桥架送到用电设备,以满足日常供电需要。电缆桥架布线通常用于电缆数量较多或较集中的室内外,以及电气竖井内等场所,或者在电缆沟和电缆隧道内敷设。不但电力电缆、照明电缆可以通过电缆桥架敷设,电缆桥架还可以用于敷设自动控制系统的控制电缆。

1. 电缆桥架的分类

电缆桥架按材质可划分为采用冷轧钢板或热轧钢板,其表面处理分为热镀锌或电镀锌、喷塑、喷漆三种,在腐蚀环境中可作防腐处理。有采用铝合金经过压制成型的桥架,有采用玻璃钢制成的桥架。桥架按结构形式可划分为梯级式和托盘式两种。由于安装使用场所的要求不同,选用的桥架材质和结构形式就有所不同。

2. 电缆桥架的组成

(1)直线段:是指一段不能改变方向或尺寸的用于直接承托电缆的刚性直线部件。

(2)弯通:是指一段能改变电缆桥架方向或尺寸的装置,是用于直接承托电缆的刚性非直线部件,也是由冷轧(或热轧)钢板制成的。

3. 电缆桥架的结构类型

(1)有孔托盘:是由带孔眼的底板和侧边所构成的槽形部件,或由整块钢板冲孔后弯制成的部件。

(2)无孔托盘:是由底板与侧边构成的或由整块钢板制成的槽形部件。

(3)梯架:是由侧边与若干个横档构成的梯形部件。

(4)组装式托盘:是由适于工程现场任意组合的有孔部件用螺栓或插接方式连接成托盘的部件,也称为组合式托盘。

关键细节133 桥架清单工程量计算

桥架清单项目工作内容包括:本体安装;接地。其应描述的清单项目特征包括:①名称;②型号;③规格;④材质;⑤类型;⑥接地方式。

桥架清单项目编码为030411003,其工程量按设计图示尺寸以长度计算,以"m"为计量单位。

(五)配线工程

室内布线用电线、电缆应按低压配电系统的额定电压、电力负荷、敷设环境及其与附近电气装置、设施之间能否产生有害的电磁感应等要求,选择合适的型号和截面。

电气配线方式很多,常用的室内导线配线方式有夹板配线、瓷瓶配线、线槽配线、卡钉护套配线、钢索配线、线管配线、封闭式母线槽配线,见表7-49。

表7-49 常用的室内导线配线方式

序号	类别	内容
1	夹板配线	夹板配线使用瓷夹板或塑料夹板来夹持和固定导线,适用于一般场所。其中,瓷夹板配线做法如图1所示 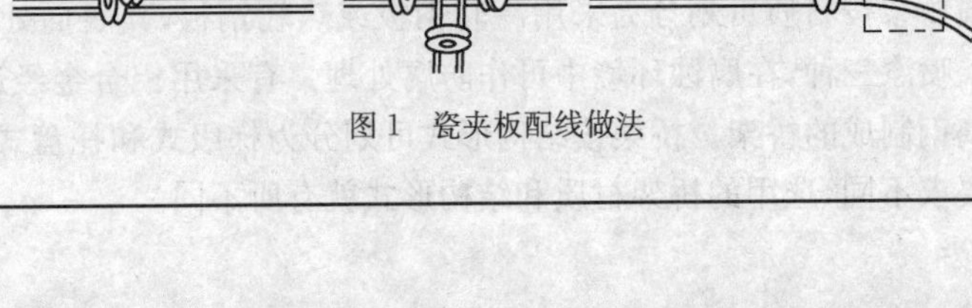 图1 瓷夹板配线做法

（续一）

序号	类别	内　　容
2	瓷瓶配线	瓷瓶配线使用瓷瓶来支持和固定导线。瓷瓶的尺寸比夹板大，适用于导线截面较大、比较潮湿的场所。常用瓷瓶如图 2 所示，瓷瓶配线做法如图 3 所示  图 2　常用瓷瓶 (a)瓷柱；(b)蝶式；(c)直角针式 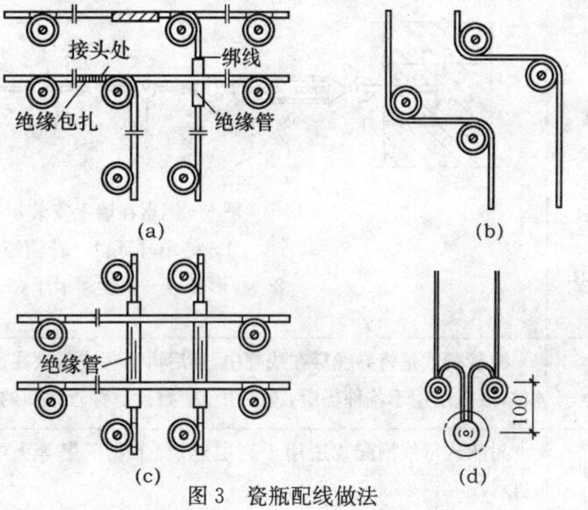 图 3　瓷瓶配线做法 (a)丁字做法；(b)拐角做法；(c)交叉做法；(d)导线插入座做法
3	线槽配线	线槽配线使用塑料线槽或金属线槽支持和固定导线，适用于干燥场所。线槽配线示意如图 4 所示 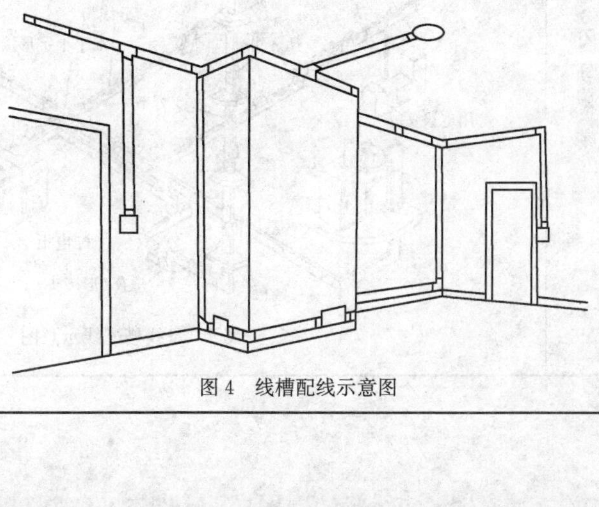 图 4　线槽配线示意图

（续二）

序号	类别	内　容
4	卡钉护套配线	卡钉护套配线使用塑料卡钉来支持和固定导线，适用于干燥场所。常用的塑料卡钉如图5所示  (a)　图5　常用塑料卡钉　(b) (a)U形卡钉；(b)矩形卡钉
5	钢索配线	钢索配线是将导线悬吊在拉紧的钢索上的一种配线方法，适用于大跨度场所，特别是大跨度空间照明。钢索在墙上安装如图6所示 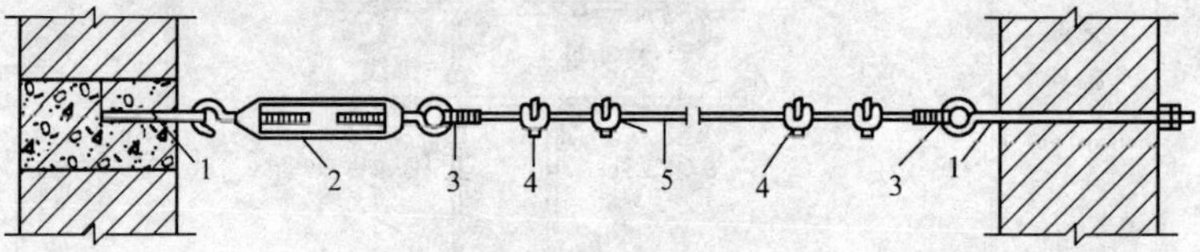 1　2　3　4　5　4　3　1 图6　钢索在墙上安装示意图 1—终端耳环；2—花篮螺栓； 3—心形环；4—钢丝绳卡子；5—钢丝绳
6	线管配线	线管配线是将导线穿在线管中，然后再明敷或暗敷在建筑物的各个位置。使用不同的管材，可以适用于各种场所，主要用于暗敷设。穿管常用的管材有钢管和塑料管两大类
7	封闭式母线槽配线	封闭式母线槽配线适用于高层建筑、工业厂房等大电流配电场所，母线槽配线如图7所示 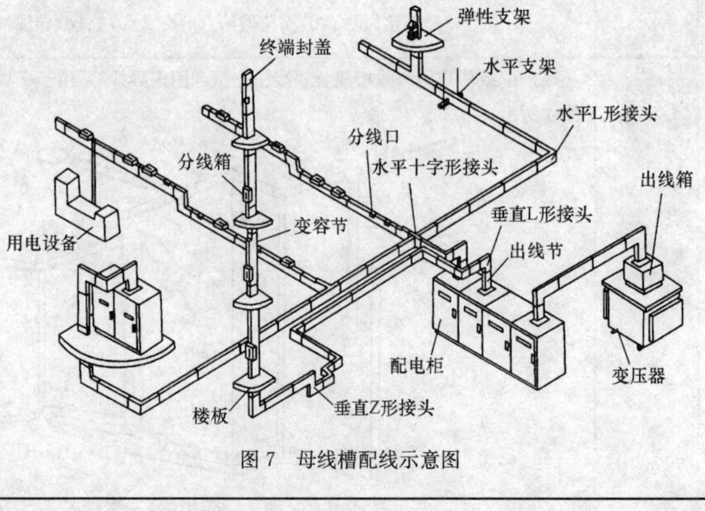 弹性支架　终端封盖　水平支架　水平L形接头　分线口　分线箱　水平十字形接头　出线箱　垂直L形接头　变容节　用电设备　出线节　配电柜　变压器　楼板　垂直Z形接头 图7　母线槽配线示意图

关键细节 134　配线清单工程量计算

配线清单项目工作内容包括：配线；钢索架设（拉紧装置安装）；支持体（夹板、绝缘子、槽板等）安装。其应描述的清单项目特征包括：①名称；②配线形式；③型号；④规格；⑤材质；⑥配线部位；⑦配线线制；⑧钢索材质、规格。

配线清单项目编码为030411004，其工程量按设计图示尺寸以单线长度计算（含预留长度），以"m"为计量单位。所谓"单线"，指两线制或三线制，不是以线路延长米计，而是线路长度乘以线制，即两线制乘以2，三线制乘以3。管内穿线也同样，如穿三根线、则以管长度乘以3即可。

（六）接线箱、接线盒

接线箱（盒）是电工辅料之一。由于电线是通过配线保护管敷设的，若电线线路较长，或配线保护管需要转角，就需要在电线的接头部位采用接线箱（盒）进行过渡，配线保护管与接线盒连接，线管里面的电线在接线盒中连起来，起到保护电线和连接电线的作用。一般国内常用的接线盒为86型。所谓86型线盒，是指开关插座面板的外径为86mm×86mm，线盒明盒尺寸为86mm×86mm，暗盒为75mm×75mm，配接线盒盖（或者直接配开关和插座面板），一般是PVC和白铁材质。

关键细节 135　接线箱、接线盒清单工程量计算

接线箱、接线盒清单项目工作内容包括：本体安装。其应描述的清单项目特征包括：①名称；②材质；③规格；④安装形式。

接线箱、接线盒清单项目编码分别为030411005和030411006，其工程量按设计图示数量计算，以"个"为计量单位。

三、全统定额关于配管、配线工程的内容

配管、配线工程定额计价工作内容包括电线管敷设、钢管敷设、防爆钢管敷设、可挠金属套管敷设、塑料管敷设、金属软管敷设、管内穿线、瓷夹板配线、塑料夹板配线、鼓形绝缘子配线、针式绝缘子配线、蝶式绝缘子配线、木槽板配线、塑料槽板配线、塑料护套线明敷设、线槽配线、钢索架设、母线拉紧装置及钢索拉紧装置制作、安装、车间带形母线安装、动力配管混凝土地面刨沟、接线箱安装、接线盒安装。

关键细节 136　配管、配线定额计价有关说明

（1）连接设备导线预留长度见表7-45。

（2）配管工程均未包括接线箱、盒及支架的制作、安装。钢索架设及拉紧装置的制作、安装，插接式母线槽支架制作、槽架制作及配管支架应执行铁构件制作定额。

关键细节 137　配管、配线全统定额工程量计算规则

（1）各种配管应区别不同敷设方式、敷设位置、管材材质、规格，以"延长米"为计量单位，不扣除管路中间的连接箱（盒）、灯头盒、开关盒所占长度。

(2)定额中未包括钢索架设及拉紧装置、接线箱(盒)、支架的制作安装,其工程量应另行计算。

(3)管内穿线的工程量,应区别线路性质、导线材质、导线截面,以单线“延长米”为计量单位计算。线路分支接头线的长度已综合考虑在定额中,不得另行计算。

照明线路中的导线截面大于或等于6mm^{2}时应执行动力线路穿线相应项目。

(4)线夹配线工程量,应区别线夹材质(塑料、瓷质)、线式(两线、三线)、敷设位置(木结构、砖结构、混凝土结构)以及导线规格,以线路“延长米”为计量单位计算。

(5)绝缘子配线工程量,应区别绝缘子形式(针式、鼓式、碟式)、绝缘子配线位置(沿屋架、梁、柱、墙,跨屋架、梁、柱木结构、天棚内、砖、混凝土结构,沿钢支架及钢索)、导线截面积,以线路“延长米”为计量单位计算。

绝缘子暗配,引下线按路线支持点至天棚下缘距离的长度计算。

(6)槽板配线工程量,应区别槽板材质(木质、塑料)、配线位置(木结构、砖结构、混凝土结构)、导线截面、线式(二线、三线),以线路“延长米”为计量单位计算。

(7)塑料护套线明敷工程量,应区别导线截面、导线芯数(二芯、三芯)、敷设位置(木结构、砖结构、混凝土结构、沿钢索),以单根线路每束“延长米”为计量单位计算。

(8)线槽配线工程量,应区别导线截面,以单根线路每束“延长米”为计量单位计算。

(9)钢索架设工程量,应区别圆钢、钢索直径(ϕ6、ϕ9),按图示墙(柱)内缘距离,以“延长米”为计量单位计算,不扣除拉紧装置所占长度。

(10)母线拉紧装置及钢索拉紧装置制作安装工程量,应区别母线截面、花篮螺栓直径(12mm、16mm、18mm),以“套”为计量单位计算。

(11)车间带形母线安装工程量,应区别母线材质(铝、钢)、母线截面、安装位置(沿屋架、梁、柱、墙,跨屋架、梁、柱),以“延长米”为计量单位计算。

(12)动力配管混凝土地面刨沟工程量,应区别管子直径,以“延长米”为计量单位计算。

(13)接线箱安装工程量,应区别安装形式(明装、暗装)、接线箱半周长,以“个”为计量单位计算。

(14)接线盒安装工程量,应区别安装形式(明装、暗装、钢索上)以及接线盒类型,以“个”为计量单位计算。

(15)灯具、明、暗开关、插座、按钮等预留线,已分别综合在相应定额内,不另行计算。配线进入开关箱、柜、板的预留线,按表7-45规定的长度,分别计入相应的工程量。

第十二节　照明器具安装

一、照明器具概述

(一)照明器的组成

照明器由光源和灯具组成。灯具的作用是:固定光源;将光源发出的光通量进行再分配；防止光源引起的眩光；保护光源不受外力的破坏和外界潮湿气体的影响；装饰和美化周围环境。

(二)照明器的分类

1. 按国际照明分类

国际照明学会(CIE)是以照明器所发出光通量在上、下半球的分配比例，对照明器进行分类。其分类如下：

(1)直接型。照明器90％～100％的光通量直接向下半球照射。灯具用反光性能良好的不透明材料(如搪瓷、铝、镀银镜面等)制造。直接型照明器的效率较高，容易获得工作面上的高照度。但照明器的上半部几乎没有光通量，天棚很暗，容易引起眩光。另外，由于光线集中，方向性强，会产生较浓的阴影。直接型照明器有下列几种(图7-32)：

1)特深照型和深照型：这类照明器光线集中，适用于高大的厂房或工作面要求有高照度的场所。如图7-32(a)、(b)所示。

2)配照型：这类照明器灯具是用扩散反射材料制作，适用于一般厂房、仓库照明。如图7-32(c)所示。

3)广照型：这类照明器通常作路灯照明。如图7-32(d)所示。

4)嵌入式荧光灯、暗灯：如图7-32(e)、(f)所示。

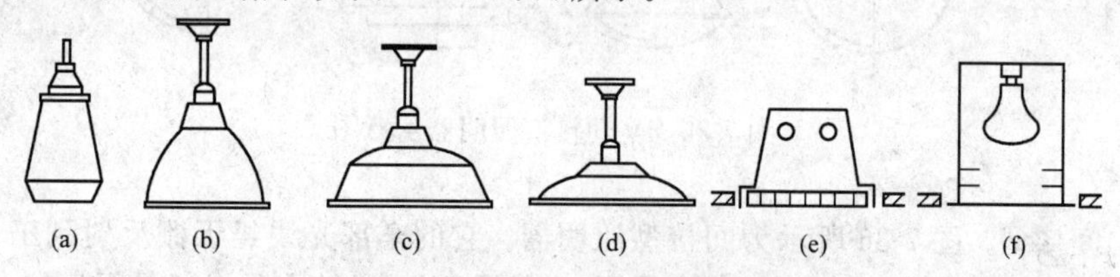

图7-32　各种直接型照明器示意图

(a)特深照型；(b)深照型；(c)配照型

(d)广照型；(e)嵌入式荧光灯；(f)暗灯

(2)半直接型。这类灯具常用半透明材料制成下面开口的样式。如图7-33(a)、(b)所示玻璃菱形罩灯、玻璃荷叶灯等。也可以在灯具的上方开缝如图7-33(c)所示。半直接型照明器既能把较多的光线集中照射在工作面上，又使周围空间得到适当的照明，可改善室内表面的亮度对比。

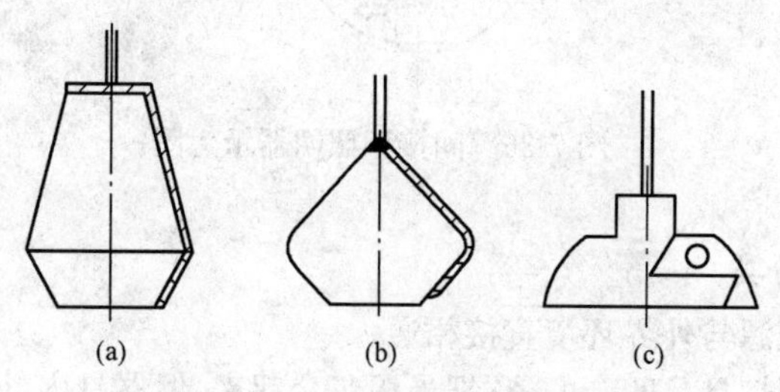

图7-33　半直接型照明器示意图

(a)玻璃菱形罩灯；(b)玻璃荷叶灯；(c)上方开缝灯

(3)漫射型。图7-34所示为漫射型照明器。其灯具用漫射透光材料制成,外形是封闭式。典型的如乳白玻璃球灯就是漫射型照明器。漫射型照明器造型美观,光线柔和均匀。

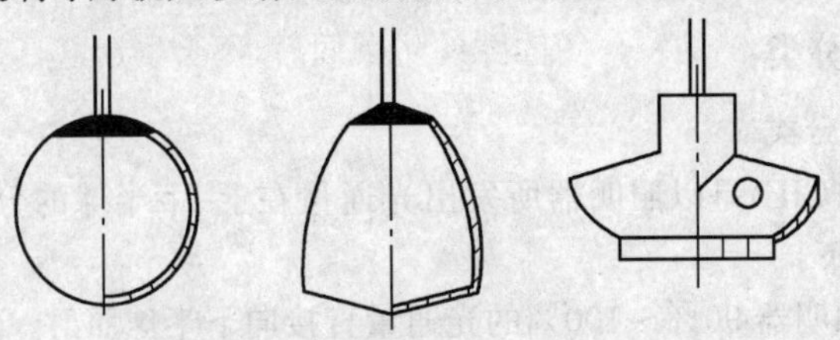

图7-34　漫射型照明器示意图

(4)半间接型。图7-35所示为几种半间接型照明器。其灯具上半部用透明材料制作,下半部用漫射透光材料制成。分配在上半球的光通量达60%。由于增加了反射光的比例,光线更柔和均匀。但在使用过程中,灯具上部的积尘会影响灯具的效果。

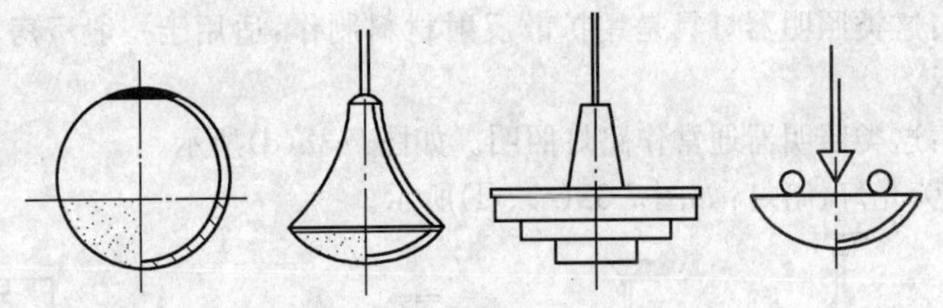

图7-35　半间接型照明器示意图

(5)间接型。图7-36所示为间接型照明器。它的全部光线经天棚反射到工作面上。这类照明器能最大限度地减弱眩光和阴影,光线柔和均匀,缺点是光通量损失较大。其适用于要求全室照度均匀、光线柔和、不能有阴影的场所,如剧院、美术展览馆、医院等。

间接型照明器往往与其他类型的照明器配合使用。

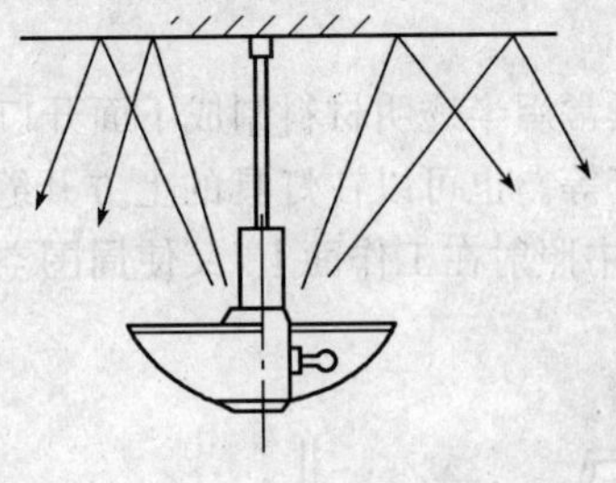

图7-36　间接型照明器示意图

2. 按结构特点分类

(1)开启型:其光源与外界环境直接相通。

(2)闭合型:透明灯具是闭合的,它把光源包合起来,但器具内外空气仍能自由流通。

(3)密闭型:透明灯具固定处有严密封口,内外隔绝可靠,如防水防尘灯等。

(4)防爆型:符合防爆要求,能安全地在有爆炸危险性介质的场所中使用。防爆灯具有安全型和隔爆型两种。前者设计代号为A,其特点是:在正常运行时不产生火花电弧,或把正常运行时产生的火花电弧的部件放在隔爆室内。后者设计代号为B,其特点是:在灯具内部发生爆炸时,火焰通过一定间隙的防爆面后,不会引起灯具外部的爆炸。

图7-37所示为照明器按结构特点分类示例。

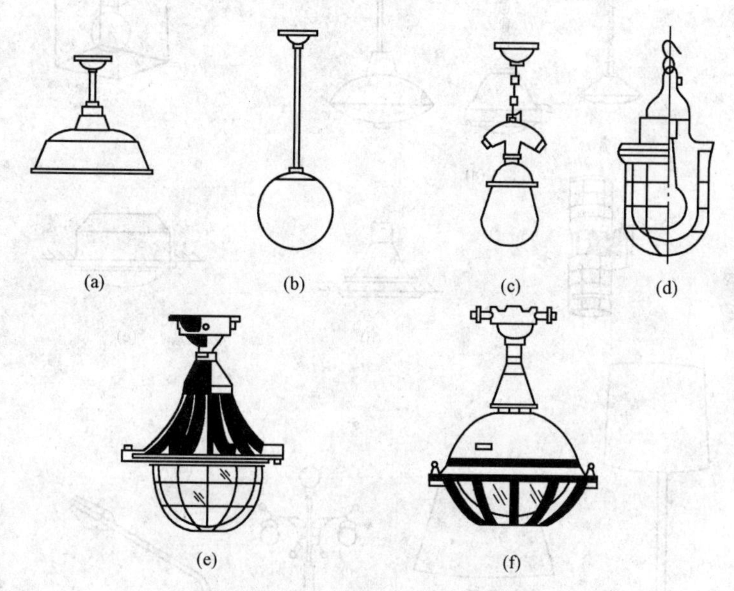

图7-37　照明器按结构特点分类示例

(a)开启型;(b)闭合型;(c)密闭型;(d)防爆型;(e)隔爆型;(f)安全型

3. 按安装方式分类

(1)悬吊式:利用吊线、吊链和吊杆来吊装灯具,如图7-38(a)所示。

(2)吸顶式:吸顶式是将照明器吸贴装在天棚上,如图7-38(b)所示。

(3)壁式:照明器安装在墙壁、庭柱上,主要用作局部照明和装饰照明,如图7-38(c)所示。

(4)嵌入式(暗式):在有吊顶的房间内,将照明器嵌入吊顶内安装。这种安装能消除眩光作用,与吊顶结合有较好的装饰效果,如图7-38(d)所示。

(5)半嵌入式(半暗灯式):照明器一部分嵌入天棚内,另一部分露出天棚外。它能起削弱一些眩光的作用。一般在吊顶深度不够,或有特殊装饰要求的场所使用,如图7-38(e)所示。

(6)落地式:主要用作局部照明和装饰照明,如图7-38(f)所示

(7)台式:主要供局部照明,如图7-38(g)所示

(8)庭院式:主要用于公园、宾馆花园等场所。它与园林建筑结合,起到很好的艺术效果,如图7-38(h)所示

(9)道路、广场式:主要用于道路和广场照明,如图7-38(i)所示

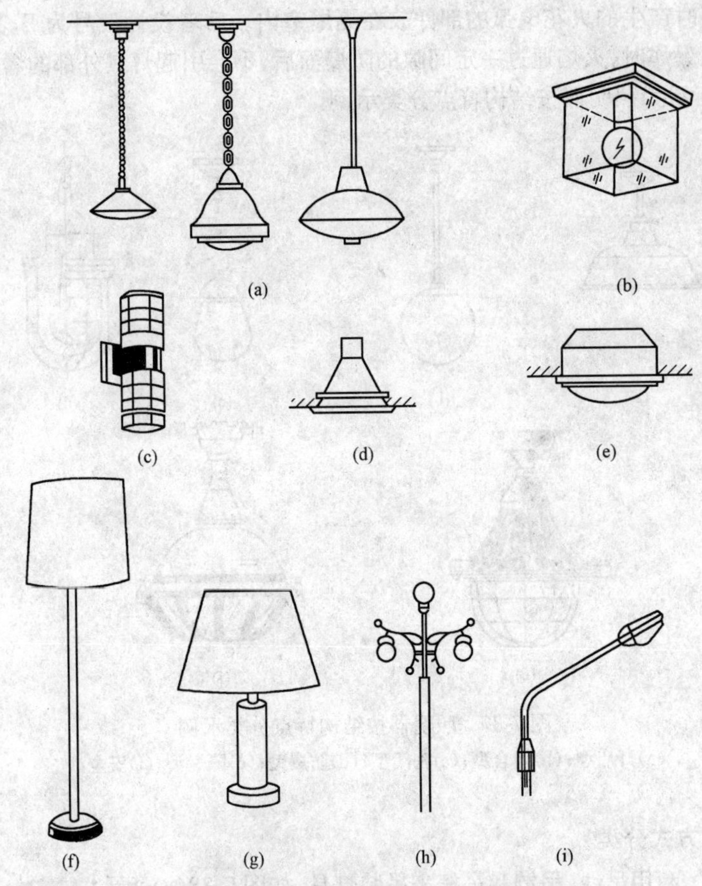

图 7-38 照明器按安装方式分类示例

(a)悬吊式(吊线、吊链、吊杆);(b)吸顶式;(c)壁式;(d)嵌入式;

(e)半嵌入式;(f)落地式;(g)台式;(h)庭院式;(i)道路、广场式

(三)照明器的布置

照明器布置时要考虑到下列因素:光的投射方向、照度的均匀性、工作面上的照度、眩光的限制以及阴影等。照明器布置得是否合理,除直接影响照明质量外,还影响到照明安装容量和投资费用,以及维护检修方便与安全。因此,照明器布置必须因地制宜,按照有关规范规定,认真做好设计,选择好照明器的形式。

关键细节 138 照明器的高度布置及要求

图 7-39 为照明器的高度布置图。图中,H 为房间高度;h_c 为照明器的垂度;h 为计算高度;h_p 为工作面高度;h_s 为悬挂高度。

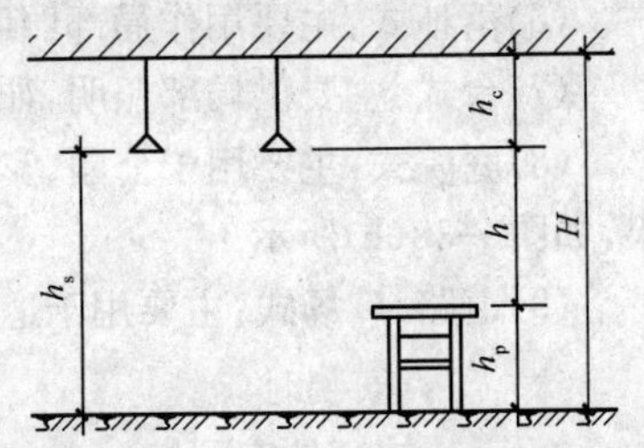

图 7-39 照明器高度布置图

照明器的悬挂高度主要考虑防止眩光,还要保证安全距离。

垂度 h_c 一般为 0.3～1.5m，通常取为 0.7m；吸顶式照明器的垂度为零；在有行车的车间，垂度应保证行车能顺利通过。

关键细节 139　照明器的平面布置及要求

照明器的平面布置方式有均匀布置和选择布置两种。

(1)均匀布置是不考虑工作场所或房间内设备及设施的位置，将照明器作有规律的均匀排列，以在工作场所或房间内取得均匀照度。排列方式可有正方形、矩形、菱形等。

(2)选择布置是根据工作场所或房间内的设备、设施位置来布置照明器。这种布置的优点是能够选择最佳的光照方向和最大限度避免工作面上的阴影。但选择布置时，应注意以下 4 点：

1)必须满足工作面的照度要求。

2)不能产生眩光。

3)与建筑、结构形式协调，艺术格调一致。

4)要考虑安全用电及检修维护方便。

二、照明器具安装清单工程量计算

(一)一般规定

照明器具安装清单项目适用于工业与民用建筑(含公用设施)及市政设施的各种照明灯具、开关、插座、门铃等工程量清单项目的设置与计量，包括普通灯具、工厂灯、高度标志(障碍)灯、装饰灯、荧光灯、医疗专用灯、一般路灯、中杆灯、高杆灯、桥栏杆灯、地道涵洞灯等安装。

关键细节 140　照明器具安装清单计价应注意的问题

(1)普通灯具包括圆球吸顶灯、半圆球吸顶灯、方形吸顶灯、软线吊灯、麻灯头、吊链灯、防水吊灯、壁灯等。

(2)工厂灯包括工厂罩灯、防水灯、防尘灯、碘钨灯、投光灯、泛光灯、混光灯、密闭灯等。

(3)高度标志(障碍)灯包括烟囱标志灯、高塔标志灯、高层建筑屋顶障碍指示灯等。

(4)装饰灯包括吊式艺术装饰灯、吸顶式艺术装饰灯、荧光艺术装饰灯、几何型组合艺术装饰灯、标志灯、诱导装饰灯、水下(上)艺术装饰灯、点头源艺术灯、歌舞厅灯具、草坪灯具等。

(5)医疗专用灯包括病房指示灯、病房暗脚灯、紫外线杀菌灯、无影灯等。

(6)中杆灯是指安装在高度小于或等于 19m 的灯杆上的照明器具。

(7)高杆灯是指安装在高度大于 19m 的灯杆上的照明器具。

(二)普通灯具

普通灯具安装时应满足以下要求：

(1)安装的灯具应配件齐全、无机械损伤和变形，油漆无脱落，灯罩无损坏。

(2)螺口灯头接线必须将相线接在中心端子上，零线接在螺纹的端子上；灯头外壳不能有破损和漏电。

(3)照明灯具使用的导线线芯最小允许截面应符合表7-50的规定。

表7-50　　线芯最小允许截面

安装场所及用途		线芯最小允许截面(mm^2)		
		铜芯敷线	铜　线	铝　线
照明用灯头线	民用建筑室内	0.4	0.5	1.5
	工业建筑室内	0.5	0.8	2.5
	室外	1.0	1.0	2.5
移动式用电设备	生活用	0.2	—	—
	生产用	1.0	—	—

(4)灯具安装高度:室内一般不低于2.5m;室外不低于3m。一般生产车间、办公室、商店、住房等220V灯具安装高度应不低于2m;如果灯具安装高度不能满足最低高度要求,又无安全措施以及机床局部照明等,应采用36V安全电压。

(5)地下建筑内的照明装置,应有防潮措施,灯具低于2.0m时,灯具应安装在人不易碰到的地方,否则应采用36V及以下的安全电压。

(6)嵌入天棚内的装饰灯具应固定在专设的框架上,电源线不应贴近灯具外壳,灯线应留有裕量,固定灯罩的框架边缘应紧贴在天棚上,嵌入式日光灯管组合的开启式灯具、灯管应排列整齐,金属间隔片不应有弯曲扭斜等缺陷。

(7)配电盘及母线的正上方不得安装灯具。事故照明灯具应有特殊标志。

关键细节141　普通灯具清单工程量计算

普通灯具清单项目工作内容包括:本体安装。其应描述的清单项目特征包括:①名称;②型号;③规格;④类型。

普通灯具清单项目编码为030412001,其工程量按设计图示数量计算,以"套"为计量单位。

(三)工厂灯

通常工厂灯包括太阳灯(碘钨灯)、高压汞灯、高压钠灯等。

1. 太阳灯(碘钨灯)

碘钨灯是由电流加热灯丝至白炽状态而发光的。工作温度越高,发光效率也越高,但钨丝的蒸发腐蚀加剧,灯丝的寿命缩短,碘钨灯管内充有适量的碘,可解决这一问题。利用碘的循环作用,使灯丝蒸发的一部分钨重新附着于灯丝上,延长了灯丝的寿命,又提高了发光效率。

碘钨灯的安装,必须使灯具保持水平位置,倾斜角一般不能大于4°,否则将影响灯的寿命。

碘钨灯正常工作时,管壁温度很高,所以安装时不能与易燃物接近。碘钨灯耐振性差,不能安装在振动大的场所,更不能作为移动光源使用。

碘钨灯安装时应按产品要求及电路图正确接线和安装。

2. 高压汞灯

高压汞灯有两种，一种是需要镇流器的；另一种是不需要镇流器的。所以，安装时一定要看清楚类型。需配镇流器的高压汞灯一定要使镇流器功率与灯泡的功率相匹配，否则，灯泡会被损坏或者启动困难。高压汞灯可在任意位置使用，但水平放置时，会影响光通量的输出，而且容易自灭。高压汞灯工作时，外玻壳温度很高，必须配备散热性能好的灯具。外玻壳破碎后的高压汞灯应立即换下，因为大量的紫外线会伤害人的眼睛。高压汞灯的线路电压应尽量保持稳定，当电压降低5%时，灯泡可能会自行熄灭。所以，必要时应考虑调压措施。

3. 高压钠灯

高压钠灯是利用高压钠蒸汽放电的原理进行工作的。

高压钠灯的型号规格有NG－110、NG－215、NG－250、NG－360和NG－400等多种，型号后面的数字表示功率大小的瓦数。例如NG－400型，其功率为400W。灯泡的工作电压为100V左右，因此，安装时要配用瓷质螺口灯座和带有反射罩的灯具。最低悬挂高度NG－400型为7m，NG－250型为6m。

关键细节142　工厂灯清单工程量计算

工厂灯清单项目工作内容包括：本体安装。其应描述的清单项目特征包括：①名称；②型号；③规格；④安装形式。

工厂灯清单项目编码为030412002，其工程量按设计图示数量计算，以"套"为计量单位。

(四)高度标志(障碍)灯

按照国家标准规定，顶部高出其地面45m以上的高层建筑必须设置高度标志(障碍)灯。为了与一般用途的照明灯有所区别，高度标志(障碍)灯不是长亮的，而是闪亮的，闪光频率不低于每分钟20次，不高于每分钟70次。

关键细节143　高度标志(障碍)灯清单工程量计算

高度标志(障碍)灯清单项目工作内容包括：本体安装。其应描述的清单项目特征包括：①名称；②型号；③规格；④安装部位；⑤安装高度。

高度标志(障碍)灯清单项目编码为030412003，其工程量按设计图示数量计算，以"套"为计量单位。

(五)装饰灯

装饰灯用于室内外的美化、装饰、点缀等，室内装饰灯一般包括壁灯、组合式吸顶花灯、吊式花灯等；室外装饰灯一般包括霓虹灯、彩灯、庭院灯等。

(1)壁灯。壁灯一般安装在墙上或柱子上。当装在砖墙上，一般在砌墙时应预埋木砖。禁止用木楔代替木砖，当然也可用预埋金属件或打膨胀螺栓的办法来解决。在柱子上安装壁灯，可以在柱子上预埋金属构件或用抱箍将灯具固定在柱子上，也可以用膨胀螺栓固定。壁灯安装如图7-40所示。

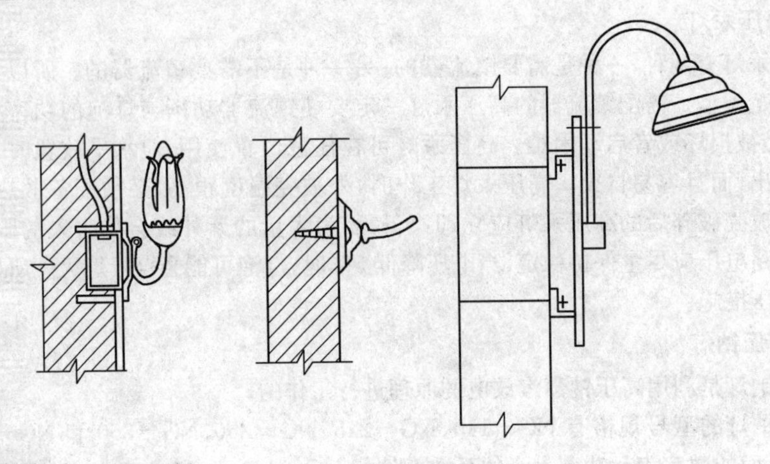

图7-40 壁灯安装示意图

(2)组合式吸顶花灯。组合式吸顶花灯的安装,要特别注意灯具与屋顶安装面连接的可靠性,连接处必须能承受相当于灯具4倍重力的悬挂而不变形。

(3)吊式花灯。花灯要根据灯具的设计要求、灯具说明书和样本清点各部件数量后进行组装,花灯内的接线一般使用单路或双路瓷接头进行连接。

(4)霓虹灯。霓虹灯托架及其附着基面要用难燃或不燃物质制作,如型钢、不锈钢、铝材、玻璃钢等。安装应牢靠,尤其是室外大型牌匾、广告等应耐风压和其他外力,不得脱落。

(5)彩灯。安装彩灯时,应使用钢管敷设,严禁使用非金属管作敷设支架。

(6)庭院灯。为了节约用电,庭院灯和杆上路灯通常根据自然光的亮度而自动启闭,所以要进行调试,不像过去只要装好后,用人工开断试亮即可。由于庭院灯的作用除照亮或点缀园艺外,还有夜间安全警卫的作用,所以每套灯具的熔丝要适配,否则某套灯具出现故障就会造成整个回路停电。

关键细节144 高度标志(障碍)灯清单工程量计算

装饰灯清单项目工作内容包括:本体安装。其应描述的清单项目特征包括:①名称;②型号;③规格;④安装形式。

装饰灯清单项目编码为030412004,其工程量按设计图示数量计算,以“套”为计量单位。

(六)荧光灯

荧光灯也叫日光灯,由灯管、启辉器、镇流器和电容器组成。

1. 荧光灯电气原理

荧光灯的电气原理如图7-41所示,其工作步骤如下:

(1)在开关接通的瞬间,电路中并没有电流。此时,线路上的电压全部加在启辉器的

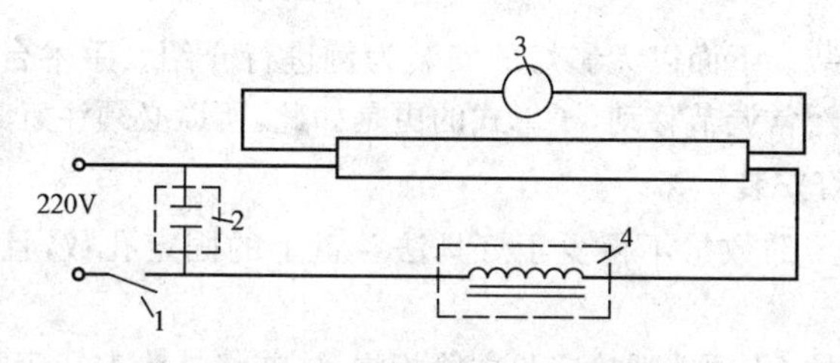

图 7-41　荧光灯电气原理图

1—开关;2—电容器;3—启辉器;4—镇流器

两端,使启辉器辉光放电,产生的热量使启辉器中的双金属片变形,与静片接触,接通电路,电流通过镇流器与灯丝,使灯丝加热发射电子。

(2)由于启辉器内双金属片与静触片接触,启辉器便停止放电,此时温度逐渐下降,双金属片恢复原来的断开状态。

(3)在启辉器断开的瞬间,镇流器两端产生一个自感电势,与线路电压叠加在一起,形成很高的脉冲电压,使水银蒸气放电。放电时,射出紫外线,激励管壁荧光粉,使它发出像日光一样的光线。

2. 荧光灯安装

荧光灯一般采用吸顶式安装、链吊式安装、钢管式安装、嵌入式安装等方法。

(1)吸顶式安装时镇流器不能放在日光灯的架子上,否则散热困难;安装时日光灯的架子与天棚之间要留 15mm 的空隙,以便通风。

(2)在采用钢管或吊链安装时,镇流器可放在灯架上。如为木制灯架,在镇流器下应放置耐火绝缘物,通常垫以瓷夹板隔热。

(3)为防止灯管掉下,应选用带弹簧的灯座,或在灯管的两端加管卡或尼龙绳扎牢。

(4)对于吊式日光灯安装,在 3 盏以上时,安装前应弹好十字中线,按中心线定位。如果日光灯超过十盏,可增加尺寸调节板,这时将吊线盒改用法兰盘,尺寸调节板如图 7-42 所示。

(5)在装接镇流器时,要按镇流器的接线图施工,特别是带有附加线圈的镇流器不能接错,否则会损坏灯管。选用的镇流器、启辉器与灯管要匹配,不能随便代用。由于镇流器是一个电感元件,功率因数很低,为了改善功率因数,一般还需加装电容器。

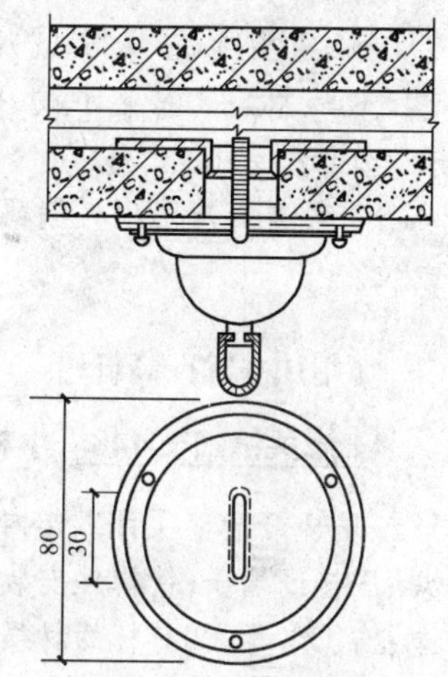

图 7-42　尺寸调节板示意图

关键细节 145　荧光灯清单工程量计算

荧光灯清单项目工作内容包括:本体安装。其应描述的清单项目特征包括:①名称;②型号;③规格;④安装形式。

荧光灯清单项目编码为 030412005,其工程量按设计图示数量计算,以“套”为计量单位。

(七)医疗专用灯

医疗专用灯安装一般包括病房指示灯、暗脚灯、紫外线杀菌灯、无影灯等的安装。下面以无影灯的安装为例进行介绍。手术台上的无影灯质量较大,使用中根据需要经常调节移动,子母式的更是如此,所以必须注意其固定和防松。

1. 手术台无影灯安装

(1)固定螺钉(栓)的数量不得少于灯具法兰盘上的固定孔数,且螺栓直径应与孔径配套。

(2)在混凝土结构上,预埋螺栓应与主筋相焊接,或将挂钩末端弯曲与主筋绑扎锚固。

(3)固定无影灯底座时,均须采用双螺母。

2. 手术室工作照明回路要求

(1)照明配电箱内应装有专用的开关及分路开关。

(2)室内灯具应分别接在两条专用的回路上。

关键细节 146 医疗专用灯清单工程量计算

医疗专用灯清单项目工作内容包括:本体安装。其应描述的清单项目特征包括:①名称;②型号;③规格。

医疗专用灯清单项目编码为 030412006,其工程量按设计图示数量计算,以“套”为计量单位。

(八)一般路灯

路灯是城市环境中反映道路特征的照明装置,它排列于城市广场、街道、高速公路、住宅区以及园林绿地中的主干园路旁,为夜晚交通提供照明之便。路灯一般分为低位置灯柱、步行街路灯、停车场和干路灯及专用灯和高柱灯。

关键细节 147 一般路灯清单工程量计算

一般路灯清单项目工作内容包括:基础制作、安装;立灯杆;杆座安装;灯架及灯具附件安装;焊、压接线端子;补刷(喷)油漆;灯杆编号;接地。其应描述的清单项目特征包括:①名称;②型号;③规格;④灯杆材质、规格;⑤灯架形式及臂长;⑥附件配置要求;⑦灯杆形式(单、双);⑧基础形式、砂浆配合比;⑨杆座材质、规格;⑩接线端子材质、规格;⑪编号;⑫接地要求。

一般路灯清单项目编码为 030412007,其工程量按设计图示数量计算,以“套”为计量单位。

(九)中杆灯、高杆灯

关键细节 148 中杆灯清单工程量计算

中杆灯清单项目工作内容包括:基础浇筑;立灯杆;杆座安装;灯架及灯具附件安装;焊、压接线端子;铁构件安装;补刷(喷)油漆;灯杆编号;接地。其应描述的清单项目特征包括:①名称;②灯杆的材质及高度;③灯架的型号、规格;④附件配置;⑤光源数量;⑥基础形式、浇筑材质;⑦杆座材质、规格;⑧接线端子材质、规格;⑨铁构件规格;⑩编号;⑪灌浆配合比;⑫接地要求。

中杆灯清单项目编码为030412008，其工程量按设计图示数量计算，以“套”为计量单位。

关键细节149 高杆灯清单工程量计算

高杆灯清单项目工作内容包括：基础浇筑；立灯杆；杆座安装；灯架及灯具附件安装；焊、压接线端子；铁构件安装；补刷（喷）油漆；灯杆编号；升降机构接线调试；接地。其应描述的清单项目特征包括：①名称；②灯杆高度；③灯架形式（成套或组装、固定或升降）；④附件配置；⑤光源数量；⑥基础形式、浇筑材质；⑦杆座材质、规格；⑧接线端子材质、规格；⑨铁构件规格；⑩编号；⑪灌浆配合比；⑫接地要求。

高杆灯清单项目编码为030412009，其工程量按设计图示数量计算，以“套”为计量单位。

【例7-13】 某桥涵工程，设计用4套高杆灯照明，杆高为35m，灯架为成套升降型，6个灯头，混凝土基础，试计算其工程量。

解：工程量计算结果见表7-51。

表7-51　工程量计算表

项目编码	项目名称	项目特征描述	计量单位	工程量
030412009001	高杆灯	高杆灯，杆高35m；成套升降型灯架；灯头为6个；混凝土基础	套	4

(十)桥栏杆灯、地道涵洞灯

桥栏杆灯属于区域照明装置、亮度高、覆盖面广，一般可代替路灯使用，能使应用场所的各个空间获得充分照明。桥栏杆灯占地面积小，可避免灯杆林立的杂乱现象，同时桥栏杆灯可节约投资，具有经济性。

地道涵洞灯是地道涵洞内的灯光设备，设在地道涵洞的通航桥孔迎车辆（船只）一面的上方中央和两侧桥柱上，夜间发出灯光信号，用于标示地道涵洞的通航孔位置，指引驾驶员确认地道涵洞的通航孔位置，安全通过桥区航道，保障地道涵洞的安全和车辆（船只）的航行安全。

关键细节150 桥栏杆灯、地道涵洞灯清单工程量计算

桥栏杆灯、地道涵洞灯清单项目工作内容包括：灯具安装；补刷（喷）油漆。其应描述的清单项目特征包括：①名称；②型号；③规格；④安装形式。

桥栏杆灯、地道涵洞灯清单项目编码分别为030412010和030412011，其工程量均按设计图示数量计算，以“套”为计量单位。

三、全统定额关于照明器具安装的内容

照明器具安装定额计价工作内容包括普通灯具安装，装饰灯具安装，荧光灯具安装，工厂灯及防水防尘灯安装，工厂其他灯具安装，医院灯具安装，路灯安装，开关、按钮、插座

安装,安全变压器、电铃、风扇安装,盘管风机开关、请勿打扰灯、须刨插座、钥匙取电器安装。

关键细节151 照明器具安装定额计价有关说明

(1)各型灯具的引导线,除注明者外,均已综合考虑在定额内,执行时不得换算。

(2)路灯、投光灯、碘钨灯、氙气灯、烟囱或水塔指示灯,均已考虑了一般工程的高空作业因素,其他器具安装高度如超过5m,则应按定额说明中规定的超高系数另行计算。

(3)定额中装饰灯具项目均已考虑了一般工程的超高作业因素,并包括脚手架搭拆费用。

(4)装饰灯具定额项目与装饰灯具示意图号配套使用。

(5)定额内已包括利用摇表测量绝缘及一般灯具的试亮工作,但不包括调试工作。

关键细节152 照明器具安装全统定额工程量计算规则

(1)普通灯具安装的工程量,应区别灯具的种类、型号、规格以"套"为计量单位计算。普通灯具安装定额使用范围见表7-52。

表7-52 普通灯具安装定额适用范围

定额名称	灯具种类
圆球吸顶灯	材质为玻璃的螺口、卡口圆球独立吸顶灯
半圆球吸顶灯	材质为玻璃的独立的半圆球吸顶灯、扁圆罩吸顶灯、平圆形吸顶灯
方形吸顶灯	材质为玻璃的独立的矩形罩吸顶灯、方形罩吸顶灯、大口方罩吸顶灯
软线吊灯	利用软线为垂吊材料、独立的,材质为玻璃、塑料、搪瓷,形状如碗伞、平盘灯罩组成的各式软线吊灯
吊链灯	利用吊链作辅助悬吊材料、独立的,材质为玻璃、塑料罩的各式吊链灯
防水吊灯	一般防水吊灯
一般弯脖灯	圆球弯脖灯、风雨壁灯
一般墙壁灯	各种材质的一般壁灯、镜前灯
软线吊灯头	一般吊灯头
声光控座灯头	一般声控、光控座灯头
座灯头	一般塑胶、瓷质座灯头

(2)吊式艺术装饰灯具的工程量,应根据装饰灯具示意图集所示,区别不同装饰物以及灯体直接和灯体垂吊长度,以"套"为计量单位计算。灯体直径为装饰物的最大外缘直径,灯体垂吊长度为灯座底部到灯梢之间的总长度。

(3)吸顶式艺术装饰灯具安装的工程量,应根据装饰灯具示意图集所示,区别不同装饰物、吸盘的几何形状、灯体直径、灯体周长和灯体垂吊长度,以"套"为计量单位计算。灯体直径为吸盘最大外缘直径;灯体半周长为矩形吸盘的半周长;吸顶式艺术装饰灯具的灯体垂吊长度为吸盘到灯梢之间的总长度。

(4)荧光艺术装饰灯具安装的工程量,应根据装饰灯具示意图所示,区别不同安装形式和计量单位计算。

1)组合荧光灯光带安装的工程量,应根据装饰灯具示意图所示,区别安装形式、灯管数量,以"延长米"为计量单位计算。灯具的设计数量与等额不符时,可以按设计数量加损耗量调整主材。

2)内藏组合式灯具安装的工程量,应根据装饰灯具示意图所示,区别灯具组合形式,以"延长米"为计量单位计算。灯具的设计数量与等额不符时,可以按设计数量加损耗量调整主材。

3)发光棚安装的工程量,应根据装饰灯具示意图所示,以"m^2"为计量单位。发光棚灯具按设计用量加损耗量计算。

4)立体广告灯箱、荧光灯光沿的工程量,应根据装饰灯具示意图所示,以"延长米"为计量单位计算。灯具的设计用量与等额不符时,可以按设计数量加损耗量调整主材。

(5)几何形状组合艺术灯具安装的工程量,应根据装饰灯具示意图所示,区别不同安装形式及灯具的不同形式,以"套"为计量单位计算。

(6)标志、诱导装饰灯具安装的工程量,应根据装饰灯具示意图所示,区别不同安装形式,以"套"为计量单位计算。

(7)水下艺术装饰灯具安装的工程量,应根据装饰灯具示意图所示,区别不同安装形式,以"套"为计量单位计算。

(8)点光源艺术装饰灯具安装的工程量,应根据装饰灯具示意图所示,区别不同安装形式、不同灯具直径,以"套"为计量单位计算。

(9)草坪灯具安装的工程量,应根据装饰灯具示意图所示,区别不同安装形式,以"套"为计量单位计算。

(10)歌舞厅灯具安装的工程量,应根据装饰灯具示意图所示,区别不同灯具形式,分别以"套"、"延长米"、"台"为计量单位计算。装饰灯具安装定额适用范围见表 7-53。

表 7-53　装饰灯具安装定额适用范围

定额名称	灯具种类(形式)
吊式艺术装饰灯具	不同材质、不同灯体垂吊长度、不同灯体直径的蜡烛灯、挂片灯、串珠(穗)灯、串棒灯、吊杆式组合灯、玻璃罩(带装饰)灯
吸顶式艺术装饰灯具	不同材质、不同灯体垂吊长度、不同灯体几何形状的串珠(穗)灯、串棒灯、挂片、挂碗、挂吊蝶灯、玻璃(带装饰)灯
荧光艺术装饰灯具	不同安装形式、不同灯管数量的组合荧光灯光带,不同几何组合形式的内藏组合式灯,不同几何尺寸、不同灯具形式的发光棚,不同形式的立体广告灯箱、荧光灯光沿
几何形状组合艺术灯具	不同固定形式、不同灯具形式的繁星灯、钻石星灯、礼花灯、玻璃罩钢架组合灯、凸片灯、反射挂灯、筒形钢架灯、U形组合灯、弧形管组合灯
标志、诱导装饰灯具	不同安装形式的标志灯、诱导灯
水下艺术装饰灯具	简易形彩灯、密封形彩灯、喷水池灯、幻光形灯
点光源艺术装饰灯具	不同安装形式、不同灯体直径的筒灯、牛眼灯、射灯、轨道射灯

续表

定额名称	灯具种类(形式)
草坪灯具	各种立柱式、墙壁式的草坪灯
歌舞厅灯具	各种安装形式的变色转盘灯、雷达射灯、幻影转彩灯、维纳斯旋转彩灯、卫星旋转效果灯、飞蝶旋转效果灯、多头转灯、滚筒灯、频闪灯、太阳灯、雨灯、歌星灯、边界灯、射灯、泡泡发生器、迷你满天星彩灯、迷你单立灯(盘彩灯)、多头宇宙灯、镜面球灯、蛇光管

(11)荧光灯具安装的工程量,应区别灯具的安装形式、灯具种类、灯管数量,以“套”为计量单位计算。荧光灯具安装定额适用范围见表7-54。

表7-54 荧光灯具安装定额适用范围

定额名称	灯 具 种 类
组装型荧光灯	单管、双管、三管吊链式、现场组装独立荧光灯
成套型荧光灯	单管、双管、三管、吊链式、吸顶式、成套独立荧光灯

(12)工厂灯及防水防尘灯安装的工程量,应区别不同安装形式,以“套”为计量单位计算。工厂灯及防水防尘灯安装定额适用范围见表7-55。

表7-55 工厂灯及防水防尘灯安装定额适用范围

定额名称	灯 具 种 类
直杆工厂吊灯	配照(GC_1－A)、广照(GC_3－A)、深照(GC_5－A)、斜照(GC_7－A)、圆球(GC_{17}－A)、双罩(GC_{19}－A)
吊链式工厂灯	配照(GC_1－B)、深照(GC_3－B)、斜照(GC_5－C)、圆球(GC_7－B)、双罩(GC_{19}－A)、广照(GC_{19}－B)
吸顶式工厂灯	配照(GC_1－C)、广照(GC_3－C)、深照(GC_5－C)、斜照(GC_7－C)、双罩(GC_{19}－C)
弯杆式工厂灯	配照(GC_1－D/E)、广照(GC_3－D/E)、深照(GC_5－D/E)、斜照(GC_7－D/E)、双罩(GC_{19}－C)、局部深罩(GC_{26}－F/H)
悬挂式工厂灯	配照(GC_{21}－2)、深照配照(GC_{23}－2)
防水防尘灯	广照(GC_9－A、B、C)、广照保护网(GC_{11}－ A、B、C)、散照(GC_{15}－ A、B、C、D、E、F、G)

(13)工厂其他灯具安装的工程量,应区别不同灯具类型、安装形式、安装高度,以“套”、“延长米”、“台”为计量单位计算。工厂其他灯具安装定额适用范围见表7-56。

表7-56 工厂其他灯具安装定额适用范围

定额名称	灯 具 种 类
防潮灯	扁形防潮灯(GC－31)、防潮灯(GC－33)
腰形舱顶灯	腰形舱顶灯 CCD－1

续表

定额名称	灯具种类
碘钨灯	DW型、220V、300～1000W
管形氙气灯	自然冷却式200V/380V－20kW内
投光灯	TG形式外投光灯
高压水银灯镇流器	外附式镇流器具125～450W
安全灯	AOB－1、2、3型、AOC－1、2型安全灯
防爆灯	CBC－200型防爆灯
高压水银防爆灯	CBC－125/250型高压水银防爆灯
防爆荧光灯	CBC－1/2型单/双管防爆型荧光灯

(14)医院灯具安装工程量，应区别灯具种类，以“套”为计量单位计算。医院灯具安装定额适用范围见表7-57。

表7-57　**医院灯具安装定额适用范围**

定额名称	灯具种类
病房指示灯	病房指示灯
病房暗脚灯	病房暗脚灯
无影灯	3～12孔管式无影灯

(15)路灯安装工程，应区别不同臂长，不同灯数，以“套”为计量单位计算。工厂厂区内、住宅小区内路灯安装执行全统定额《电气设备安装工程》分册，城市道路的路灯安装执行《全国统一市政工程预算定额》。路灯安装定额适用范围见表7-58。

表7-58　**路灯安装定额适用范围**

定额名称	灯具种类
大马路弯灯	臂长1200mm以下、臂长1200mm以上
庭院路灯	三火以下、七火以下

(16)开关、按钮安装的工程量，应区别开关、按钮安装形式，开关、按钮种类，开关级数以及单控与双控，以“套”为计量单位计算。

(17)插座安装工程量，应区别电源相数，额定电流、插座安装形式、插座插孔个数，以“套”为计量单位计算。

(18)安全变压器安装的工程量，应区别安全变压器容量，以“台”为计量单位计算。

(19)电铃、电铃号码牌箱安装的工程量，应区别电铃直径、电铃号牌箱规格(号)，以“套”为计量单位计算。

(20)门铃安装的工程量，应区别门铃安装的形式，以“个”为计量单位计算。

(21)风扇安装的工程量，应区别风扇的种类，以“台”为计量单位计算。

(22)盘管风机三速开关、请勿打扰灯、须刨插座安装的工程量，以“套”为计量单位计算。

第十三节　附属工程

一、附属工程概述

(1)铁构件。铁构件指的是由钢铁或者不锈钢经过切割、焊接、除锈、刷漆等工艺制作出来的加工件，一般用于电气设备的支架，也就是现场施工的时用槽钢或者角钢扁钢制作出来的各种构件。

(2)凿(压)槽、打洞(孔)。凿(压)槽与打洞(孔)一般是在装修过程中，地面已经做好的情况下，进行电气配管、配线时所需的工序。施工完毕后需要对槽、洞(孔)进行恢复处理。

(3)管道包封。管道包封即混凝土包封，是指将管道顶部和左右两侧用规定强度等级的混凝土进行密封。

二、附属工程清单工程量计算

附属工程清单项目适用于建筑电气设备安装附属工程工程量清单项目设置与计量。附属工程包括铁构件、凿(压)槽、打洞(孔)、管道包封、人(手)孔砌筑、人(手)孔防水等项目。

关键细节 153　铁构件清单工程量计算

铁构件清单项目工作内容包括：制作；安装；补刷(喷)油漆。其应描述的清单项目特征包括：①名称；②材质；③规格。

铁构件清单项目编码为030413001，其工程量按设计图示尺寸以质量计算，以“kg”为计量单位。

关键细节 154　凿(压)槽清单工程量计算

凿(压)槽清单项目工作内容包括：开槽；恢复处理。其应描述的清单项目特征包括：①名称；②规格；③类型；④填充(恢复)方式；⑤混凝土标准。

凿(压)槽清单项目编码为030413002，其工程量按设计图示尺寸以长度计算，以“m”为计量单位。

关键细节 155　打洞(孔)清单工程量计算

打洞(孔)清单项目工作内容包括：开孔、洞；恢复处理。其应描述的清单项目特征包括：①名称；②规格；③类型；④填充(恢复)方式；⑤混凝土标准。

凿(压)槽清单项目编码为030413003，其工程量按设计图示数量计算，以“个”为计量单位。

关键细节 156　管道包封清单工程量计算

管道包封清单项目工作内容包括：灌注；养护。其应描述的清单项目特征包括：①名称；

②规格;③混凝土强度等级。

管道包封清单项目编码为 030413004,其工程量按设计图示长度计算,以“m”为计量单位。

关键细节 157　人(手)孔砌筑清单工程量计算

人(手)孔砌筑清单项目工作内容包括:砌筑。其应描述的清单项目特征包括:①名称;②规格;③类型。

人(手)孔砌筑清单项目编码为 030413005,其工程量按设计图示数量计算,以“个”为计量单位。

关键细节 158　人(手)孔防水清单工程量计算

人(手)孔防水清单项目工作内容包括:防水。其应描述的清单项目特征包括:①名称;②类型;③规格;④防水材质及做法。

人(手)孔防水清单项目编码为 030413006,其工程量按设计图示防水面积计算,以“m^2”为计量单位。

第十四节　电气调整试验

一、电气调整试验概述

1. 系统调试前的检查

(1)检查室内外变配电装置(包括进户隔离开关、10kV 柜、电流互感器、电压互感器、油断路器、高压熔断器、避雷器、变压器、母线、绝缘子及绝缘子串、套管、避雷针、低压柜、动力控制柜、主控室的保护屏、控制屏、信号屏、直流屏、接地装置、端子箱、管路等)的外观质量、安装质量。

(2)检查各机房的动力系统设备及末端控制设备(水、电、暖、消防、空调、垂直运输设备、智能建筑等设备的电气控制及显示、记录部分)的外观质量、安装质量。

(3)所有设备用干净棉丝擦拭其外部,进一步核对设备型号、规格,应与设计相符。

(4)复测设备与设备纵向、横向的间距应符合设计要求;沟内电缆的敷设及排列应符合设计要求,且电缆编号正确,两端的引入位置正确无误。

(5)柜体内相间距离应符合要求,安装时检查出的缺陷及不妥已修复,应验收合格。

(6)对照每台柜、屏的原理图、接线图及设计资料,复查接线,应正确、无漏接或错接,否则应进行修正,通过查线进而发现元件的缺陷,以便更换或修复。

(7)调试检查的组织工作要严谨,由工程师或技师负责,班组内应进行互检,所有的检查应有检查记录。

2. 调试前的技术准备

(1)学习和审核图纸资料。

(2)施工技术人员向调试技术人员介绍电气设备安装中的技术问题。

(3)组织本调试项目的学习。

(4)编制调试方案,提材料,下达调试任务单,做调试预算。

(5)准备调试仪表、设备、工具材料。

(6)对审查批准的调试方案组织学习,落实项目到人。

3. 调试仪表、仪器使用维护管理

(1)仪表设备购入后,先登记、填写设备质量情况,说明书及原理图复印,将填写资料及原说明书存入档案。

(2)仪表设备及专用工具,使用前应先熟悉其性能,操作要领。

(3)所有仪表设备、工具应按规定定期检修。凡是带有蓄电池为电源的仪表设备,定出充电时间,按期充电。

(4)所有标准仪表每年校验一次,各种调试用绝缘工具按规定时间试验。

(5)仪表设备及专用工具在工作中损坏,应写明损坏原因报告,然后将损坏原因处理意见存入仪表档案。

二、电气调整试验清单工程量计算

(一)一般规定

电气调整试验清单项目适用于电力变压器系统、送配电装置系统、特殊保护装置(距离保护、高频保护、失灵保护、失磁保护、交流器断线保护、小电流接地保护)、自动投入装置、接地装置等系统的电气设备的本体试验和主要设备分系统调试的工程量清单项目设置与计量。

关键细节 159 电气调整试验清单计价应注意的问题

(1)电气调整试验项目是指一个系统的调整试验,它是由多台设备、组件(配件)、网络连在一起,经过调整试验才能完成某一特定的生产过程,这个工作(调试)无法综合考虑在某一实体(仪表、设备、组件、网络)上,因此,不能用物理计量单位或一般的自然计量单位来计量,只能用"系统"为计量单位。

(2)电气调试系统的划分以设计的电气原理系统图为依据。具体划分可参照《全国统一安装工程预算工程量计算规则》的有关规定。

(3)功率大于10kW电动机及发电机的启动调试用的蒸汽、电力和其他动力能源消耗及变压器空载试运转的电力消耗及设备需烘干处理应说明。

(4)配合机械设备及其他工艺的单体试车,应按《通用安装工程工程量计算规范》(GB 50856—2013)附录N措施项目相关项目编码列项。

(5)计算机系统调试应按《通用安装工程工程量计算规范》(GB 50856—2013)附录F自动化控制仪表安装工程相关项目编码列项。

(二)电力变压器系统调整试验

1. 规范规定试验项目

(1)绝缘油试验或SF_6气体试验。

(2)测量绕组连同套管的直流电阻。

(3)检查所有分接头的电压比。

(4)检查变压器的三相接线组别和单相变压器引出线的极性。

(5)测量与铁芯绝缘的各紧固件(连接片可拆开者)及铁芯(有外引接地线的)绝缘电阻。

(6)非纯瓷套管的试验。

(7)有载调压切换装置的检查和试验。

(8)测量绕组连同套管的绝缘电阻、吸收比或极化指数。

(9)测量绕组连同套管的介质损耗角正切值。

(10)测量绕组连同套管的直流泄漏电流。

(11)变压器绕组变形试验。

(12)绕组连同套管的交流耐压试验。

(13)绕组连同套管的长时感应电压试验带局部放电试验。

(14)额定电压下的冲击合闸试验。

(15)检查相位。

(16)测量噪声。

2. 变压器线圈直流电阻测试

通过测试直流电阻可以判断线圈内部接头、引线与线圈接头、分接开关与引线间的焊接质量、分接开关各个分接位置及载流部分有无开路和短路情况。

(1)测量使用的仪器。目前,测试变压器线圈直流电阻广泛采用电桥法,对于小于10Ω电阻的,多采用双臂电桥,也称为凯尔文桥;大于10Ω电阻的,采用单臂电桥,如QJ23电桥。现在市场上出现许多测试直流电阻的高科技仪器,使用起来很方便,不论是数字的还是指针式的电桥,只要精度超过0.2级以上,都可以使用。

(2)测量方法。测量线圈的直流电阻应在引线端上接线,测出分接开关上所有位置的直流电阻,如有中性点引出端测相直流电阻,无中性点引出端测线直流电阻。

使用电桥时,首先要接好桥臂的四根接线,两根电流接线端要接在变压器靠线圈侧即内侧,两根电压接线端要紧靠线圈外侧,这样可以提高测量准确性。由于线圈是一个较大的电感性元器件,测量时电桥中电源向它充电,经一定的时间后才会稳定,所以要读取稳定时指示的电阻值。

在使用电桥时,要先打开电源开关,经过一段时间后再接通电桥的检流计,然后根据检流计偏转的方向来平衡电桥,否则,电桥很难调平衡。如果掌握检流计正、负偏转的速度、方向与测试准确值大小变化的关系,就能很快调节倍率开关或调节数值旋钮,将检流计调到平衡。当电桥指针向正方向打得快时,倍率开关要向小调整,调整后电桥指针向正方旋转的速度降慢时再将数值旋钮向小调整,先调高位数后调低位数,直到电桥调整平衡;当电桥指针向正负方向旋转得快时,倍率开关要向大调整,调整后电桥指针向正方旋转得慢时再将数值旋钮向大调整,否则,做相反调整,直到电桥平衡。平衡后读出数值,用读出的数值再乘上倍率,就是所测得的该相该分接开关上的直流电阻。

电桥平衡后的读数即是所测直流电阻值,读值为按高位数向低位数排列起来的数值再乘上倍率。

3. 变压器变比测量

测量变比的目的是验证变压器的电压变换是否符合规定值，达到设计值；开关各引出线的接线是否正确，可初步判断变压器是否存在匝间短路现象等。

(1)测量使用的仪器：变压器变比测试的方法很多，使用的仪器也不相同，以往采用的电压表比较法已被电桥法所代替，过去常用的电桥已落后。新型电脑控制式多功能的变压器变比、组别、极性自动数字式电桥种类很多，这类高科技产品越来越被青睐，市场上产品很丰富，使用起来很简单方便，而且精度很高，是人们的首选。

(2)测量方法：无论采用哪一种仪器进行测量，都要对变压器每个档位的变比进行测量。测量方法有电压表法和电桥法。

1)电压表法：在变压器一次侧加入380V电源，用三相开关控制，并在某线间接入一电压表测其线电压；在变压器二次侧接入一电压表，测其相对应线电压，合上开关后两块表同时读数，得出的数值需经换算，换算后的数值为变压器的变比，换算的方法为以低压侧测试值为标准值，换算成二次侧相当于400V时一次侧的读值，此时的读值就是变比。变比的误差为：测试的高压值减去标准值的差值，再除以标准值的百分数。例如，变压器一次侧测量值为383.5V，二次侧测量值为15.3V，则高压侧电压：383.5×400/15.3=10026V，变压器变比的误差=(10026—10000)/10000×100=0.26%，即10000V档的误差是0.26%，与变压器规定的5%的要求相比是合格的。电压表法要求测试时电压的波动要小，两块电压表的读数要同步，电压表要求精度是0.5级。操作时要注意安全。

2)电桥法：用变比电桥测量变压器变比时，要按电桥的操作说明书进行接线，操作按说明书进行，越现代化的仪器设备操作越简单。接线时要注意一次、二次不要接错，对有极性要求的设备要注意极性的接法、注意各操作按钮的置放位置，注意调压器电压的调节，注意灵敏度的调节，注意操作盘上的读值准确性。每次做完一档换档测量时，都要切断电源，防止设备损坏。对多功能的变压器变比、组别、极性自动数字式电桥，应用比较简单，按说明操作，不得违反操作程序，防止设备损坏。

关键细节160 电力变压系统调整试验清单工程量计算

电力变压系统调整试验清单项目工作内容包括：系统调试。其应描述的清单项目特征包括：①名称；②型号；③容量(kV·A)。

电力变压系统调整试验清单项目编码为030414001，其工程量按设计图示系统计算，以“系统”为计量单位。

(三)送配电装置系统调整试验

1. 高压配电柜调试、验收

(1)调试。

1)高压柜固定好，接线完毕应进行柜内部清扫，用擦布将柜内外擦干净，柜内及室内杂物清理干净。

2)彻底清扫全部设备及变配电室、控制室的灰尘。用吸尘器清扫电器、仪表元件，清理室内其他物品，室内不得堆放闲置物品。

3)高压试验应由当地供电部门认可的试验部门进行，试验标准应符合现行国家施工及验收规范的规定，以及当地供电部门的相关规定和产品技术文件中的产品特性要求。试验主要项目有母线、避雷器、高压瓷瓶、电压互感器、电流互感器、高压开关等。试验时应注意向油断路器内注变压器油，未注油前严禁操作。

4)二次控制线调整试验。利用摇表进行绝缘摇测，测试各支路二次线的绝缘电阻值应大于等于0.5MΩ。

5)二次控制线回路进行调整试验时，注意晶体管、集成电路、电子元件回路不允许通过大电流和高电压，因此，该部的检查不准使用摇表和试铃测试调整，否则造成元件损坏。使用万用表测试回路是否接通时尽量采用高阻1kΩ档进行。

6)继电保护需要调整的主要内容。过流继电器、时间继电器、信号继电器以及相关的机械联锁调整。

(2)竣工验收。

1)在竣工验收时，应进行下列检查：

①型钢基础、柜体排列固定、接地、柜体油漆；母线、相线、中性线、保护地线、线色、固定压接等。

②所采用的各种高压开关柜内，元件应完整无损，动作性能应符合规定，各种指示仪表指示正常。

③各种高压开关基座固定牢固可靠，机械联锁和电气联锁连接正确，动作可靠准确。

2)在验收时应提供下列资料和文件：

①变更设计的证明文件。

②制造厂提供的产品技术文件、说明书、试验报告、产品合格证书、设备安装图纸等。

③安装技术记录。

④调整试验记录，分项工程验评资料。

⑤备品、备件及专用工具清单。

2. 低压配电柜检查调试与验收

(1)调试运行前的检查。

1)检查柜内工具、杂物等清理出柜，并将柜体内外清扫干净。

2)电气元件各紧固螺丝牢固，刀开关、空气开关等操作机构应灵活，不应出现卡滞或操作用力过大现象。

3)开关电器的通断可靠，接触面接触良好，辅助接点通断准确可靠。

4)电工指示仪表与互感器的变比，极性应连接正确可靠。

5)母线连接应良好，其绝缘支撑件、安装件及附件应安装牢固可靠。

6)熔断器的熔芯规格选用应正确，继电器的整定值应符合设计要求，动作应准确可靠。

7)绝缘电阻摇测，测量母线线间和对地电阻，测量二次线线间和对地电阻，应符合现行国家施工验收规范的规定。在测量二次回路电阻时，不应损坏其他半导体元件，摇测绝缘电阻时应将其断开。绝缘电阻摇测时应做记录。

8)低压开关柜有联络柜双路电源供电时，应进行并列核实相序，并做好核相记录。

(2)低压配电柜试送电运行。

1)经过上述检查确认无误后,根据试送电操作安全程序组织施工人员进行送电操作并请无关人员远离操作室。

2)低压开关柜空载试运行。

①由电工按程序逐一送电,并观察指示仪表电压,电流空载指示情况,如发现异常声响或局部发热等现象,应及时停电进行处理,并将实际情况如实记录在空载运行记录上。

②低压开关柜带负荷试运行。经过空载运行后,可加负荷至全负载进行试运行,经观察电压、电流,随负荷变化无异常现象,经24h试运行无故障,即可投入正常运行,并做好调试记录。

③正常运行时应注意各台断路器,经过多次合、分后主触头局部是否烧伤和产生碳类物质,如出现上述现象,应进行处理或更换断路器。

关键细节161 送配电装置系统调整试验清单工程量计算

送配电装置系统调整试验清单项目工作内容包括:系统调试。其应描述的清单项目特征包括:①名称;②型号;③电压等级(kV);④类型。

送配电装置系统调整试验清单项目编码为030414002,其工程量按设计图示系统计算,以"系统"为计量单位。

(四)特殊保护装置调整试验

为保证供配电线路及电气设备的安全运行,在供配电线路及电气设备上装设不同类型的保护装置。其主要作用是为了保证电气设备及线路正常运行。用电设备及线路保护通常采用的形式有以下几种:

(1)当电源电压超过额定值一定程度时,保护装置能在一定时间以后将电源切断,以免造成设备绝缘击穿和过流而损坏。

(2)当负载的实际电流超过额定电流一定程度时,保护装置能在一定时间以后将电源切断,以防止设备因长时间过流运行损坏。

(3)当供电线路或用电设备发生短路时,短路电流往往非常大。保护装置应能在极短的时间(如不超过1s)内将电源切断,时间稍长会造成严重事故。

(4)有些电气设备(如电动机)不允许欠压运行(在电源电压低于额定电压的状态下运行),保护装置应能在欠压超过一定程度,并经过一定时间之后把电源切断。

(5)电源意外断电称为失压。有些使用场合要求失压后恢复供电时电气设备不得自动投入运行,否则可能造成事故。满足这种要求的保护称为失压保护。

(6)有的三相用电设备不允许缺相运行(在电源一相断开的情况下运行)。电动机缺相运行时,一方面造成自身过载;另一方面破坏了电网的平衡,这时要求保护装置能迅速切断电源。满足上述要求的保护称为缺相保护。

关键细节162 特殊保护装置调整试验清单工程量计算

特殊保护装置调整试验清单项目工作内容包括:调试。其应描述的清单项目特征包括:①名称;②类型。

特殊保护装置调整试验清单项目编码为030414003,其工程量按设计图示数量计算,以“台(套)”为计量单位。

(五)自动投入装置调整试验

当主供电源发生故障(电压失去或降低到设定值)时,将备用电源在设定的时间内启动或投入,以保证重要设备(用户)电源的供给的自动化设备称为自动投入装置。

关键细节 163 自动投入装置调整试验清单工程量计算

自动投入装置调整试验清单项目工作内容包括:调试。其应描述的清单项目特征包括:①名称;②类型。

自动投入装置调整试验清单项目编码为030414004,其工程量按设计图示数量计算,以“系统(台、套)”为计量单位。

(六)中央信号装置调整试验

中央信号装置是变电站电气设备运行的一种信号装置,根据电气设备的故障特点发出音响和灯光信号,告知运行人员迅速查找,做出正确判断和处理,保证设备的安全运行。

中央信号装置包括事故信号和预告信号,装在变电所主控制室内的中央信号屏上。当变电所任一配电装置的断路器事故跳闸时,启动事故信号;当出现不正常运行情况或操作电源故障时,启动预告信号。事故信号和预告信号都有音响和灯光两种信号装置,音响信号可唤起值班人员的注意,灯光信号有助于值班人员判断故障的性质和部位。为了从音响上区别事故,事故信号用蜂鸣器,预告信号用电铃发出声响。

关键细节 164 中央信号装置调整试验清单工程量计算

中央信号装置调整试验清单项目工作内容包括:调试。其应描述的清单项目特征包括:①名称;②类型。

中央信号装置调整试验清单项目编码为030414005,其工程量按设计图示数量计算,以“系统(台)”为计量单位。

(七)事故照明切换装置调整试验

事故照明切换装置是指事故照明切换屏,所有的事故照明回路集中在这个切换装置上进行交、直流切换。一般多用在工厂、变电站、电厂等中央控制系统。

关键细节 165 事故照明切换装置调整试验清单工程量计算

事故照明切换装置调整试验清单项目工作内容包括:调试。其应描述的清单项目特征包括:①名称;②类型。

事故照明切换装置调整试验清单项目编码为030414006,其工程量按设计图示系统计算,以“系统”为计量单位。

(八)不间断电源调整试验

不间断电源设备是保证设备安全、可靠运行,提供优质电源,确保各部门工作、各行业生产、生活的正常畅通运行。不间断电源系统的供电装置和设备包括以下几点：

(1)正常工作状态下的供电设备，包括建筑物内交、直流供电，以及供电传输、操作、保护和改善电能质量的全部设备和装置。

(2)应急工作状态下的供电设备，包括建筑物内配备的应急柴油发电机组、备用蓄电池组、充电设备和不间断供电设备等。

(3)柴油发电机组与不间断电源(UPS)的供电连接方式按设计要求施工。

关键细节166 不间断电源调整试验清单工程量计算

不间断电源调整试验清单项目工作内容包括：调试。其应描述的清单项目特征包括：①名称；②类型；③容量。

不间断电源调整试验清单项目编码为030414007，其工程量按设计图示系统计算，以"系统"为计量单位。

(九)母线、避雷器、电容器调整试验

母线是指在变电所中各级电压配电装置的连接，以及变压器等电气设备和相应配电装置的连接，大都采用矩形或圆形截面的裸导线或绞线，统称为母线。母线的作用是汇集、分配和传送电能。

避雷器是指能释放雷电、电力系统操作过电压能量，保护电工设备免受瞬时过电压危害，又能截断续流，不致引起系统接地短路的电器装置。

电容器是由两个电极及其间的介电材料构成的。介电材料是一种电介质，当被置于两块带有等量异性电荷的平行极板间的电场中时，由于极化而在介质表面产生极化电荷，遂使束缚在极板上的电荷相应增加，维持极板间的电位差不变。

关键细节167 母线、避雷器、电容器调整试验清单工程量计算

母线、避雷器、电容器调整试验清单项目工作内容包括：调试。其应描述的清单项目特征包括：①名称；②电压等级(kV)。

母线、避雷器、电容器调整试验清单项目编码分别为030414008、030414009、030414010，其工程量按设计图示数量计算，母线以"段"为计量单位，避雷器和电容器以"组"为计量单位。

(十)接地装置调整试验

接地装置调试主要工作内容是接地电阻调试，接地电阻测量方法如下：

(1)把电位探测针P'插在被测接地E'和电流探测针C'之间，依直线布置彼此相距20m，如图7-43所示。

(2)用导线把E'、P'、C'联于仪表相应的端钮E、P、C。

(3)将仪表放置水平位置，检查检流计的指针是否指于中心线上，可调整零位调整器校正。

(4)将"倍率标度"置于最大倍数，慢慢转动发电机的摇把，同时转动"测量标度盘"，使检流计的指针处于中心线。

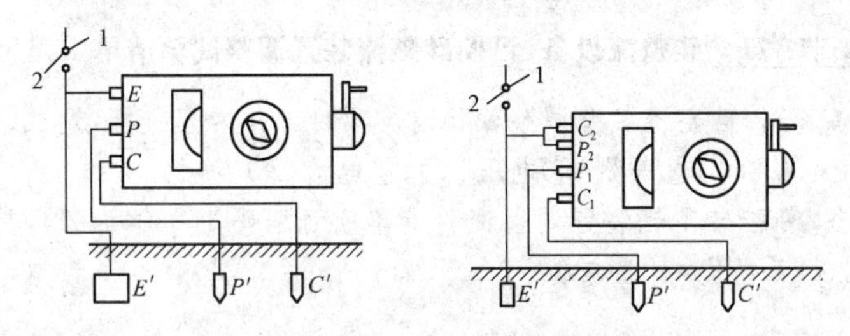

图 7-43　接地摇表连接

1—至被保护的电气设备；2—断接卡子

(5)当检流计的指针接近平衡时，加快发电机摇把的转速，使其达到 120r/min 以上，调整"测量标度盘"使指针指于中心线上。

(6)如"测量标度盘"的读数小于 1，应将"倍率标度"置于较小的倍数，再重新调整"测量标度盘"以得到正确读数。

在测量接地电阻时，如果检流计的灵敏度过高，可把电位探测针插浅一些；如果检流计灵敏度不够，可沿电位探测针和电流探测针注水使土壤湿润。

在使用小量程测量仪测量小于 1Ω 的接地电阻时，应将C_2、P_2 间联结片打开，分别用导线连接到被测接地体上，这样，可以消除测量时连接导线电阻附加的误差。

关键细节 168　接地装置调整试验清单工程量计算

接地装置调整试验清单项目工作内容包括：接地电阻测试。其应描述的清单项目特征包括：①名称；②类别。

接地装置调整试验清单项目编码为 030414011，其工程量以系统计量，按设计图示系统计算；以组计量，按设计图示数量计算。

(十一)其他项目调整试验

除以上项目外，电气调整试验的清单项目还包括电抗器、消弧线圈，电除尘器，硅整流设备、可控硅整流装置，电缆试验。

关键细节 169　电抗器、消弧线圈调整试验清单工程量计算

电抗器、消弧线圈调整试验清单项目工作内容包括：调试。其应描述的清单项目特征包括：①名称；②类别。

电抗器、消弧线圈调整试验清单项目编码为 030414012，其工程量按设计图示数量计算，以"台"为计量单位。

关键细节 170　电除尘器调整试验清单工程量计算

电除尘器调整试验清单项目工作内容包括：调试。其应描述的清单项目特征包括：①名称；②型号；③规格。

电除尘器调整试验清单项目编码为 030414013，其工程量按设计图示数量计算，以"组"为计量单位。

关键细节 171 硅整流设备、可控硅整流装置调整试验清单工程量计算

硅整流设备、可控硅整流装置调整试验清单项目工作内容包括：调试。其应描述的清单项目特征包括：①名称；②类别；③电压(V)；④电流(A)。

硅整流设备、可控硅整流装置调整试验清单项目编码为030414014，其工程量按设计图示系统计算，以“系统”为计量单位。

关键细节 172 电缆试验清单工程量计算

电缆试验清单项目工作内容包括：试验。其应描述的清单项目特征包括：①名称；②电压等级(kV)。

电缆试验清单项目编码为030414015，其工程量按设计图示数量计算，以“次(根、点)”为计量单位。

三、全统定额关于电气调整试验的内容

电气调整试验定额计价工作内容包括发电机、调相机系统调试，电力变压器系统调试，送配电装置系统调试，特殊保护装置调试，自动投入装置调试，中央信号装置、事故照明切换装置、不间断电源调试，母线、避雷器、电容器、接地装置调试，电抗器、消弧线圈、电除尘器调试，硅整流设备、可控硅整流装置调试，普通小型直流电动机调试，可控硅调速直流电动机系统调试，普通交流同步电动机调试，低压交流异步电动机调试，高压交流异步电动机调试，交流变频调速电动机(AC－AC、AC－DC－AC系统)调试，微型电机、电加热器调试，电动机组及连锁装置调试，绝缘子、套管、绝缘油、电缆试验。

关键细节 173 电气调整试验定额计价有关说明

(1)定额内容包括电气设备的本体试验和主要设备的分系统调试。成套设备的整套启动调试按专业定额另行计算。主要设备的分系统内所含的电气设备元件的本体试验已包括在该分系统调试定额之内。如变压器的系统调试中已包括该系统中的变压器、互感器、开关、仪表和继电器等一、二次设备的本体调试和回路试验。绝缘子和电缆等单体试验，只在单独试验时使用，不得重复计算。

(2)定额的调试仪表使用费是按“台班”形式表示的，与《全国统一安装工程施工仪器仪表台班费用定额》配套使用。

(3)由于电气控制技术的飞跃发展，原定额的成套电气装置(如桥式起重机电气装置等)的控制系统已发生了根本的变化，至今尚无统一的标准，故定额取消了原定额中的成套电气设备的安装与调试。起重机电气装置、空调电气装置、各种机械设备的电气装置，如堆取料机、装料车、推煤车等成套设备的电气调试，应分别按相应的分项调试定额执行。

(4)定额只限电气设备自身系统的调整试验，未包括电气设备带动机械设备的试运工作，发生时应按专业定额另行计算。

(5)调试定额是按现行施工技术验收规范编制的，凡现行规范(指定额编制时的规范)未包括的新调试项目和调试内容，均应另行计算。

(6)调试定额已包括熟悉资料、核对设备、填写试验记录、保护整定值的整定和调试报

告的整理工作。

(7)电力变压器如有“带负荷调压装置”，调试定额乘以系数1.12。三卷变压器、整流变压器、电炉变压器调试按同容量的电力变压器调试定额乘以系数1.2。3～10kV母线系统调试含1组电压互感器；1kV以下母线系统调试定额不含电压互感器，适用于低压配电装置的各种母线(包括软母线)的调试。

关键细节174　电气调整试验定额计价应注意的问题

(1)送配电设备调试中的1kV以下定额适用于所有低压供电回路，如从低压配电装置至分配电箱的供电回路；但从配电箱直接至电动机的供电回路已包括在电动机的系统调试定额内。送配电设备系统调试包括系统内的电缆试验、瓷瓶耐压等全套调试工作。供电桥回路中的断路器、母线分段断路器皆作为独立的供电系统计算，定额皆按一个系统一侧配一台断路器考虑的。若两侧皆有断路器，则按两个系统计算。如果分配电箱内只有刀开关、熔断器等不含调试元件的供电回路，则不再作为调试系统计算。

(2)定额不包括设备的烘干处理和设备本身缺陷造成的元件更换修理和修改，亦未考虑因设备元件质量低劣对调试工作造成的影响。定额是按新的合格设备考虑的，如遇以上情况，应另行计算。经修配改或拆迁的旧设备调试，定额乘以系数1.1。

(3)调试定额不包括试验设备、仪器仪表的场外转移费用。

关键细节175　电气调整试验全统定额工程量计算规则

(1)电气调试系统的划分以电气原理系统图为依据。电气设备元件的本体试验均包括在相应定额的系统调试内，不得重复计算。绝缘子和电缆等单体试验，只在单独试验时使用。在系统调试定额中，各工序的调试费用如需单独计算，可按表7-59所列比率计算。

表7-59　电气调试系统各工序的调试费用

比率(%)　项目 工序	发电机调相机系统	变压器系统	送配电设备系统	电动机系统
一次设备本体试验	30	30	40	30
附属高压二次设备试验	20	30	20	30
一次电流及二次回路检查	20	20	20	20
继电器及仪表试验	30	20	20	20

(2)电气调试所需的电力消耗已包括在定额内，一般不另计算。但10kW以上电机及发电机的启动调试用的蒸汽、电力和其他动力能源消耗及变压器空载试运转的电力消耗，另行计算。

(3)供电桥回路的断路器、母线分段断路器，均按独立的送配电设备系统计算调试费。

(4)送配电设备系统调试，是按一侧有一台断路器考虑的，若两侧均有断路器，则应按两个系统计算。

(5)送配电设备系统调试，适用于各种供电回路(包括照明供电回路)的系统调试。凡供电回路中带有仪表、继电器、电磁开关等调试元件的(不包括闸刀开关、保险器)，均按调试系统计算。移动式电器和以插座连接的家电设备,经厂家调试合格、不需要用户自调的设备,均不应计算调试费用。

(6)变压器系统调试,以每个电压侧有1台断路器为准。多于1台断路器的按相应电压等级送配电设备系统调试定额的相应定额另行计算。

(7)干式变压器调试,执行相应容量变压器调试定额乘以系数0.8。

(8)特殊保护装置,均以构成1个保护回路为1套,其工程量计算规定如下(特殊保护装置未包括在各系统调试定额之内,应另行计算):

1)发电机转子接地保护,按全厂发电机共用1套考虑。

2)距离保护,按设计规定所保护的送电线路断路器台数计算。

3)高频保护,按设计规定所保护的送电线路断路器台数计算。

4)零序保护,按发电机、变压器、电动机的台数或送电线路断路器的台数计算。

5)故障录波器的调试,以1块屏为1套系统计算。

6)失灵保护,按设置该保护的断路器台数计算。

7)失磁保护,按所保护的电机台数计算。

8)变流器的断线保护,按变流器台数计算。

9)小电流接地保护,按装设该保护的供电回路断路器台数计算。

10)保护检查及打印机调试,按构成该系统的完整回路为1套计算。

(9)自动装置及信号系统调试,均包括继电器、仪表等元件本身和二次回路的调整试验。具体的定额工程量计算规定如下:

1)备用电源自动投入装置,按连锁机构的个数确定备用电源自投装置系统数。1个备用厂用变压器,作为三段厂用工作母线备用的厂用电源,计算备用电源自动投入装置调试时,应为3个系统。装设自动投入装置的两条互为备用的线路或两台变压器,计算备用电源自动投入装置调试时,应为2个系统。备用电动机自动投入装置亦按此计算。

2)线路自动重合闸调试系统,按采用自动重合闸装置的线路自动断路器的台数计算系统数。

3)自动调频装置的调试,以1台发电机为1个系统。

4)同期装置调试,按设计构成1套能完成同期并车行为的装置为1个系统计算。

5)蓄电池及直流监视系统调试,1组蓄电池按1个系统计算。

6)事故照明切换装置调试,按设计能完成交直流切换的1套装置为1个调试系统计算。

7)周波减负荷装置调试,凡有一个周率继电器,不论带几个回路,均按一个调试系统计算。

8)变送器屏以屏的个数计算。

9)中央信号装置调试,按每一个变电所或配电室为1个调试系统计算工程量。

10)不间断电源装置调试,按容量以“套”为单位计算。

(10)接地网的调试规定如下:

1)接地网接地电阻的测定。一般的发电厂或变电站连为一体的母网,按1个系统计算;自成母网不与厂区母网相连的独立接地网,另按一个系统计算。大型建筑群各有自己的接地网(接地电阻值设计有要求),虽然在最后也将各接地网连在一起,但应按各自的接地网计算，不能作为1个网，具体应按接地网的试验情况而定。

2)避雷针接地电阻的测定。每一避雷针均有单独接地网(包括独立的避雷针、烟囱避雷针等)时，均按一组计算。

3)独立的接地装置按组计算。如一台柱上变压器有1个独立的接地装置，即按1组计算。

(11)避雷器、电容器的调试，按每三相为1组计算，单个装设的亦按1组计算。上述设备如设置在发电机、变压器，输、配电线路的系统或回路内，仍应按相应定额另外计算调试费用。

(12)高压电气除尘系统调试，按1台升压变压器、1台机械整流器及附属设备为1个系统计算，分别按除尘器范围(m^2)执行定额。

(13)硅整流装置调试，按1套硅整流装置为1个系统计算。

(14)普通电动机的调试，分别按电机的控制方式、功率、电压等级，以“台”为计量单位。

(15)可控硅调速直流电动机调试以“系统”为计量单位，其调试内容包括可控硅整流装置系统和直流电动机控制回路系统两个部分的调试。

(16)交流变频调速电动机调试以“系统”为计量单位。其调试内容包括变频装置系统和交流电动机控制回路系统两个部分的调试。

(17)微型电机是指功率在0.75kW以下的电机，不分类别，一律执行微电机综合调试定额，以“台”为计量单位。电机功率在0.75kW以上的电机调试，按电机类别和功率分别执行相应的调试定额。

(18)一般住宅、学校、办公楼、旅馆、商店等民用电气工程的供电调试规定。

1)配电室内带有调试元件的盘、箱、柜和带有调试元件的照明主配电箱，应按供电方式执行相应的“配电设备系统调试”定额。

2)每个用户房间的配电箱(板)上虽装有电磁开关等调试元件，但如果生产厂家已按固定的常规参数调整好，不需要安装单位进行调试就可直接投入使用的，不得计取调试费用。

3)民用电度表的调整校验属于供电部门的专业管理，一般皆由用户向供电局订购调试完毕的电度表，不得另外计算调试费用。

(19)高标准的高层建筑、高级宾馆、大会堂、体育馆等具有较高控制技术的电气工程(包括照明工程)，应按控制方式执行相应的电气调试定额。

参 考 文 献

[1] 中华人民共和国住房和城乡建设部 . GB 50500—2013 建设工程工程量清单计价规范[S]. 北京:中国计划出版社,2013.

[2] 中华人民共和国住房和城乡建设部 . GB 50856—2013 通用安装工程工程量计算规范[S]. 北京:中国计划出版社,2013.

[3] 陈建国 . 工程计量与造价管理[M]. 上海:同济大学出版社,2001.

[4] 张凌云 . 工程造价控制[M]. 北京:中国建筑工业出版社,2004.

[5] 李建峰 . 工程计价与造价管理[M]. 北京:中国电力出版社,2005.

[6] 景星蓉 . 建筑设备安装工预算[M]. 北京:中国建筑工业出版社,2009.

[7] 苑辉 . 安装工程工程量清单计价实施指南[M]. 北京:中国电力出版社,2009.

[8] 朱永恒,李俊 . 安装工程工程量清单计价[M]. 南京:东南大学出版社,2004.

[9] 张怡,方林梅 . 安装工程定额与预算[M]. 北京:中国水利水电出版社,2003.